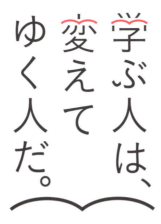

学ぶ人は、変えてゆく人だ。

目の前にある問題はもちろん、
人生の問いや、
社会の課題を自ら見つけ、
挑み続けるために、人は学ぶ。
「学び」で、
少しずつ世界は変えてゆける。
いつでも、どこでも、誰でも、
学ぶことができる世の中へ。

旺文社

JN248087

数学Ⅰ・A
基礎問題精講
五訂版

上園信武　著

Basic Exercises in mathematics Ⅰ・A

旺文社

本 書 の 特 長 と 利 用 法

　本書は，入試に出題される基本的な問題を収録し，教科書から入試問題を解くための橋渡しを行う演習書です。特に，共通テスト，私立大に出題が多い小問集合が確実にクリアできる力をつけられるように以下の事柄に配慮しました。

● 教科書では扱わないが，入試で頻出のものにもテーマをあてました。
● 数学Ⅰ・Aを145のテーマに分け，

　　　　基礎問→精講→解答→ポイント→演習問題

　で1つのテーマを完結しました。

　　◆ **基礎問とは**，入試に頻出の基本的な問題（これらを解けなければ合格できない）
　　◆ **精講**は基礎問を解くに当たっての留意点と問題テーマの解説
　　◆ **解答**はていねいかつ，わかりやすいようにしました
　　◆ **ポイント**では問題テーマで押さえておかなければならないところを再度喚起し，テーマの確認
　　◆ **演習問題**では基礎問の類題を掲載し，ポイントを確認しながら問題テーマをチェック

● 1つのテーマは原則1ページもしくは2ページの見開きとし，見やすくかつ，効率よく学習できるように工夫しました。
● 数学Ⅰと数学Aのなかで関連性のあるものは連続して配置し，入試対策としての効率を考えました。
● **補充問題の章（第9章）**を設け，身近な数学の問題を扱いました。

著者から受験生のみなさんへ

受験勉強に王道はありません。「できないところを，1つ1つできるようにしていく」この積み重ねのくりかえしです。しかし，効率というものが存在するのも事実です。本書は，そこを考えて作ってありますので，かなりの効果が期待できるはずです。本書を利用した諸君が見事栄冠を勝ちとられることを祈念しています。

著者紹介 ● **上園信武**（うえぞの　のぶたけ）
1980年九州大学理学部数学科卒業。鹿児島の県立高校教諭を経て，現在代々木ゼミナール福岡校の講師。また，「全国大学入試問題正解・数学」（旺文社）の解答者。

CONTENTS

第1章 数と式

1 指数の計算 ……………… 6
2 整式の加減 ……………… 7
3 式の展開 ……………… 8
4 因数分解 ……………… 10
5 対称式 ……………… 12
6 実数（有理数・無理数）……… 14
7 無理数の計算（有理化）…… 16
8 無理数の計算（数値代入）… 17
9 無理数の大小比較 ……… 18
10 整数部分・小数部分 …… 20
11 絶対値記号 ……………… 22
12 文字式の平方根 ………… 24
13 2重根号 ……………… 26
14 文字係数の方程式 ……… 28
15 1次不等式 ……………… 29
16 連立不等式 ……………… 30
17 文字係数の1次不等式 … 31
18 絶対値記号のついた1次方程式 … 32
19 絶対値記号のついた1次不等式 … 34
20 1次不等式の応用 ……… 36
21 集合の包含関係 ………… 38
22 集合の要素の個数 ……… 40
23 命題の真偽 ……………… 42
24 必要条件・十分条件 …… 44

第2章 2次関数

25 1次関数のグラフ ……… 46
26 点の移動 ……………… 48
27 平方完成 ……………… 49
28 2次関数 $y=a(x-p)^2+q$ のグラフ ……………… 50
29 放物線の平行移動 ……… 52
30 放物線の対称移動 ……… 53
31 放物線の移動 …………… 54
32 2次関数の決定 ………… 56
33 絶対値記号のついた 関数のグラフ …………… 58
34 最大・最小（Ⅰ）………… 60
35 最大・最小（Ⅱ）………… 62
36 最大・最小（Ⅲ）………… 64
37 最大・最小（Ⅳ）………… 66
38 最大・最小（Ⅴ）………… 67
39 2次方程式の解とその判別 …… 68
40 放物線とx軸との位置関係 … 70
41 放物線と直線との位置関係 … 72
42 放物線の接線 …………… 73
43 2次不等式 ……………… 74
44 係数の符号 ……………… 76
45 解の配置 ……………… 78
46 不等式の応用 …………… 80
47 文字係数の2次不等式 …… 81
48 絶対値記号のついた2次方程式 … 82
49 絶対値記号のついた2次不等式 … 84

4 もくじ

第3章 図形の性質

50 円周角	86	
51 三角形の重心, 外心, 内心, 垂心	88	
52 角の2等分線の性質	90	
53 チェバの定理	92	
54 メネラウスの定理	93	
55 接弦定理	94	
56 方べきの定理	96	

57 2円の位置関係 ···········98
58 平面幾何（Ⅰ）············100
59 平面幾何（Ⅱ）············102
60 四角形への応用 ··········104
61 内接球・外接球 ··········106
62 特殊な四面体 ············108
63 立体と展開図 ············110

第4章 図形と計量

64 鋭角の三角比 ············112
65 有名角の三角比 ··········113
66 鈍角の三角比 ············114
67 補角・余角の三角比 ······116
68 三角比の相互関係 ········118
69 三角比の計算（Ⅰ）········120
70 三角比の計算（Ⅱ）········121
71 三角方程式（Ⅰ）··········122
72 三角不等式（Ⅰ）··········124
73 三角方程式（Ⅱ）··········126
74 三角不等式（Ⅱ）··········127

75 最大値・最小値 ··········128
76 正弦定理・余弦定理 ······129
77 中線定理 ················130
78 三角形の重心 ············132
79 三角形の形状決定 ········133
80 三角形の成立条件 ········134
81 三角形の面積 ············136
82 角の2等分線の長さ ······137
83 内接円の半径（Ⅰ）········138
84 内接円の半径（Ⅱ）········139
85 円に内接する四角形 ······140

第5章 整数の性質

86 最大公約数・最小公倍数 ···142
87 倍数の証明 ··············144
88 整数の余りによる分類 ····146
89 ユークリッドの互除法 ····148
90 不定方程式 $ax+by=c$ の解 ···150
91 2進法 ··················152

92 2進法の計算 ············154
93 整数問題（Ⅰ）············156
94 整数問題（Ⅱ）············158
95 整数問題（Ⅲ）············159
96 ガウス記号（Ⅰ）··········160
97 ガウス記号（Ⅱ）··········162

第6章 順列・組合せ

98	場合の数（Ⅰ）	164
99	場合の数（Ⅱ）	166
100	場合の数（Ⅲ）	168
101	約数の個数・総和	169
102	階乗, $_nP_r$, $_nC_r$ の計算	170
103	順列（Ⅰ）（場所指定）	172
104	倍数の規則	174
105	順列（Ⅱ）（同じものを含む順列）	176

106	順列（Ⅲ）（円順列）	177
107	組合せ（Ⅰ）	178
108	組合せ（Ⅱ）	179
109	組合せ（Ⅲ）	180
110	組分け（Ⅰ）	181
111	組分け（Ⅱ）	182
112	道の数え方	184
113	重複組合せ	186

第7章 確率

114	同様な確からしさ（Ⅰ）	188
115	同様な確からしさ（Ⅱ）	189
116	同様な確からしさ（Ⅲ）	190
117	排反事象	191
118	余事象	192
119	独立試行	193
120	反復試行	194
121	非復元抽出	196

122	最大数・最小数の確率	198
123	点の移動	199
124	カードの確率	200
125	一般の加法定理	202
126	道の確率	204
127	確率の最大値	206
128	条件付確率（Ⅰ）	208
129	条件付確率（Ⅱ）	210

第8章 データの分析

130	度数分布表とヒストグラム	212
131	データの代表値（平均値・メジアン・モード）	214
132	四分位数	216
133	ヒストグラムと四分位数	218
134	箱ひげ図	220
135	ヒストグラムと箱ひげ図	222
136	分散・標準偏差	226
137	計算の工夫	228

138	もう1つの分散の求め方	230
139	代表値の変化（データの合算）	232
140	代表値の変化（データの追加）	234
141	代表値の変化（変量変換）	236
142	偏差値	238
143	散布図と相関	240
144	散布図（読みとり）	242
145	共分散・相関係数	246

第9章 補充問題 ·········· 250

演習問題の解答 ·········· 266

第1章 数 と 式

1 指数の計算

次の式を簡単にせよ．
(1) $3^2 \times 3^3$
(2) $(2^3)^2$
(3) $a^2b \times ab^3$
(4) $2xyz^2 \times 3x^2yz^2 \times 4x^2yz$
(5) $(-2xy^2)^2 \times (-3xy)^3 \times x^2y$

精講

指数は新しい数の表現方法です．小学校で九九を覚えたように，指数規則(指数法則)は自然に使えるようになるまで訓練しなければなりません．いつまでも，$a^3 = a \times a \times a$ とかき直しているようでは先が思いやられます．

特に，ポイントの2つの式は，まちがいやすいので注意しましょう．

解 答

(1) $3^2 \times 3^3 = 3^{2+3} = 3^5 = \mathbf{243}$
(2) $(2^3)^2 = 2^{3 \times 2} = 2^6 = \mathbf{64}$
(3) $a^2b \times ab^3 = a^{2+1}b^{1+3} = \boldsymbol{a^3b^4}$
(4) 与式 $= 2 \cdot 3 \cdot 4 x^{1+2+2} y^{1+1+1} z^{2+2+1}$
     $= \boldsymbol{24x^5y^3z^5}$
(5) 与式 $= 4x^2y^4 \times (-27x^3y^3) \times x^2y$
     $= \boldsymbol{-108x^7y^8}$

〈指数法則〉
m, n が正の整数のとき
Ⅰ．$a^m \times a^n = a^{m+n}$
Ⅱ．$(a^m)^n = a^{mn}$
Ⅲ．$(ab)^n = a^nb^n$

ポイント　　$a^m \times a^n = a^{m+n}$,　$(a^m)^n = a^{mn}$

演習問題 1

次の式を簡単にせよ．
$(-x^2y)^2 \times 2xy^2 \times (-xy)^3$

2 整式の加減

> $A=x^2-2x+3$, $B=2x^2+4x-2$ のとき，$A+B$, $A-B$ を計算せよ．

 整式のたし算，ひき算は，同類項（＝文字の部分が同じ項）どうしのたし算，ひき算になります．
特に，ひき算のときの符号間違いに注意しましょう．

解答

$A+B=(x^2-2x+3)+(2x^2+4x-2)$
$\quad =(x^2+2x^2)+(-2x+4x)+(3-2)$
$\quad =\boldsymbol{3x^2+2x+1}$

$A-B=(x^2-2x+3)-(2x^2+4x-2)$
$\quad =(x^2-2x^2)+(-2x-4x)+(3+2)$
$\quad =\boldsymbol{-x^2-6x+5}$

$$\begin{array}{r} x^2-2x+3 \\ +)\ 2x^2+4x-2 \\ \hline 3x^2+2x+1 \end{array}$$

$$\begin{array}{r} x^2-2x+3 \\ -)\ 2x^2+4x-2 \\ \hline -x^2-6x+5 \end{array}$$

注　右にかいてあるように，筆算の形にすると，同類項がタテに並ぶので，計算がしやすくなります．

🌙 **ポイント**　整式の和，差は，同類項どうしの和，差の計算をすればよいが，特に，差をつくるときの符号間違いに注意

2 の A, B に対して，$2A-B$, $A-2B$ を計算せよ．

3 式の展開

次の式を展開せよ．
(1) $(x+y-z)(x-y+z)$　　(2) $(x^2+x-2)(2x^2+2x+3)$
(3) $(x+1)(x+2)(x+3)(x+4)$　(4) $(a-b)(a+b)(a^2+b^2)$
(5) $(a+b+c)(a^2+b^2+c^2-ab-bc-ca)$

式の展開には，いくつかの公式（⇨ 参考 ）があります．これらを覚えておくことは当然ですが，公式を使うだけでは計算が面倒になり，結局，正解にたどり着けないことがあります．それを避けるためには，**式の特徴**を見ぬいて，

　　①おきかえ　　②計算順序　　③使う公式　　④計算後の式の形

などを考えないといけません．

　この「**式の特徴を見ぬく**」能力は，今後，様々な分野の数学の問題を解くための土台になります．計算結果だけではなく，プロセスにも注意を払って学習をすすめることが大切です．

解 答

(1) $y-z=u$ とおくと，
　与式$=(x+u)(x-u)$
　　　$=x^2-u^2$
　　　$=x^2-(y-z)^2$
　　　$=x^2-(y^2-2yz+z^2)$
　　　$=\boldsymbol{x^2-y^2-z^2+2yz}$

◀ 2つのかっこの中で3文字の符号変化を調べると，yとzの符号が入れかわっているので，ひとまとめにおく

(2) $x^2+x=t$ とおくと，
　与式$=(t-2)(2t+3)$
　　　$=2t^2-t-6$
　　　$=2(x^2+x)^2-(x^2+x)-6$
　　　$=2(x^4+2x^3+x^2)-(x^2+x)-6$
　　　$=\boldsymbol{2x^4+4x^3+x^2-x-6}$

◀ 2つのかっこの中でx^2+xが共通しているので，ひとまとめにおく

(3) $(x+1)(x+2)(x+3)(x+4)$
  $=\{(x+1)(x+4)\}\{(x+2)(x+3)\}$
  $=(x^2+5x+4)(x^2+5x+6)$
  $=\{(x^2+5x)+4\}\{(x^2+5x)+6\}$
  $=(x^2+5x)^2+10(x^2+5x)+24$
  $=\boldsymbol{x^4+10x^3+35x^2+50x+24}$

◀ 2つずつ組み合わせて展開したあとの形を考えて組を決める

◀ (2)と同じように, $x^2+5x=t$ とおいてもよい

(4) $(a-b)(a+b)(a^2+b^2)$
  $=(a^2-b^2)(a^2+b^2)=\boldsymbol{a^4-b^4}$

◀ 次数の低いものから計算

(5) $(a+b+c)(a^2+b^2+c^2-ab-bc-ca)$
  $=\{a+(b+c)\}\{a^2-(b+c)a+b^2-bc+c^2\}$
  $=a^3-(b+c)a^2+(b^2-bc+c^2)a$
    $+(b+c)a^2-(b+c)^2a+(b+c)(b^2-bc+c^2)$
  $=a^3+\{(b^2-bc+c^2)-(b^2+2bc+c^2)\}a+b^3-b^2c+bc^2+b^2c-bc^2+c^3$
  $=a^3-3abc+b^3+c^3=\boldsymbol{a^3+b^3+c^3-3abc}$

◀ 1つずつ項をかけ算すると式が長くなるので, a 以外の文字は定数と考える

ポイント 式の計算は, 始める前に式をよくながめてその特徴をつかむ

 参考

(展開公式)
① $(x+a)(x+b)=x^2+(a+b)x+ab$
② $(ax+b)(cx+d)=acx^2+(ad+bc)x+bd$
③ $(x+y)^2=x^2+2xy+y^2$ ④ $(x-y)^2=x^2-2xy+y^2$
⑤ $(x+y)(x-y)=x^2-y^2$ ⑥ $(x+y)^3=x^3+3x^2y+3xy^2+y^3$
⑦ $(x-y)^3=x^3-3x^2y+3xy^2-y^3$

注 ⑥と⑦は数学Ⅱで学ぶ公式ですが, 今のうちに使えるようにしておきましょう.

演習問題 3

次の式を展開せよ.
(1) $(x-y-z+w)(x-y+z-w)$
(2) $(x-1)(x-2)(x-3)(x-6)$
(3) $(x-1)(x+1)(x^2+1)(x^4+1)$

基礎問

4 因数分解

次の式を因数分解せよ．
(1) $2x^3 - x^2 - 18x + 9$
(2) $1 + x + y + xy$
(3) $3a^4b - 2a^3b^2 - a^2b^3$
(4) $x^4 - 13x^2 + 36$
(5) $(x^2 - 3x - 3)(x^2 - 3x + 1) - 5$
(6) $xyz + xy + yz + zx + x + y + z + 1$

　因数分解には，確かにいくつかの公式があって，それらを利用して計算をすすめていきますが，それだけでは対応できないのが普通です．そのときは，必ず公式を使う前に，同じもの(**共通因数**)を見つけ，それをくくりだす作業が必要になります．そのためには，次の2つのことがポイントになります．

Ⅰ．ある式全体を「$=t$」などとおいて式を見やすくする　　◀(4)(5)

Ⅱ．文字が2種類以上あるときは，次数の一番低い文字について整理する（その他の文字は定数とみる）　　◀(6)

解　答

(1) $2x^3 - x^2 - 18x + 9$
　$= x^2(2x-1) - 9(2x-1)$
　$= (x^2 - 9)(2x - 1)$　　◀まだ因数分解できる
　$= (x+3)(x-3)(2x-1)$

(2) $1 + x + y + xy$
　$= (y+1)x + (y+1)$　　◀xについて式を整理する
　$= (x+1)(y+1)$

(3) $3a^4b - 2a^3b^2 - a^2b^3$　　◀共通因数でくくる
　$= -a^2b(b^2 + 2ab - 3a^2)$　　◀たして $2a$,
　$= -a^2b(b+3a)(b-a)$　　　　　かけて $-3a^2$

注　「$-$」をかっこの中に入れて，$a^2b(3a+b)(a-b)$ としてもよい．

(4) x^4-13x^2+36 ◀ x^2 をひとまとめ
　　$=(x^2)^2-13(x^2)+36$
　　$=(x^2-4)(x^2-9)$ ◀ まだ因数分解できる
　　$=(x+2)(x-2)(x+3)(x-3)$

注 見にくいときは，$x^2=t$ とおくと 与式$=t^2-13t+36$ となります．$x^2=t$ とおいても因数分解できないとき (**演習問題 4**(5)) は，定数項をよく見て，強引に A^2-B^2 型に変形します．

(5) $x^2-3x=t$ とおくと
　与式$=(t-3)(t+1)-5$
　　　$=t^2-2t-8$
　　　$=(t-4)(t+2)$
　　　$=(x^2-3x-4)(x^2-3x+2)$ ◀ まだ因数分解できる
　　　$=(x+1)(x-4)(x-1)(x-2)$

(6) $xyz+xy+yz+zx+x+y+z+1$ ◀ z について整理
　　$=(xy+x+y+1)z+(xy+x+y+1)$
　　$=(xy+x+y+1)(z+1)$ ◀ (2)と同じ
　　$=(x+1)(y+1)(z+1)$

参考 特に，ことわりがない限り，係数は有理数 (⇨ **6**) の範囲で因数分解をします．たとえば，x^2-4 はまだ因数分解し，x^2-3 はそのままでよいことになります．

◐ ポイント 　因数分解は式の特徴を考えて，使う公式を決める

演習問題 4

次の式を因数分解せよ．
(1) $ab-bc-b^2+ca$
(2) $x^2-y^2+x+5y-6$
(3) $a^2(b-c)+b^2(c-a)+c^2(a-b)$
(4) $(x+1)(x+2)(x+3)(x+4)-24$
(5) x^4+2x^2+9

5 対称式

(1) $x+y=2$, $xy=-1$ のとき,次の各式の値を求めよ.
　(i) x^2+y^2　　(ii) x^3+y^3　　(iii) x^4+y^4

(2) $x+\dfrac{1}{x}=4$ のとき,次の各式の値を求めよ.
　(i) $x^2+\dfrac{1}{x^2}$　　(ii) $x^3+\dfrac{1}{x^3}$

(3) $x+y+z=3$, $xy+yz+zx=4$, $xyz=5$ のとき,次の各式の値を求めよ.
　(i) $x^2+y^2+z^2$　　(ii) $x^2y^2+y^2z^2+z^2x^2$

(1) x と y の式で,x と y を入れかえても同じ式になるとき,その式を x と y に関する**対称式**といいます.特に,$x+y$ と xy を**基本対称式**といい,どんな x と y に関する対称式も $x+y$ と xy で表せます.

(3) x と y と z の式で,どの2文字を入れかえても同じ式になるとき,その式を x, y, z に関する対称式といいます.特に,$x+y+z$ と $xy+yz+zx$ と xyz を基本対称式といい,どんな x,y,z に関する対称式も,$x+y+z$,$xy+yz+zx$,xyz で表すことができます.どちらにしても,

① 式が対称式であることを見ぬく力　② 式を基本対称式を用いて表す力
の2つが必要です.

解 答

(1) (i) $x^2+y^2=(x+y)^2-2xy=4+2=\mathbf{6}$
　(ii) $x^3+y^3=(x+y)^3-3xy(x+y)=8-3\cdot(-1)\cdot 2=\mathbf{14}$
　(iii) $x^4+y^4=(x^2+y^2)^2-2(xy)^2=36-2=\mathbf{34}$

(2) (i) $x^2+\dfrac{1}{x^2}=\left(x+\dfrac{1}{x}\right)^2-2\cdot x\cdot\dfrac{1}{x}=\left(x+\dfrac{1}{x}\right)^2-2=\mathbf{14}$
　(ii) $x^3+\dfrac{1}{x^3}=\left(x+\dfrac{1}{x}\right)^3-3\cdot x\cdot\dfrac{1}{x}\left(x+\dfrac{1}{x}\right)=4^3-3\cdot 4=\mathbf{52}$

(3) (i) $x^2+y^2+z^2=(x+y+z)^2-2(xy+yz+zx)=9-2\cdot 4=\mathbf{1}$

(ii) $x^2y^2+y^2z^2+z^2x^2$
$=(xy+yz+zx)^2-2xy^2z-2xyz^2-2x^2yz$
$=(xy+yz+zx)^2-2xyz(x+y+z)$
$=16-2\cdot5\cdot3=-14$

ポイント
- 2文字 x, y についての対称式は, $x+y$, xy で表せる
- 3文字 x, y, z についての対称式は, $x+y+z$, $xy+yz+zx$, xyz で表せる

(別解)

(1) (ii) $(x^2+y^2)(x+y)=x^3+y^3+x^2y+xy^2$ だから
$x^3+y^3=(x^2+y^2)(x+y)-xy(x+y)$
$=6\cdot2-(-1)\cdot2=12+2=14$

(iii) $(x^3+y^3)(x+y)=x^4+y^4+x^3y+xy^3$ だから
$x^4+y^4=(x^3+y^3)(x+y)-xy(x^2+y^2)$
$=14\cdot2-(-1)\cdot6=28+6=34$

参考 (1)(ii), (iii)の **(別解)** の考えを利用すると
$(x^n+y^n)(x+y)=x^{n+1}+y^{n+1}+x^ny+xy^n$ だから
$x^{n+1}+y^{n+1}=(x^n+y^n)(x+y)-(x^{n-1}+y^{n-1})xy$

よって, $x^{n+1}+y^{n+1}=2(x^n+y^n)+(x^{n-1}+y^{n-1})$

この式に, $n=4$ を代入すると
$x^5+y^5=2(x^4+y^4)+(x^3+y^3)$
$=2\cdot34+14=82$

このように, n に1つずつ大きな値を入れていくことで x^6+y^6, x^7+y^7, … と順に求めることができます.

演習問題 5

(1) $x=3-\sqrt{2}$, $y=3+\sqrt{2}$ のとき, $x+y$, xy, x^2+y^2, x^3+y^3 の値を求めよ.

(2) $t+\dfrac{1}{t}=3$ $(t>1)$ のとき, $t^3+\dfrac{1}{t^3}$, $t^2-\dfrac{1}{t^2}$ の値を求めよ.

6 実数（有理数・無理数）

(1) 次の循環小数を分数で表せ．
 (i) $0.\dot{3}$ (ii) $0.\dot{2}\dot{7}$ (iii) $0.\dot{3}1\dot{2}$

(2) 分数 $\dfrac{2}{13}$ を小数で表すと循環小数になる．次の問いに答えよ．
 (i) 循環小数を(1)の形で表せ．
 (ii) 小数点以下 2000 位の数字を求めよ．

(1) 循環小数についての厳密な話は数学Ⅲで学びますので，ここでは小学校，中学校で学んだ知識の確認をしましょう．

循環小数は分数で表せます．

循環小数 x を分数になおすときは，小数点以下が同じになるように，自然数 n をえらんで $10^n x$ をつくり，$10^n x - x$ を計算します．

(2) 循環小数というくらいですから，小数部分は循環します．

すなわち，**規則性がある**ということです．

この規則をつかめば(ii)はできますが，この規則をどのように解答に反映させるかが，問題です．まさか，小数第 2000 位まで調べるわけにはいきません．

解　答

(1) (i) $x = 0.\dot{3}$ とおくと
$$\begin{array}{r} 10x = 3.333\cdots \\ -)x = 0.333\cdots \\ \hline 9x = 3 \end{array}$$
$\therefore\ x = \dfrac{1}{3}$

(ii) $y = 0.\dot{2}\dot{7}$ とおくと
$$\begin{array}{r} 100y = 27.2727\cdots \\ -)y = 0.2727\cdots \\ \hline 99y = 27 \end{array}$$
$\therefore\ y = \dfrac{27}{99} = \dfrac{3}{11}$

(iii) $z = 0.\dot{3}1\dot{2}$ とおくと
$$\begin{array}{r} 1000z = 312.312312\cdots \\ -)z = 0.312312\cdots \\ \hline 999z = 312 \end{array}$$
$\therefore\ z = \dfrac{312}{999} = \dfrac{\mathbf{104}}{\mathbf{333}}$

(2) (i)
```
   0.1538461
13)2.0
   1 3
    70
    65
    50
    39
   110
   104
    60
    52
    80
    78
    20
    13
     7
```

左のわり算より，

$\dfrac{2}{13} = 0.15384\dot{6}$

(ii) 小数点以下は

1，5，3，8，4，6 のくりかえし．

よって，$2000 \div 6 = 333$ 余り 2 より

小数点以下 2000 位の数字は

小数点以下 2 位の数字と一致し，**5**

◀ 6 個の数字のくりかえしなので，この 6 個を 1 セットと考えると，333 セットあり，2 個余ることを示している

◉ ポイント 　循環小数 x を分数になおすときは，小数点以下がそろうように
$10^n x$（n：自然数）をつくり，$10^n x - x$ を計算する

参考　実数 $\begin{cases} \text{無理数}\cdots\text{循環しない小数（無限小数）} \\ \text{有理数} \begin{cases} \text{有限小数} \\ \text{循環小数} \\ \text{整数} \end{cases} \end{cases}$

注　整数 m も $\dfrac{m}{1}$ と考えれば，分数の形で表せます．したがって，有理数 (rational number) とは「p を自然数，q を整数として，$\dfrac{q}{p}$ の形で表せる数」といえます．また，有理数でない実数を無理数 (irrational number) といいます．

演習問題 6

分数 $\dfrac{10}{13}$ の小数点以下 200 位の数字を求めよ．

7 無理数の計算（有理化）

> 次の分数の分母を有理化せよ．
> (1) $\dfrac{1}{\sqrt{5}+2}$ (2) $\dfrac{1}{1+\sqrt{2}+\sqrt{3}}$

精講

$\sqrt{}$ のついた分母から $\sqrt{}$ をなくすことを分母の**有理化**といいます．そのためには，$(\sqrt{a})^2=a$ を利用することを考えます．(1)では，分子，分母に $\sqrt{5}-2$ をかけると $\sqrt{}$ が消えます．(2)には $\sqrt{}$ が2つあるので(1)の作業を2回くりかえしますが，分子，分母にどんな式をかければよいのでしょう．

解答

(1) $\dfrac{1}{\sqrt{5}+2}=\dfrac{\sqrt{5}-2}{(\sqrt{5}+2)(\sqrt{5}-2)}=\dfrac{\sqrt{5}-2}{5-4}=\sqrt{5}-2$

(2) $\dfrac{1}{1+\sqrt{2}+\sqrt{3}}=\dfrac{1+\sqrt{2}-\sqrt{3}}{(1+\sqrt{2}+\sqrt{3})(1+\sqrt{2}-\sqrt{3})}$

$=\dfrac{1+\sqrt{2}-\sqrt{3}}{(1+\sqrt{2})^2-3}=\dfrac{1+\sqrt{2}-\sqrt{3}}{(3+2\sqrt{2})-3}$

$=\dfrac{1+\sqrt{2}-\sqrt{3}}{2\sqrt{2}}=\dfrac{2+\sqrt{2}-\sqrt{6}}{4}$

注 分子，分母に $(\sqrt{2}+\sqrt{3})-1$ をかけても答はでますが分母が $4+2\sqrt{6}$ となり，**解答**の分母 $(2\sqrt{2})$ に比べて，計算がメンドウになります．

● ポイント

分母が $\sqrt{a}+\sqrt{b}$ の分数は，分子，分母に $\sqrt{a}-\sqrt{b}$ をかけると有理化できる

演習問題 7

次の分数の分母を有理化せよ．
(1) $\dfrac{3+\sqrt{2}}{3-\sqrt{2}}$ (2) $\dfrac{1}{\sqrt{2}+\sqrt{3}+\sqrt{5}}$

8 無理数の計算（数値代入）

(1) $x = \dfrac{\sqrt{5}-1}{2}$ のとき，$x^2 + x$ の値を求めよ．

(2) $x = \dfrac{\sqrt{5}-1}{2}$ のとき，$2x^3 + 5x^2 + 3x - 2$ の値を求めよ．

(2) x を与えられた形のまま式に代入すると，計算がタイヘンです．そこで，ひと工夫します．それは，代入する数値を解にもつ**2次方程式を利用して，次数を下げる**ことです．

解答

(1) $x = \dfrac{\sqrt{5}-1}{2}$ より $2x + 1 = \sqrt{5}$ ◀ $\sqrt{}$ が消えるように変形する

両辺を平方して，$4x^2 + 4x + 1 = 5$

∴ $x^2 + x = 1$

注 x の値を直接 $x^2 + x$ に代入してもよいですが，そのときは，$x^2 + x = x(x+1)$ として代入すると，計算がラクになります．

(2) (1)より，$x^2 = 1 - x$

∴ $2x^3 + 5x^2 + 3x - 2$ ◀ x^2 に $1-x$ を代入

$= 2x(1-x) + 5(1-x) + 3x - 2$

$= -2x^2 + 3$ ◀ 3次式が2次式に

$= -2(1-x) + 3 = 2x + 1 = \sqrt{5}$ ◀ 2次式が1次式に

🌙 **ポイント** 無理数を整式に代入するとき，その無理数を解にもつ2次方程式を利用して，求める整式の次数を下げたあと，数値を代入する

$a = \sqrt{2} - 1$ のとき，$a^3 + 6a^2 - 3a + 1$ の値を求めよ．

9 無理数の大小比較

(1) $3 < \sqrt{14} < 4$ を示せ．

(2) $\dfrac{2}{2-\sqrt{2}}$ と $\dfrac{3}{\sqrt{5}-\sqrt{2}}$ の大小を比較せよ．

(1) $\sqrt{}$ のついた数の大小比較をするときは，平方した数，すなわち，$\sqrt{}$ をはずした状態にして大小を比較します．

このとき，根拠がでてくるまでは結論の不等式を答案上に表示してはいけません．（⇨注）

(2) 分母に $\sqrt{}$ がついたままでは大小比較は難しいので，有理化（⇨ 7 ）して，$\sqrt{}$ を分子に移すところまでは問題はないでしょう．これで問題は，$2+\sqrt{2}$ と $\sqrt{5}+\sqrt{2}$ の大小比較になりますが，「$\sqrt{5}=2.236\cdots$」を使ってはいけません．近似値を使ってよいのは問題文にその指示があるときだけです．だから，(1)の要領で大小を比べることになります．

解 答

(1) $9 < 14 < 16$ より
$\sqrt{9} < \sqrt{14} < \sqrt{16}$ ∴ $3 < \sqrt{14} < 4$

◀ 事前に，計算用紙で $3^2=9$, $4^2=16$ を計算しておく

(2) $\dfrac{2}{2-\sqrt{2}} = \dfrac{2(2+\sqrt{2})}{(2-\sqrt{2})(2+\sqrt{2})}$

$= \dfrac{2(2+\sqrt{2})}{2} = 2+\sqrt{2}$

◀ 分母は $(a-b)(a+b)$ の形

$\dfrac{3}{\sqrt{5}-\sqrt{2}} = \dfrac{3(\sqrt{5}+\sqrt{2})}{(\sqrt{5}-\sqrt{2})(\sqrt{5}+\sqrt{2})}$

$= \dfrac{3(\sqrt{5}+\sqrt{2})}{3} = \sqrt{5}+\sqrt{2}$

ここで，$4 < 5$ だから
$\sqrt{4} < \sqrt{5}$ ∴ $2 < \sqrt{5}$

◀ $\sqrt{2}$ は共通なので 2 と $\sqrt{5}$ の大小を比べる

両辺に $\sqrt{2}$ を加えると，$2+\sqrt{2} < \sqrt{5}+\sqrt{2}$

よって，$\dfrac{2}{2-\sqrt{2}} < \dfrac{3}{\sqrt{5}-\sqrt{2}}$

注 (1)
$$3<\sqrt{14}<4 \text{ のとき } 9<14<16$$
$$\text{よって, } 3<\sqrt{14}<4 \text{ は成りたつ}$$
という答案を見かけます.

これではまったく得点になりません.
それは，最初に証明すべき式を仮定しているからです.
気持ちはこれで正しいのですが，表現するときは，
$9<14<16$ だから $3<\sqrt{14}<4$ とかかないといけません.

参考 (1) $\sqrt{14}$ の範囲をもうすこししぼることを考えてみましょう.
3と4の中央の数3.5との大小を比べましょう.
$3.5^2=12.25$ ですから，$12.25<14<16$ より $3.5<\sqrt{14}<4$ です.
次に，$3.7^2=13.69$ ですから，$13.69<14<16$ より $3.7<\sqrt{14}<4$ です.
また，$3.8^2=14.44$ ですから，$13.69<14<14.44$ より $3.7<\sqrt{14}<3.8$ です.
これで，$\sqrt{14}=3.7\cdots$ と小数第1位の数字まで確定しました.

このように，$\sqrt{}$ のついた無理数であれば，小数第1位の数字なら，簡単に求めることができます.

「ある数がどんな範囲にあるか」を考えることを数学では「**評価する**」といいます．今後，いろいろな場面で必要になる考え方です．

> **ポイント** $\sqrt{}$ のついた数の大小比較は近似値を使うのではなく，平方することによって，$\sqrt{}$ をなくした(とった)状態で考える

演習問題9

$A=2+\sqrt{14}$，$B=1+\sqrt{17}$ について次の2つの方法で大小を比較せよ．

(1) A^2 と B^2 を利用する方法．
(2) $\sqrt{14}$ と $\sqrt{17}$ の小数第1位の数字を考える方法．

10 整数部分・小数部分

$\dfrac{2}{3-\sqrt{8}}$ の整数部分を a，小数部分を b とするとき，

(1) a，b の値を求めよ．
(2) $a^2+b^2+2ab-12a-12b+36$ の値を求めよ．
(3) $b-\dfrac{7}{b}$ の値を求めよ．
(4) $b^2+b-14-\dfrac{7}{b}+\dfrac{49}{b^2}$ の値を求めよ．

(1) 整数部分，小数部分は定義（最初の約束事）を覚えておかないと間違ってしまいます．定義は下のとおり．

〔定義〕 数 x が $x=n+\alpha$
    （n：整数，$0\leqq\alpha<1$）

と表せるとき，n，α をそれぞれ，x の整数部分，小数部分という．

	x	n	α
例1	2.7	2	0.7
例2	$\dfrac{4}{3}$	1	$\dfrac{1}{3}$
例3	π	3	$\pi-3$

また，整数部分は記号 $[x]$（⇨ 96）で表されることもあります．

注 小数部分は小数で表せという意味ではありません．

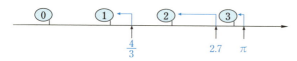

上の図でわかるように整数部分とは，数直線上で，すぐ左にある整数を指しています．

(4) b を直接代入するのではなく，(3)で，$b-\dfrac{7}{b}$ を求めているので，式を $b-\dfrac{7}{b}$ について整理します．

解答

$\dfrac{2}{3-\sqrt{8}}=2(3+\sqrt{8})=6+4\sqrt{2}$ ◀ 有理化 7

(1) $25<32<36$ より，$5<4\sqrt{2}<6$ だから，$11<6+4\sqrt{2}<12$
よって，$a=11$，$b=4\sqrt{2}-5$

(2) $a^2+b^2+2ab-12a-12b+36$ ◀対称式 5
$=(a+b)^2-12(a+b)+36$
$=(a+b-6)^2$
$=(6+4\sqrt{2}-6)^2=(4\sqrt{2})^2=32$

(3) $b-\dfrac{7}{b}=4\sqrt{2}-5-\dfrac{7}{4\sqrt{2}-5}$
$=4\sqrt{2}-5-\dfrac{7(4\sqrt{2}+5)}{(4\sqrt{2}-5)(4\sqrt{2}+5)}$
$=4\sqrt{2}-5-(4\sqrt{2}+5)=-10$

(4) $b^2+b-14-\dfrac{7}{b}+\dfrac{49}{b^2}$ ◀(3)を利用することを
考える
$=\left(b^2-14+\dfrac{49}{b^2}\right)+\left(b-\dfrac{7}{b}\right)$
$=\left(b-\dfrac{7}{b}\right)^2+\left(b-\dfrac{7}{b}\right)$ ◀$b-\dfrac{7}{b}$ について式を
整理する
$=(-10)^2+(-10)=90$

ポイント 整数部分，小数部分はその定義に従って考える
小数部分は，必ずしも小数を用いて表す必要はない

参考
① 正の数のとき，整数部分とは小数点以下を切り捨てた整数のことです．
② **負の数になると小数点以下切り捨て**といういい方ができなくなるので整数部分という言葉が登場します．
③ この「小数点以下切り捨て」というイメージは，96 のような問題では，とても有効です．

演習問題 10

$5+\sqrt{3}$ の整数部分を a，小数部分を b とするとき
$\dfrac{1}{a+b+1}+\dfrac{1}{a-b-1}$ の値を求めよ．

11 絶対値記号

(1) $|\sqrt{2}-1|+|1-\sqrt{2}|$ を簡単にせよ．
(2) $P=|x+1|+|x-1|$ を，次の3つの場合に分けて計算せよ．
　(i) $x<-1$　　(ii) $-1\leqq x\leqq 1$　　(iii) $1<x$
(3) $Q=||x|-1|$ を簡単にせよ．

(1) 中学校で「数の絶対値はその数から符号をとったもの」であることを学びましたが，「符号をとる」のではなく「**符号を＋に変える**」と考え直します．たとえば，$|-2|=-(-2)=2$ というように…．そうすると**ポイント**の式が成りたつことがわかります．

(3) 絶対値が複数ついているときは内側の絶対値からはずします．
　外側からはずそうとすると，結局，内側をはずさなければならなくなります．

解　答

(1) $\sqrt{2}-1>0$, $1-\sqrt{2}<0$ だから
$$|\sqrt{2}-1|=\sqrt{2}-1$$
$$|1-\sqrt{2}|=-(1-\sqrt{2})$$
よって，$|\sqrt{2}-1|+|1-\sqrt{2}|=\boldsymbol{2\sqrt{2}-2}$

(2) (i) $x<-1$ のとき，
$x+1<0$, $x-1<0$ だから，
$$P=-(x+1)-(x-1)=\boldsymbol{-2x}$$
(ii) $-1\leqq x\leqq 1$ のとき，
$x+1\geqq 0$, $x-1\leqq 0$ だから
$$P=(x+1)-(x-1)=\boldsymbol{2}$$
(iii) $1<x$ のとき，
$x+1>0$, $x-1>0$ だから
$$P=(x+1)+(x-1)=\boldsymbol{2x}$$
(3) (i) $x\geqq 0$ のとき，
$|x|=x$ だから　$Q=|x-1|=\begin{cases} x-1 & (x\geqq 1) \\ -(x-1) & (0\leqq x<1) \end{cases}$

(ii) $x<0$ のとき，

$|x|=-x$ だから

$Q=|-x-1|=|x+1|=\begin{cases} x+1 & (-1\leqq x<0) \\ -(x+1) & (x<-1) \end{cases}$

(i), (ii)より

$Q=\begin{cases} x-1 & (x\geqq 1) \\ -x+1 & (0\leqq x<1) \\ x+1 & (-1\leqq x<0) \\ -x-1 & (x<-1) \end{cases}$

参考 (2)では，(i), (ii), (iii)の3つが初めから提示されていますが，自分自身で，場合分けできなければいけないときもあります．そこで，「**どのようにして場合分けをするのか**」ということについて，お話ししておきます．このことをふまえて**演習問題**に挑戦しましょう．

① まず，絶対値記号の中が「=0」となる x を求めます．
  （⇨ この設問では，$x=-1$ と $x=1$ ）

② ①で求めた x を数直線上にかきます．

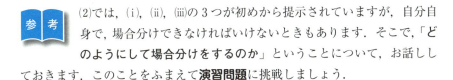

③ ①で求めた x で数直線はいくつかの部分に分割されますが，分割されたそれぞれが場合分けの範囲です．

  注 境界の x はどちら側に含めてもかまいません．

  たとえば，$x\leqq -1$, $-1<x\leqq 1$, $1<x$ でもよいのです．

ポイント

$|A|=\begin{cases} A & (A\geqq 0) \\ -A & (A<0) \end{cases}$

演習問題 11

次の式を簡単にせよ．

(1) $P=|x-1|+|x-2|+|x-3|$

(2) $Q=||x-1|-|x-2||$

12 文字式の平方根

$\sqrt{(x-2)^2}+\sqrt{(x+1)^2}$ の値を求めよ．

$(\sqrt{A})^2=A$ は正しいですが，$\sqrt{A^2}=A$ は正しくありません．かりに，$\sqrt{A^2}=A$ が正しいとすると，

$A=-2$ のとき，$\sqrt{(-2)^2}=-2$ となりますが，(左辺)$=2$，(右辺)$=-2$ ですから $2=-2$ となり，おかしなことになってしまいます．だから，$\sqrt{A^2}=A$ が間違いであることはわかります．

では，正しくはどうなるでしょうか？正しくは，

$$\sqrt{A^2}=|A|$$

となります．右辺の $|A|$ の処理は，11 ですでに，学んでいます．

解 答

$A=\sqrt{(x-2)^2}+\sqrt{(x+1)^2}$ とおくと，
$A=|x-2|+|x+1|$

(i) $x<-1$ のとき，
$x-2<0,\ x+1<0$ だから
$|x-2|=-(x-2)$
$|x+1|=-(x+1)$

◀ $-$(負の数)は，正の数になる

よって，
$A=-(x-2)-(x+1)$
$=-2x+1$

(ii) $-1\leqq x\leqq 2$ のとき，
$x-2\leqq 0,\ x+1\geqq 0$ だから
$|x-2|=-(x-2)$
$|x+1|=x+1$
よって，
$A=-(x-2)+x+1$
$=3$

(iii) $2<x$ のとき，

$x-2>0$, $x+1>0$ だから

$|x-2|=x-2$

$|x+1|=x+1$

よって，

$A=(x-2)+(x+1)$

$=2x-1$

注 11の**参考**の**注**で，お話しした通り，誘導がなければ場合分けの「＝」はどこにつけてもかまいません．

ポイント $\sqrt{A^2}=|A|=\begin{cases} A & (A\geqq 0) \\ -A & (A<0) \end{cases}$

参考 $y=\sqrt{(x-2)^2}+\sqrt{(x+1)^2}$ のグラフは右図のようになります．

$y=-2x+1$, $y=3$, $y=2x-1$ はきれいにつながっています．

もし，つながっていなければ，計算間違いをしています．

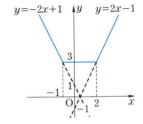

演習問題 12

$x=2a+1$ のとき

(1) $\sqrt{x^2-8a}$ を a の値によって場合を分けて，a で表せ．

(2) $\sqrt{a^2+x}$ を(1)と同様にして，a で表せ．

(3) $\sqrt{x^2-8a}+\sqrt{a^2+x}$ を(1)と同様にして，a で表せ．

基礎問

26　第1章　数と式

13　2重根号

次の各式の2重根号をはずして簡単にせよ.

(1)　$\sqrt{6+2\sqrt{5}}+\sqrt{6-2\sqrt{5}}$

(2)　$\sqrt{9-4\sqrt{5}}-\sqrt{9+4\sqrt{5}}$

(3)　$\sqrt{2+\sqrt{3}}-\sqrt{2-\sqrt{3}}$

精講

2重根号は，次の手順ではずしていきます.

Ⅰ. 内側の $\sqrt{}$ の前に2をつくる (これが大切)

Ⅱ. $\sqrt{a\pm2\sqrt{b}}$ に対して，$a=m+n$, $b=mn$ となる m, n をみつける

（ただし，$m>n$ とする）

Ⅲ. Ⅱで求めた m, n に対して，

$\sqrt{a\pm2\sqrt{b}}=\sqrt{m}\pm\sqrt{n}$ $(m>n)$ が成りたつ

（ただし，複号は同順です）

解　答

(1)　たして6, かけて5となる数は5と1だから

$$\sqrt{6\pm2\sqrt{5}}=\sqrt{(5+1)\pm2\sqrt{5\times1}}$$

$$=\sqrt{5}\pm1\quad(複号同順)$$

◀大きい数字を前にかく習慣をつける

よって，$\sqrt{6+2\sqrt{5}}+\sqrt{6-2\sqrt{5}}$

$$=(\sqrt{5}+1)+(\sqrt{5}-1)=2\sqrt{5}$$

(2)　$\sqrt{9\pm4\sqrt{5}}=\sqrt{9\pm2\sqrt{5\cdot4}}$

◀$5\cdot4$ は計算しない

$$=\sqrt{(5+4)\pm2\sqrt{5\cdot4}}$$

$$=\sqrt{5}\pm\sqrt{4}=\sqrt{5}\pm2\quad(複号同順)$$

よって，$\sqrt{9-4\sqrt{5}}-\sqrt{9+4\sqrt{5}}$

$$=(\sqrt{5}-2)-(\sqrt{5}+2)=-4$$

(3)　$\sqrt{2\pm\sqrt{3}}=\sqrt{\dfrac{4\pm2\sqrt{3}}{2}}=\dfrac{\sqrt{(3+1)\pm2\sqrt{3\cdot1}}}{\sqrt{2}}$

◀2を強引につくる

$$= \frac{\sqrt{3}\pm 1}{\sqrt{2}} \quad (複号同順) \quad ◀まだ有理化しない$$

よって，$\sqrt{2+\sqrt{3}} - \sqrt{2-\sqrt{3}}$

$$= \frac{\sqrt{3}+1}{\sqrt{2}} - \frac{\sqrt{3}-1}{\sqrt{2}} = \frac{2}{\sqrt{2}} = \sqrt{2}$$

(別解) (3) $(\sqrt{2+\sqrt{3}} - \sqrt{2-\sqrt{3}})^2$ ◀ $(a-b)^2$
$= (2+\sqrt{3}) - 2\sqrt{(2+\sqrt{3})(2-\sqrt{3})} + (2-\sqrt{3})$ $= a^2 - 2ab + b^2$
$= 4 - 2 = 2$

$\sqrt{2+\sqrt{3}} - \sqrt{2-\sqrt{3}} > 0$ だから，$\sqrt{2+\sqrt{3}} - \sqrt{2-\sqrt{3}} = \sqrt{2}$

((1), (2)も同様にできます)

参考　**精講** Ⅲの式は(別解)の考え方でも証明できます．

$(\sqrt{m} \pm \sqrt{n})^2 = m \pm 2\sqrt{mn} + n \quad (m > n > 0)$

$m + n = a, \ mn = b$ だから

$(\sqrt{m} \pm \sqrt{n})^2 = a \pm 2\sqrt{b} \quad (複号同順)$

$\sqrt{m} \pm \sqrt{n} > 0$ だから，$\sqrt{a \pm 2\sqrt{b}} = \sqrt{m} \pm \sqrt{n} \quad (複号同順)$

注　このことからわかるように，2重根号はいつでもはずせるわけではありません．たとえば，$\sqrt{4 + 2\sqrt{5}}$ はこのままです．

○ポイント

$\sqrt{a \pm 2\sqrt{b}} \ (a>0, \ b>0)$ は，
$a = m+n, \ b = mn \ (m>n>0)$ をみたす m, n が存在するとき，
$\sqrt{a \pm 2\sqrt{b}} = \sqrt{m} \pm \sqrt{n} \quad (複号同順)$ とかける

演習問題 13

次の各式の2重根号，3重根号をはずして簡単にせよ．

(1) $\dfrac{\sqrt{28 - \sqrt{768}}}{2 - \sqrt{3}}$　　(2) $\dfrac{2\sqrt{3}}{\sqrt{6 - \sqrt{27}}} - \dfrac{4\sqrt{3}}{\sqrt{8 + \sqrt{48}}}$

(3) $\sqrt{\sqrt{17 - 12\sqrt{2}}}$

基礎問

28　第1章　数と式

14 文字係数の方程式

x についての方程式 $ax=b$ を解け.

精講　1次方程式 $2x=4$ は両辺を2でわって $x=2$ と解きますが，同じように本問も $x=\dfrac{b}{a}$ としてよいのでしょうか？

　数学では「0でわること」は許されていないので，文字定数 a について「$a \neq 0$ のとき」と「$a=0$ のとき」とに場合分けが必要です.

$$a \neq 0 \qquad a=0$$
$$b \neq 0 \quad b=0$$

　しかし，これだけでは方程式は正しく解けません. 方程式を解くとは
　　　　「**与えられた等式をみたす x を求めること**」
であることを忘れてはいけません.

解　答

ⅰ）　$a \neq 0$ のとき，$x=\dfrac{b}{a}$

ⅱ）　$a=0$ のとき，方程式は $0 \cdot x=b$

　㋐　$b \neq 0$ のとき，$0 \cdot x=b$ をみたす x は存在しない.

　㋑　$b=0$ のとき，

　　　　$0 \cdot x=0$ をみたす x はすべての数

◀ b がどんな値であっても x は定まる

x の方程式なので $0 \cdot x=b$ でも x を残しておく

◀ x に何を代入しても成りたつ

ⅰ），ⅱ）より，求める方程式の解は

$\begin{cases} a \neq 0 \text{ のとき，} x=\dfrac{b}{a} \\ a=0,\ b \neq 0 \text{ のとき，解なし} \\ a=0,\ b=0 \text{ のとき，すべての数} \end{cases}$

◉ ポイント　文字係数の方程式を解くとき
　　　　　　　0でわれないことに注意

演習問題 14

　x についての方程式 $(a^2-1)x=(a+1)^2$ を解け.

15　1次不等式

次の不等式を解け.
(1) $2x-3 > 3x+1$
(2) $\dfrac{1}{2}x - \dfrac{2}{3} \leqq \dfrac{1}{3}x - \dfrac{3}{2}$

 1次不等式の解き方は1次方程式の解き方と1つだけ違うところがあります．それは，

　　両辺に負の数をかけたり，両辺を負の数でわったりすると
　　不等号の向きが変わる

ことです．

解　答

(1) $2x-3 > 3x+1$ より
　　$2x-3x > 1+3$
　　$-x > 4$
　　よって，$\boldsymbol{x < -4}$

◀ 移項して左辺に x を集める
◀ 両辺を -1 でわるので不等号の向きが変わる

(2) $\dfrac{1}{2}x - \dfrac{2}{3} \leqq \dfrac{1}{3}x - \dfrac{3}{2}$ より
　　$3x - 4 \leqq 2x - 9$
　　$3x - 2x \leqq -9 + 4$
　　よって，$\boldsymbol{x \leqq -5}$

◀ 両辺を6倍して係数を整数にする

ポイント　不等式の両辺に負の数をかけたり，負の数でわったりすると不等号の向きが変わる

演習問題 15

次の不等式を解け．
(1) $3(x-1) \leqq 2(2x-1)+3$
(2) $\dfrac{1}{3}x + \dfrac{3}{4} > \dfrac{1}{2}x + \dfrac{1}{6}$

16 連立不等式

次の2つの不等式を同時にみたす x の範囲を求めよ．
$$3x-1>5 \quad \cdots\cdots ①$$
$$2x-3 \leqq 5 \quad \cdots\cdots ②$$

2つ以上の不等式が同時に成りたつような x の範囲は，それぞれの不等式を解いて求めた x の範囲の重なった部分になります．

解答

①より，$3x>6$ ∴ $x>2$
②より，$2x\leqq 8$ ∴ $x\leqq 4$

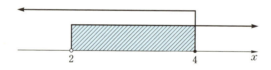

よって，求める x の範囲は $2<x\leqq 4$

注 重なった部分を求めるときは，**解答**のように数直線を使うとわかりやすくなります．数直線上で含まれる点は黒マル（•），含まれない点は白マル（○）で表します．

ポイント

連立不等式の解は，
それぞれの不等式の解の重なった部分

演習問題 16

次の3つの不等式を同時にみたす x の範囲を求めよ．
$$\frac{1}{2}-\frac{1}{6}x<\frac{1}{3}x \quad \cdots\cdots ① \qquad x\leqq \frac{1}{3}x+\frac{3}{2} \quad \cdots\cdots ②$$
$$1-x<x-2 \quad \cdots\cdots ③$$

17 文字係数の1次不等式

x についての不等式 $ax > b$ ……① を解け．

 精講

文字係数の方程式の次は，文字係数の不等式です．0でわることは方程式同様許されていませんが，もう1つ，不等式の両辺を負の数でわると，不等号の向きが変わることを忘れてはいけません．

解答

ⅰ) $a > 0$ のとき，$x > \dfrac{b}{a}$　　◀ b がどんな値でも解は定まる

ⅱ) $a < 0$ のとき，$x < \dfrac{b}{a}$　　◀ 不等号の向きが変わる

ⅲ) $a = 0$ のとき

①は，$0 \cdot x > b$ と表せる．　　◀ x の不等式なので $0 \cdot x > b$ でも x を残しておく

すべての x に対して，左辺 $= 0$ だから

$b \geqq 0$ のとき，①をみたす x は存在しない．

$b < 0$ のとき，すべての x が①をみたす．

以上のことより

$$\begin{cases} a > 0 \text{ のとき，} x > \dfrac{b}{a} \\ a < 0 \text{ のとき，} x < \dfrac{b}{a} \\ a = 0,\ b \geqq 0 \text{ のとき，解なし} \\ a = 0,\ b < 0 \text{ のとき，すべての数} \end{cases}$$

◀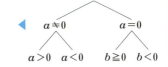

ポイント

x の不等式 $ax > b$ を解くとき

① $a > 0$　　② $a = 0$　　③ $a < 0$　で場合分け

特に，$a = 0$ のときは，念入りに調べる

演習問題 17

x についての不等式 $a(1-x) > 1 + x$ を解け．

18 絶対値記号のついた1次方程式

次の方程式を解け．
(1) $|x-1|=2$
(2) $|x+1|+|x-1|=4$

絶対値記号の扱い方は **11** で学んだ考え方が大原則ですが，等式の場合は**ポイントⅠ**の考え方が使えるならば，場合分けが必要ない分だけラクです．

解答

(1) （解Ⅰ）
$|x-1|=2$ より，$x-1=\pm 2$
よって，$x=-1, 3$

（解Ⅱ）
$|x-1|=\begin{cases} x-1 & (x\geqq 1) \\ -(x-1) & (x<1) \end{cases}$
だから，
ⅰ) $x\geqq 1$ のとき
　与式より $x-1=2$
　∴ $x=3$　これは，$x\geqq 1$ をみたす．
ⅱ) $x<1$ のとき
　与式より $-(x-1)=2$
　∴ $x=-1$　これは，$x<1$ をみたす．
よって，$x=-1, 3$

◀はじめに仮定した $x\geqq 1$ をみたすかどうかのチェックを忘れないこと

(2) ⅰ) $x<-1$ のとき
　$x+1<0, x-1<0$ だから
　$|x+1|+|x-1|=4$ より $-(x+1)-(x-1)=4$
　$-2x=4$　∴ $x=-2$
　これは，$x<-1$ をみたす．
ⅱ) $-1\leqq x\leqq 1$ のとき
　$x+1\geqq 0, x-1\leqq 0$ だから

$|x+1|+|x-1|=4$ より $x+1-(x-1)=4$

∴ $0 \cdot x = 2$

これをみたす x は存在しない．

ⅲ) $1 < x$ のとき

$x+1 > 0$, $x-1 > 0$ だから

$|x+1|+|x-1|=4$ より $x+1+x-1=4$

$2x = 4$ ∴ $x = 2$

これは，$1 < x$ をみたす．

ⅰ)，ⅱ)，ⅲ) より，$\boldsymbol{x = \pm 2}$

◀方程式をみたす x をさがすので x は式に残しておく

 参考

A(-1)，B(1)，P(x) とおくと，$|x+1|=$AP，$|x-1|=$PB だから
与式は，AP+PB=4

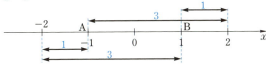

上の数直線により，次のことがわかります．

① $-1 \leqq x \leqq 1$ のとき，

x の値にかかわらず，AP+PB=2

② $x > 1$ のとき

x が大きくなるにつれて，AP+PB の値も大きくなる．

③ $x < -1$ のとき

x が小さくなるにつれて，AP+PB の値は大きくなる．

ポイント

Ⅰ．$|x|=a$ $(a \geqq 0)$ のとき，$x = \pm a$

Ⅱ．$|A| = \begin{cases} A & (A \geqq 0) \\ -A & (A < 0) \end{cases}$

 演習問題 18

次の方程式を解け．

(1) $|x-1|=|2x-3|-2$

(2) $||x|-1|=3$

19 絶対値記号のついた1次不等式

次の不等式を解け．
(1) $|x-3|<2$
(2) $|x+1|+|x-1|<4$

絶対値記号の扱い方は，不等式の場合も方程式（18）と同様に，11 で学んだ考え方が大原則ですが，ポイントⅠの考え方が使えるならば，場合分けが必要ない分だけラクです．
また，33 で学ぶグラフを利用する考え方も大切です．

解答

(1) （解Ⅰ）
$|x-3|<2$ より，$-2<x-3<2$
∴ $\mathbf{1<x<5}$

（解Ⅱ）
$|x-3|=\begin{cases} x-3 & (x \geqq 3) \\ -(x-3) & (x<3) \end{cases}$

ⅰ) $x \geqq 3$ のとき
与式より $x-3<2$ ∴ $x<5$
よって，$3 \leqq x<5$

◀ $x \geqq 3$ と仮定していることを忘れないこと

ⅱ) $x<3$ のとき
与式より $-(x-3)<2$ ∴ $-x+3<2$
∴ $1<x$
よって，$1<x<3$

◀ $x<3$ と仮定していることを忘れないこと

ⅰ), ⅱ)をあわせて，$1<x<5$

（解Ⅲ）
$y=|x-3|$ のグラフは右図のようになるので，$y<2$ となる x の値の範囲は
  $1<x<5$

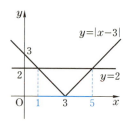

35

第1章

(2) ⅰ) $x<-1$ のとき

$x+1<0$, $x-1<0$ だから

与式より $-(x+1)-(x-1)<4$

∴ $-x-1-x+1<4$　∴ $-2<x$

よって, $-2<x<-1$

ⅱ) $-1\leqq x\leqq 1$ のとき

$x+1\geqq 0$, $x-1\leqq 0$ だから

与式より $(x+1)-(x-1)<4$　∴ $0 \cdot x+2<4$

∴ $0 \cdot x<2$

よって, $-1\leqq x\leqq 1$ をみたすすべての x

◀不等式をみたす x を求めるので x は式に残しておく

ⅲ) $1<x$ のとき

$x+1>0$, $x-1>0$ だから

与式より $(x+1)+(x-1)<4$　∴ $x<2$

よって, $1<x<2$

ⅰ)～ⅲ)をあわせて, $\boldsymbol{-2<x<2}$

🌀 ポイント

Ⅰ. $|x|<a$ $(a>0)$ のとき,

$$-a<x<a$$

Ⅱ. $|A|=\begin{cases} A & (A\geqq 0) \\ -A & (A<0) \end{cases}$

演習問題 19

次の不等式を解け.

(1) $|x-1|<|2x-3|-2$

(2) $||x|-1|<3$

基礎問

36 第1章 数と式

20 1次不等式の応用

> 5％の食塩水と15％の食塩水を混ぜ合わせて1000gの食塩水を作る．このときでき上がる食塩水の濃度を10％以上12％以下にするためには，5％の食塩水を何g以上何g以下にすればよいか．

精講　文章題から立式するときの考え方は方程式も不等式も同じです．まず，未知数xを何にするかを決めます．普通は，要求されているものをxとします．この場合は，「5％の食塩水をxg使う」とすることになります．このあとは濃度の定義に従って立式していきます．だから，この問題で一番大切なものは

$$濃度（\%）=\frac{食塩の量}{水の量＋食塩の量}\times100$$　です．

最終的には，

10％≦でき上がる食塩水の濃度≦12％

という式を作るので，でき上がる食塩水の濃度をxで表すことが目標です．
　しかし，この問題では，「全体で1000g」の設定があるので

100g≦でき上がる食塩水の中の食塩の量≦120g

と考え直すことができれば計算がラクになります．

━━━━━━ **解　答** ━━━━━━

　5％の食塩水をxg使うとすると，
　15％の食塩水は$(1000-x)$g使うことになる．
　5％の食塩水に含まれる食塩の量は

$$x\times\frac{5}{100}（g）で，$$

　15％の食塩水に含まれる食塩の量は

$$(1000-x)\times\frac{15}{100}\,\text{(g)}$$

でき上がりの食塩水 1000 g の濃度が 10 % 以上 12 % 以下になるとき，その中に含まれる食塩の量は，100 g 以上 120 g 以下だから，

$$100\leqq x\times\frac{5}{100}+(1000-x)\times\frac{15}{100}\leqq120$$

$\therefore\quad 2000\leqq x+3(1000-x)\leqq2400$

$\therefore\quad 2000\leqq3000-2x\leqq2400$

$\therefore\quad 600\leqq2x\leqq1000$

$\therefore\quad 300\leqq x\leqq500$　　　　　◀これを答にしないように

よって，**5 % の食塩水は 300 g 以上 500 g 以下に**すればよい.

🌀 **ポイント**　│　文章題から方程式や不等式をつくるとき
① 未知数を何にするか決定
② 文章中のどの部分を式化するか決定

注　この問題文には未知数の設定がありません．だから，**解答**では，「5 % の食塩水を x g 使う」と変数（未知数）x を設定しました．このようなときは，答は x を用いないで，日本語でかきなおすのが常識です．もし，問題文に「5 % の食塩水を x g 使うとするとき，x のとりうる値の範囲を求めよ」とあったら，「$300\leqq x\leqq500$」と答えることになります．

演習問題 20

分子が分母より 20 小さい既約分数がある．この分数を小数で表し小数第 1 位未満を四捨五入したところ，0.3 になった．

この既約分数を求めよ．

21 集合の包含関係

全体集合を実数全体の集合とし，2つの集合 A, B を
$A=\{x|-1\leq x\leq 3\}$, $B=\{x|x<1,\ 4<x\}$ と定めるとき，次の各集合を x の範囲として表せ．ただし，集合 X に対して集合 $\overline{X}$ は集合 X の補集合を表す．

(1) $\overline{A}$ (2) $\overline{B}$ (3) $A\cap B$
(4) $A\cup B$ (5) $\overline{A}\cap B$ (6) $A\cup \overline{B}$

精講

集合を表す方法には，次の2つがあります．

Ⅰ．要素を具体的にかき並べる方法
　（例）$\{2,\ 3,\ 5,\ 7\}$

Ⅱ．要素のもつ性質を式または言葉で表す方法
　（例）$\{x|x$ は1桁の素数$\}$

（上の2つの集合はまったく同じものを表していますが，本問では，要素をかき並べることができないのでⅡの型で答えます．）

一般に，ある集合の補集合や，複数の集合の包含関係を考えるときは，ベン(Venn)図を使いますが(**22**を参照)，今回は，集合が不等式で表されていますので，数直線を用いて考えていきます．

また，補集合 $\overline{X}$ とは X に含まれないものの集合を表します．

解答

(1) $\overline{A}=\{x|x<-1,\ 3<x\}$ ◀「=」がとれる点に注意
(2) $\overline{B}=\{x|1\leq x\leq 4\}$ ◀「=」がつく点に注意
(3)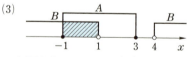

上図より，$A\cap B=\{x|-1\leq x<1\}$

(4)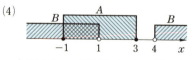

上図より，$A\cup B=\{x|x\leq 3,\ 4<x\}$

(5)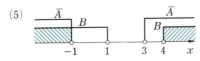

上図より，$\overline{A} \cap B = \{x | x < -1,\ 4 < x\}$

(6)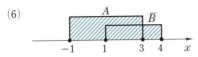

上図より，
$A \cup \overline{B} = \{x | -1 \leqq x \leqq 4\}$

注 ド・モルガンの法則によれば，
$\overline{\overline{A} \cap B} = A \cup \overline{B}$ だから，$\overline{A} \cap B$ と $A \cup \overline{B}$ は補集合の関係にあり，あわせると全体集合になっていなければなりません．

 ド・モルガンの法則
・$\overline{A \cup B} = \overline{A} \cap \overline{B}$ ・$\overline{A \cap B} = \overline{A} \cup \overline{B}$
・$\overline{\overline{A}} = A$

ポイント | 不等式で表された集合の包含関係は数直線を使って考える

演習問題 21

全体集合を1桁の自然数全体とするとき，2つの集合 A, B を次のように定める．

$A = \{x | x \text{ は1桁の素数}\}$，$B = \{x | x \text{ は1桁の3の倍数}\}$

このとき，次の問いに答えよ．ただし，集合 X に対して集合 $\overline{X}$ は集合 X の補集合を表す．

(1) A, B を要素をかき並べる形で表せ．
(2) $A \cap B$, $A \cup B$, $\overline{A}$, $\overline{B}$, $\overline{A} \cap B$, $A \cup \overline{B}$ を要素をかき並べる形で表せ．

22 集合の要素の個数

1から100までの自然数に対して，次の集合 A, B, C を考える．
$A = \{x | x$ は2の倍数$\}$
$B = \{x | x$ は3の倍数$\}$
$C = \{x | x$ は5の倍数$\}$
このとき，次のものを求めよ．ただし，$n(X)$ は，集合 X の要素の個数を表す．
(1) $n(A), n(B), n(C)$
(2) $n(A \cap B), n(B \cap C), n(C \cap A)$
(3) $n(A \cap B \cap C), n(A \cup B \cup C)$

精講 3つの集合 A, B, C の要素を実際にかき並べれば，まちがいなく答はでてきますが，それでは手間がかかりすぎます．今，必要なものは個数だけですから，その求め方を考えてみましょう．
B を例にとると，下の○印が該当する数字です．

…… 94, 95, ⑨⑥ 97, 98, ⑨⑨ 100

これは，頭から3つずつを1組と考えると，その組が1つあると，3の倍数も1個あることがわかります．ですから，次の計算で求めることができます．
　　$100 \div 3 = 33$ 余り 1

注 余り1は，3つずつ区切っていったとき，100が1つだけ余っているということです．

解　答

(1) $100 \div 2 = 50$, $100 \div 3 = 33$ 余り 1, $100 \div 5 = 20$
　　以上のことより
　　$n(A) = \mathbf{50}, n(B) = \mathbf{33}, n(C) = \mathbf{20}$
(2) $A \cap B = \{x | x$ は6の倍数$\}$ だから
　　$100 \div 6 = 16$ 余り 4 より, $n(A \cap B) = \mathbf{16}$

$B \cap C = \{x | x \text{ は } 15 \text{ の倍数}\}$ だから
　$100 \div 15 = 6$ 余り 10 より, $n(B \cap C) = \mathbf{6}$
$C \cap A = \{x | x \text{ は } 10 \text{ の倍数}\}$ だから
　$100 \div 10 = 10$ より, $n(C \cap A) = \mathbf{10}$

(3) $A \cap B \cap C = \{x | x \text{ は } 30 \text{ の倍数}\}$ だから
$100 \div 30 = 3$ 余り 10 より, $n(A \cap B \cap C) = \mathbf{3}$
右のベン図より

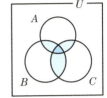

$\quad n(A \cup B \cup C)$
$= n(A) + n(B) + n(C)$
$\quad - n(A \cap B) - n(B \cap C) - n(C \cap A)$
$\quad + n(A \cap B \cap C)$
$= 50 + 33 + 20 - 16 - 6 - 10 + 3 = \mathbf{74}$

注 このようなわり算の商を用いて，倍数の個数を数える方法は「1から」でないと利用できません．
　たとえば，「6から100までの3の倍数」は次のようになります．
$\left.\begin{array}{l} 100 \div 3 = 33 \text{ 余り } 1 \\ 5 \div 3 = 1 \text{ 余り } 2 \end{array}\right\}$ より, $33 - 1 = 32$ (個)

このとき，「6から100までは95個あるから」と考えると
　$95 \div 3 = 31$ 余り 2
となり，31個とまちがえてしまいます．

ポイント ：1から N までの自然数の中に，m の倍数は $N \div m$ の商の個数だけ含まれている

演習問題 22

3つの集合 U, A, B を次のように定める．
　$U = \{x | x \text{ は } 200 \text{ 以下の自然数}\}$,
　$A = \{x | x \text{ は } 5 \text{ の倍数}\}$, $B = \{x | x \text{ は } 4 \text{ でわると } 2 \text{ 余る数}\}$
このとき，次の問いに答えよ．ただし，$A \subset U$, $B \subset U$ とする．
(1) $n(A)$, $n(B)$ を求めよ．
(2) $n(A \cap B)$ を求めよ．

23 命題の真偽

(1) 命題：$x \geq 1$ かつ $y \geq 1$ ならば，$x+y \geq 2$ について逆・裏・対偶を述べ，その真偽を調べよ．

(2) 命題：$x^2 \neq x$ ならば $x \neq 1$ が正しいことを対偶を用いて証明せよ．

(3) $\sqrt{2}$ が無理数であることを背理法を用いて示せ．

(1), (2) ある命題が正しいことを**真**(true)，間違っていることを**偽**(false) といいます．また，次表のような関係にある命題を，それぞれ，元の命題の**逆・裏・対偶**といいます（——は「ならば」を意味します）．

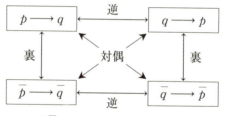

（$\bar{p}$ は p の否定を表す）

このとき，対偶の関係にある2つの**命題の真偽は一致**します．

(3) 「**背理法**」という証明の手段は，次の手順ですすみます．

Ⅰ．結論を否定して議論を開始し
Ⅱ．その結果，矛盾が生じる
Ⅲ．だから，結論を否定したものは誤りで，要求された事実は正しい

解 答

(1) 逆：$x+y \geq 2$ ならば，$x \geq 1$ かつ $y \geq 1$
　　$x=2$, $y=0$ のとき，不成立だから　**偽**

◀偽であることを示すには不適当な例 (＝反例) を1つあげればよい

　　裏：$x<1$ または $y<1$ ならば，$x+y<2$
　　$x=2$, $y=0$ のとき，不成立だから　**偽**

◀$\overline{p\text{ かつ }q}$
$\rightleftarrows \bar{p}$ または $\bar{q}$

対偶：$x+y<2$ ならば，$x<1$ または $y<1$

もとの命題が真だから，対偶も**真**

(2) 与えられた命題の対偶は「$x=1$ ならば $x^2=x$」で，これは真.

よって，与えられた命題「$x^2 \neq x$ ならば $x \neq 1$」は真.

注 対偶を用いて証明する場合は，たいてい「$\neq$」，「または」，「ある……に対して」という表現が含まれています.

(3) $\sqrt{2}$ が有理数と仮定すると， ◀まず，結論の否定

2つの自然数 m，n を用いて，$\sqrt{2}=\dfrac{n}{m}$ と表せる.

（ただし，m，n は互いに素） ◀最大のポイント

両辺を平方すると，$2m^2=n^2$

左辺は偶数だから，n^2 も偶数. すなわち，n も偶数.

このとき，n^2 は 4 の倍数だから，$2m^2$ も 4 の倍数.

よって，m^2 は偶数となり，m も偶数.

ゆえに，m と n は共通の約数 2 をもつことになり，

m と n が互いに素であることに矛盾する.

よって，$\sqrt{2}$ は有理数ではない.

すなわち，$\sqrt{2}$ は無理数.

🌙 **ポイント** ┊ 背理法では結論を否定して解答をかき始め，
　　　　　　　┊ その結果，矛盾することを示す

演習問題 23

(1) 命題：$0<x<1$ ならば $x^2<1$ について

　 逆，裏，対偶を述べ，その真偽を調べよ.

(2) 命題：$xy \neq 2$ ならば $x \neq 1$ または $y \neq 2$ が正しいことを対偶を用いて証明せよ.

(3) $\sqrt{2}$ が無理数であることを用いて，$\sqrt{2}+1$ も無理数であることを背理法で証明せよ.

24 必要条件・十分条件

次の□に，必要条件，十分条件，必要十分条件のうち，最も適当であるものを入れよ．ただし，必要十分条件のときは「必要十分条件」と答えよ．

(1) $x=-2$ は $x^2=4$ であるための□である．
(2) $|p-1|<2\sqrt{3}$ は $|p|<1$ であるための□である．
(3) 整数 m, n について，$4m+n$ が3の倍数であることは $m+n$ が3の倍数であるための□である．
(4) $\angle A=90°$ は，$\triangle ABC$ が直角三角形であるための□である．
(5) 「$xy \neq 6$」は「$x \neq 2$ または $y \neq 3$」であるための□である．

必要条件，十分条件，必要十分条件の判断方法は2つあります．

Ⅰ．(命題の真偽を利用する方法)(○：真，×：偽を表す)

・$p \underset{\bigcirc}{\overset{\times}{\rightleftarrows}} q$ のとき，p は q であるための**必要条件**

・$p \underset{\times}{\overset{\bigcirc}{\rightleftarrows}} q$ のとき，p は q であるための**十分条件**

・$p \underset{\bigcirc}{\overset{\bigcirc}{\rightleftarrows}} q$ のとき，p は q であるための**必要十分条件**

（このとき「p と q は**同値である**」といいます）

Ⅱ．(集合の包含関係を利用する方法)

条件 p, q の表す集合をそれぞれ，P, Q とするとき
右図のような包含関係にあれば，

・p は q であるための**必要条件**
・q は p であるための**十分条件**
また，$P=Q$ となるとき
・p は q であるための (q は p であるための) **必要十分条件**

しかし，Ⅰ，Ⅱがわかっていても実際には他の分野の知識をもっていないと正解できません．具体的には，

(1)方程式の解法　(2)不等式の解法　(3)整数に関する知識
(4)図形の知識　(5)対偶の利用　などです．

解　答

(1) $x^2=4$ を解くと，$x=\pm 2$
よって，右図より，**十分条件**

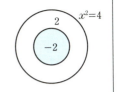

(2) $|p-1|<2\sqrt{3}$ より $1-2\sqrt{3}<p<1+2\sqrt{3}$
$|p|<1$ より，$-1<p<1$
下の数直線より，**必要条件**

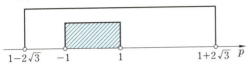

(3) $4m+n=3m+(m+n)$ において，$3m$ は 3 の倍数だから
$4m+n$ が 3 の倍数ならば $m+n$ も 3 の倍数で
$m+n$ が 3 の倍数ならば $4m+n$ も 3 の倍数
よって，**必要十分条件**

(4) △ABC が直角三角形のとき，
∠A，∠B，∠C のどれか 1 つが $90°$ だから
∠A $=90°$ $\underset{\times}{\overset{\bigcirc}{\rightleftarrows}}$ △ABC が直角三角形．よって，**十分条件**

(5) $x=2$ かつ $y=3$ $\underset{\times}{\overset{\bigcirc}{\rightleftarrows}}$ $xy=6$
対偶と元の命題は真偽が一致するので
◀命題の真偽 23
$xy\neq 6$ $\underset{\times}{\overset{\bigcirc}{\rightleftarrows}}$ $x\neq 2$ または $y\neq 3$．よって，**十分条件**

ポイント　必要条件，十分条件，必要十分条件の判断方法は
Ⅰ．命題の真偽を利用　　Ⅱ．集合の包含関係を利用

演習問題 24

次の □ に，必要条件，十分条件，必要十分条件のうち，最も適当であるものを入れよ．ただし，必要十分条件のときは「必要十分条件」と答えよ．

(1) $x>1$ であることは，$x<-1$ または $1<x$ であるための □ である．

(2) 四角形において，対角線が直交することはひし形であるための □ である．

第2章 2次関数

25 1次関数のグラフ

(1) 次の方程式のグラフをかけ．
 (i) $y=1$ (ii) $x=2$ (iii) $y=-x+2$ (iv) $y=2x-1$
(2) 関数 $f(x)=|x-1|+2$ について，次の問いに答えよ．
 (i) $f(0)$, $f(2)$, $f(4)$ の値を求めよ．
 (ii) 定義域が $0\leqq x\leqq 3$ のとき，値域を求めよ．

精講

(1) 座標平面上の直線は，次の2つのどちらかの形で表せます．
 ① $y=mx+n$ ② $x=k$ ◀②は傾きをもたない

①は傾き m で点 $(0, n)$ を通る直線を表します．
②は点 $(k, 0)$ を通り，y 軸に平行な直線を表します．

(2) $y=f(x)$ において，x のとりうる値の範囲を**定義域**，その定義域に対応して決まる $f(x)$（すなわち，y）のとりうる値の範囲を**値域**といいます．

解答

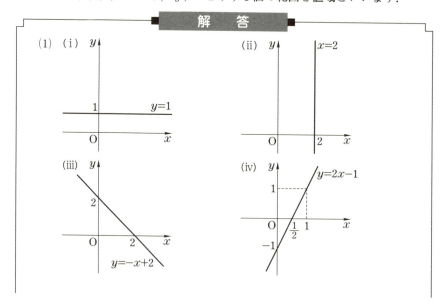

(2) (i) $f(0)=|0-1|+2=|-1|+2=3$
$f(2)=|2-1|+2=1+2=3$
$f(4)=|4-1|+2=3+2=5$
(ii) $0 \leqq x \leqq 3$ より，$-1 \leqq x-1 \leqq 2$
よって，$0 \leqq |x-1| \leqq 2$ ◀ $1 \leqq |x-1| \leqq 2$ ではない
∴ $2 \leqq |x-1|+2 \leqq 4$
よって，値域は，$2 \leqq f(x) \leqq 4$

注 （誤答） ◀定義域の両端の $f(x)$ の
$f(0)=3$，$f(3)=4$ だから， 値を求めても値域になる
値域は $3 \leqq f(x) \leqq 4$ とは限らない

参考 で学んだ絶対値記号の性質を利用して，
$y=f(x)$ のグラフをかいて，値域を求めてみましょう．

$|x-1|=\begin{cases} x-1 & (x \geqq 1) \\ -(x-1) & (x<1) \end{cases}$ だから，

$0 \leqq x \leqq 3$ の範囲において，

$f(x)=\begin{cases} x+1 & (1 \leqq x \leqq 3) \\ -x+3 & (0 \leqq x \leqq 1) \end{cases}$

よって，$f(x)=|x-1|+2$ のグラフは右図のよう
になるので，求める値域は
$2 \leqq f(x) \leqq 4$

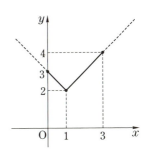

ポイント 関数の値域は
グラフをかいて求める

演習問題 25

$y=-|x-2|+3$ ……① について，次の問いに答えよ．
(1) ①のグラフをかけ．
(2) ①の $-1 \leqq x \leqq 3$ に対する値域を求めよ．
(3) a, b を $a<2<b$ をみたす定数とする．このとき，$a \leqq x \leqq b$
に対する値域が $2-a \leqq y \leqq b$ となるような a, b の値を求めよ．

26 点の移動

点 (3, 1) を次のように移動させるとどんな点に移るか.
(1)　x 軸方向に -2, y 軸方向に 1 平行移動
(2)　x 軸に関して対称移動　　(3)　y 軸に関して対称移動
(4)　原点に関して対称移動

精講
図をかけばすぐにわかります．また，x 軸に関して対称移動して，次に y 軸に関して対称移動すると，結局，**原点に関して対称移動**したことになっていることにも注意しましょう．

解答

(1)　右図より，点 $(1, 2)$ に移る.
(2)　右図より，点 $(3, -1)$ に移る.
(3)　右図より，点 $(-3, 1)$ に移る.
(4)　右図より，点 $(-3, -1)$ に移る.

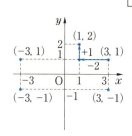

注　x 軸方向に -2 移動するとは x 軸の負の方向に 2 移動することを表します．

ポイント
- 点 (a, b) を x 軸方向に p, y 軸方向に q 平行移動すると，点 $(a+p, b+q)$ に移る
- 点 (a, b) を x 軸，y 軸，原点に関して対称移動すると，それぞれ $(a, -b)$, $(-a, b)$, $(-a, -b)$ に移る

演習問題 26

点 A$(2, 4)$ を x 軸方向に p, y 軸方向に q 平行移動して，x 軸に関して対称移動したら，点 A を y 軸に関して対称移動した点に移るという．このとき，p, q の値を求めよ．

27 平方完成

次の 2 次関数を $y=a(x-p)^2+q$ の形に変形せよ．
(1)　$y=-x^2+2x+1$　　(2)　$y=2x^2-4x+3$

精講

2次関数のグラフをかくためには，$y=ax^2+bx+c$ の形ではなく $y=a(x-p)^2+q$ の形へ変形します．この変形作業を**平方完成**といいます．その手順は下の通りになります．

$$
\begin{aligned}
y &= ax^2+bx+c \\
&= a\left(x^2+\frac{b}{a}x\right)+c \\
&= a\left\{\left(x+\frac{b}{2a}\right)^2-\frac{b^2}{4a^2}\right\}+c \\
&= a\left(x+\frac{b}{2a}\right)^2-\frac{b^2}{4a}+c \\
&= a\left(x+\frac{b}{2a}\right)^2-\frac{b^2-4ac}{4a}
\end{aligned}
$$

⇦ x^2 の係数 a でくくる

⇦ $\dfrac{1}{2}\times(x\text{の係数})$ を利用して（　）^{2} をつくり，過不足の調整をする

解答

(1) $y=-x^2+2x+1$
　　$=-(x^2-2x)+1$
　　$=-\{(x-1)^2-1\}+1$
　　$=\boldsymbol{-(x-1)^2+2}$

(2) $y=2x^2-4x+3$
　　$=2(x^2-2x)+3$
　　$=2\{(x-1)^2-1\}+3$
　　$=\boldsymbol{2(x-1)^2+1}$

●ポイント　平方完成するときは，過不足の調整をする際の計算ミスに注意する

演習問題 27

次の 2 次関数を $y=a(x-p)^2+q$ の形に変形せよ．
(1)　$y=-\dfrac{1}{3}x^2+x-1$　　(2)　$y=(2x-1)(x+1)$

28 2次関数 $y=a(x-p)^2+q$ のグラフ

次の2次関数のグラフをかけ.
(1) $y=(x-1)^2+2$
(2) $y=3x^2-6x+2$
(3) $y=-2x^2+3x+2$
(4) $y=\dfrac{1}{2}x^2-x+\dfrac{3}{2}$

2次関数には，次の3つの形があります．
① $y=ax^2+bx+c$ （一般形）
② $y=a(x-p)^2+q$ （標準形）
③ $y=a(x-\alpha)(x-\beta)$ （切片形）

2次関数のグラフをかくためには，②の形に変形します．そのために，27で平方完成という作業を学びました．

②の形に変形すると，頂点が (p, q) とわかり，これに，

$a>0$ のとき，下に凸，$a<0$ のとき，上に凸

という性質を考えると，グラフをかくことができます．

解答

(1) $y=(x-1)^2+2$ は，下に凸で，頂点は $(1, 2)$ だから，そのグラフは右図のようになる．

(2) $y=3x^2-6x+2$
$=3(x^2-2x)+2$
$=3\{(x-1)^2-1\}+2$
$=3(x-1)^2-1$

よって，下に凸で，頂点は $(1, -1)$ だから，そのグラフは右図のようになる．

(3) $y=-2x^2+3x+2$
$=-2\left(x^2-\dfrac{3}{2}x\right)+2$
$=-2\left\{\left(x-\dfrac{3}{4}\right)^2-\dfrac{9}{16}\right\}+2$

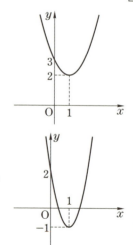

$$= -2\left(x-\frac{3}{4}\right)^2 + \frac{9}{8} + 2$$

$$= -2\left(x-\frac{3}{4}\right)^2 + \frac{25}{8}$$

よって，上に凸で，頂点は $\left(\dfrac{3}{4},\ \dfrac{25}{8}\right)$ だから，そのグラフは右図のようになる．

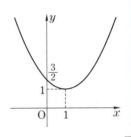

(4) $y = \dfrac{1}{2}x^2 - x + \dfrac{3}{2}$

$$= \frac{1}{2}(x^2 - 2x) + \frac{3}{2}$$

$$= \frac{1}{2}\{(x-1)^2 - 1\} + \frac{3}{2}$$

$$= \frac{1}{2}(x-1)^2 + 1$$

よって，下に凸で，頂点は $(1,\ 1)$ だから，そのグラフは右図のようになる．

注 平方完成をすると，バラバラにある変数を **1 か所にあつめられる**ので，関数の変化の様子が見やすくなります．

> **ポイント** 2次関数のグラフをかくときは，平方完成をして，
> 　　Ⅰ．下（上）に凸　　Ⅱ．頂点
> 　　Ⅲ．y 切片
> をチェック

次の 2 次関数のグラフをかけ．

(1) $y = -(x+1)^2 + 1$　　(2) $y = -3x^2 - 2x + 1$

(3) $y = -\dfrac{1}{3}x^2 + x - 1$　　(4) $y = (2x-1)(x+1)$

29 放物線の平行移動

(1) 次の関数のグラフを x 軸方向に -1, y 軸方向に 1 だけ平行移動したグラフの方程式を求めよ.
 (i) $y=2x^2$ (ii) $y=x^2-2x+3$
(2) $y=-3x^2+2x+1$ ……① のグラフは, $y=-3x^2-2x-1$ ……② のグラフをどのように平行移動すればえられるか.

精講

$y=ax^2$ のグラフを x 軸方向に p, y 軸方向に q だけ平行移動すると $y=a(x-p)^2+q$ の形になり, この**頂点は (p, q)** となります. つまり, 頂点 $(0, 0)$ が頂点 (p, q) に移っています.

解答

(1) (i) $y=2(x+1)^2+1$ ◀符号に注意!!
 (ii) $y=x^2-2x+3=(x-1)^2+2$ $2(x-1)^2$ ではない
  よって, 頂点は $(1, 2)$. この点を x 軸方向に ◀$(-1, 2)$ ではない
  -1, y 軸方向に 1 だけ平行移動すれば $(0, 3)$.
  よって, 求める方程式は, $y=x^2+3$

(2) ①より $y=-3\left(x-\dfrac{1}{3}\right)^2+\dfrac{4}{3}$ ∴ 頂点は $\left(\dfrac{1}{3}, \dfrac{4}{3}\right)$

 ②より $y=-3\left(x+\dfrac{1}{3}\right)^2-\dfrac{2}{3}$ ∴ 頂点は $\left(-\dfrac{1}{3}, -\dfrac{2}{3}\right)$

 よって, $y=-3x^2-2x-1$ のグラフを x **軸方向に** $\dfrac{2}{3}$, y **軸方向に** 2 **だけ平行移動**すると, $y=-3x^2+2x+1$ のグラフになる.

ポイント　2次関数のグラフの平行移動は, x^2 の係数はそのままにして頂点を指定された分だけ平行移動させればよい

演習問題 29

$y=-2x^2-14x-13$ のグラフをどれだけ平行移動すると, $y=-2x^2+8x+7$ のグラフに重なるか.

30 放物線の対称移動

放物線 $y=x^2-4x+7$ を次のように移動させてできる放物線の方程式を求めよ．
(i) x 軸に関して対称移動　(ii) y 軸に関して対称移動
(iii) 原点に関して対称移動

対称移動も平行移動と同じように頂点を移動させて考えますが上に凸，下に凸が入れかわること，すなわち，x^2 の係数の符号が逆になることが移動の種類によっては起こります．
このことを確認する意味でも**図をかいて考える**ことが大切です．

解答

$y=x^2-4x+7=(x-2)^2+3$ より頂点は $(2,\ 3)$．

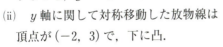

(i) x 軸に関して対称移動した放物線は
頂点が $(2,\ -3)$ で，上に凸．
よって，$y=-(x-2)^2-3$
すなわち，$\boldsymbol{y=-x^2+4x-7}$

(ii) y 軸に関して対称移動した放物線は
頂点が $(-2,\ 3)$ で，下に凸．
よって，$y=(x+2)^2+3$　　すなわち，$\boldsymbol{y=x^2+4x+7}$

(iii) 原点に関して対称移動した放物線は
頂点が $(-2,\ -3)$ で，上に凸．
よって，$\boldsymbol{y=-(x+2)^2-3}$　　すなわち，$\boldsymbol{y=-x^2-4x-7}$

ポイント　放物線を対称移動するときは，頂点を対称移動して考えればよいが，そのとき x^2 の係数の符号変化にも注意

放物線 $y=x^2+4x+5$ を x 軸，y 軸，原点に関して対称移動してできる放物線の方程式をそれぞれ求めよ．

31 放物線の移動

放物線 $y = x^2 + ax + b$ を y 軸方向に -8 だけ平行移動し，さらに，原点に関して対称移動したら，$y = -x^2 + 6x - 4$ になった．このとき，a，b の値を求めよ．

29，30によると，平行移動も対称移動も頂点の動きを追うことになりますが，与えられた放物線は
$y = x^2 + ax + b$ なので，平方完成すると $y = \left(x + \dfrac{a}{2}\right)^2 + b - \dfrac{a^2}{4}$ となり，

$$\text{頂点は}\left(-\dfrac{a}{2},\ b - \dfrac{a^2}{4}\right)$$

です．これを動かすことになると，計算が**タイヘン**です．

そこで，最終結果が $y = -x^2 + 6x - 4 = -(x-3)^2 + 5$ と具体的に表されていることに着目して逆の動きを考えると，動かす頂点は $(3, 5)$ なので計算が**ラク**になります．（下図参照）

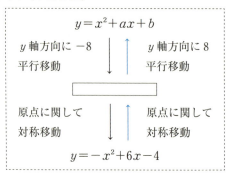

解答

$y = -x^2 + 6x - 4 = -(x-3)^2 + 5$ より
頂点は $(3, 5)$．

この放物線を原点に関して対称移動すると
頂点 $(-3, -5)$ で下に凸の放物線．

次に，この放物線を y 軸方向に，

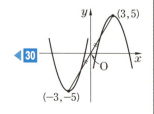

8 だけ平行移動すると ◀29

頂点 $(-3, 3)$ で下に凸の放物線．

よって，$y=(x+3)^2+3=x^2+6x+12$

これが，$y=x^2+ax+b$ と一致するので，

$a=6, \ b=12$

問題文のとおりに頂点を移動すると

$$\left(-\frac{a}{2}, \ b-\frac{a^2}{4}\right) \longrightarrow \left(-\frac{a}{2}, \ b-\frac{a^2}{4}-8\right) \longrightarrow \left(\frac{a}{2}, \ \frac{a^2}{4}-b+8\right)$$

となるので，移動後の放物線は

$$y=-\left(x-\frac{a}{2}\right)^2+\frac{a^2}{4}-b+8$$

と表せます．

整理すると，$y=-x^2+ax-b+8$ です．

これが，$y=-x^2+6x-4$ と一致するので，

$a=6, \ -b+8=-4$

よって $a=6, \ b=12$ が求まります．

ポイント : 放物線を平行移動したり，対称移動したりするときは，具体的にわかっているものをスタートにする

演習問題 31

放物線 $y=x^2+ax+b$ を y 軸に関して対称移動すると $y=x^2+cx+3$ に移り，これを x 軸方向に 2，y 軸方向に 3 だけ平行移動すると $y=x^2-2x+6$ になった．このとき，$a, \ b, \ c$ の値を求めよ．

32　2次関数の決定

次の条件をみたす2次関数のグラフの方程式を求めよ．
(1)　頂点が $(2, 1)$ で，点 $(3, -1)$ を通る．
(2)　x 軸と2点 $(1, 0)$，$(3, 0)$ で交わり，y 切片が 3．
(3)　3点 $(-1, -2)$，$(1, 6)$，$(2, 7)$ を通る．
(4)　3点 $(-1, 2)$，$(1, 2)$，$(2, 5)$ を通る．
(5)　x 軸に接し，2点 $(0, 2)$，$(2, 2)$ を通る．

2次関数を決定する(係数を決める)とき，大切なことは，最初の設定です．それは，次の3つの形の**どれでスタートを切るか**ということです．

Ⅰ．頂点や軸がわかっているとき
$$y = a(x-p)^2 + q \quad (a \neq 0)$$

Ⅱ．x 切片がわかっているとき
$$y = a(x-\alpha)(x-\beta) \quad (a \neq 0)$$

Ⅲ．Ⅰ，Ⅱ以外は，
$$y = ax^2 + bx + c \quad (a \neq 0)$$

解　答

(1)　頂点が $(2, 1)$ だから，求める2次関数は
$$y = a(x-2)^2 + 1$$
とおける．
これが，点 $(3, -1)$ を通るので，
$$a + 1 = -1 \quad \therefore \quad a = -2$$
よって，$\boldsymbol{y = -2(x-2)^2 + 1}$

(2)　x 軸と2点 $(1, 0)$，$(3, 0)$ で交わるので，求める2次関数は，
$$y = a(x-1)(x-3)$$
とおける．
これが，点 $(0, 3)$ を通るので，これを代入して　◀ y 切片 $= 3$
$$3 = a \cdot (-1) \cdot (-3) \quad \therefore \quad a = 1$$
よって，$\boldsymbol{y = (x-1)(x-3)}$

57

(3) 求める 2 次関数を $y=ax^2+bx+c$ とおく. 3 点 $(-1,\ -2)$,

$(1,\ 6)$, $(2,\ 7)$ を通るので, これらを代入して

$$\begin{cases} a-b+c=-2 & \cdots\cdots① \\ a+b+c=6 & \cdots\cdots② \\ 4a+2b+c=7 & \cdots\cdots③ \end{cases}$$

②−①より, $b=4$. ①, ③に代入して,

$a+c=2$ $\cdots\cdots①'$

$4a+c=-1$ $\cdots\cdots③'$

①′, ③′ より, $a=-1,\ c=3$

よって, $\boldsymbol{y=-x^2+4x+3}$

(4) 2 点 $(-1,\ 2)$, $(1,\ 2)$ を通るので, 軸は y 軸. ◀ 2 次関数のグラフは

よって, $y=ax^2+c$ とおける.

軸に関して線対称

  2 点 $(1,\ 2)$, $(2,\ 5)$ を通ることより,

$a+c=2$, $4a+c=5$ $\therefore$ $a=c=1$

よって, $\boldsymbol{y=x^2+1}$

注 (3)と同じようにしてもかまいません.

(5) x 軸に接するので, 頂点の y 座標$=0$

また, 2 点 $(0,\ 2)$, $(2,\ 2)$ を通るので,

  軸は $x=1$ ◀(4)と同じ

よって, 求める 2 次関数は, $y=a(x-1)^2$ とおける.

$(0,\ 2)$ を代入して, $a=2$

よって, $\boldsymbol{y=2(x-1)^2}$

● ポイント

2 次関数を決定するときは, 最初の設定が肝心

演習問題 32

次の条件をみたす 2 次関数のグラフの方程式を求めよ.

(1) 軸が $x=-2$ で, 2 点 $(-1,\ -2)$, $(2,\ -47)$ を通る.

(2) x 軸に接し, 2 点 $(1,\ 1)$, $(4,\ 4)$ を通る.

(3) 3 点 $(-1,\ -3)$, $(1,\ 5)$, $(2,\ 3)$ を通る.

33 絶対値記号のついた関数のグラフ

次の関数のグラフをかけ．
(1) $y=|x-1|$
(2) $y=|x+1|+|x-1|$
(3) $y=|x^2-4x+3|$
(4) $y=x^2-4|x|+3$

精講

絶対値記号のついている関数のグラフをかくときには，絶対値記号のつき方によって，次の２つの方法があります．

Ⅰ．$y=|f(x)|$ 型のとき

$y=f(x)$ のグラフをかき，x 軸より下側にある部分だけを x 軸で折り返す

Ⅱ．Ⅰ以外の型のとき

$|A|=\begin{cases} A & (A\geqq 0) \\ -A & (A<0) \end{cases}$ を用いて場合分け

注 Ⅰを知らなくても，Ⅱだけですべてのグラフがかけますが，入試には制限時間があるので使い分けた方がよいでしょう．

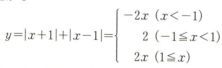

解 答

(1) $y=x-1$ のグラフの x 軸より下側にある部分だけを x 軸で折り返せばよいので，$y=|x-1|$ のグラフは右図．

(2) $|x+1|=\begin{cases} x+1 & (x\geqq -1) \\ -(x+1) & (x<-1) \end{cases}$

$|x-1|=\begin{cases} x-1 & (x\geqq 1) \\ -(x-1) & (x<1) \end{cases}$

だから

$y=|x+1|+|x-1|=\begin{cases} -2x & (x<-1) \\ 2 & (-1\leqq x<1) \\ 2x & (1\leqq x) \end{cases}$

よって，グラフは右図．

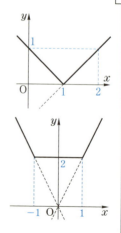

注 等号はどこかについていればよいので，x の範囲は必ずしも解答と同じである必要はありません．たとえば，

$x≦-1$, $-1<x<1$, $1≦x$ でもよいし,
$x≦-1$, $-1≦x≦1$, $1≦x$ でもよい.

(3) $y=x^2-4x+3$ のグラフの x 軸より下側にある部分だけを x 軸で折り返せばよい.
$y=x^2-4x+3=(x-2)^2-1$ より,
$y=|x^2-4x+3|$ のグラフは右図.

注 x 切片はかいておくこと.

(4) $y=x^2-4|x|+3$
$=\begin{cases} x^2-4x+3 & (x≧0) \\ x^2+4x+3 & (x<0) \end{cases}$
$=\begin{cases} (x-2)^2-1 & (x≧0) \\ (x+2)^2-1 & (x<0) \end{cases}$

よって, グラフは右図.

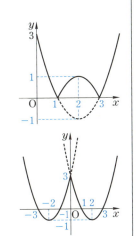

参考 (4)のグラフは y 軸に関して対称になっていますが, 一般に $y=f(x)$ のグラフについて以下の2つの性質を知っておくと, このあと何かと便利です.

Ⅰ. すべての x について, $f(-x)=f(x)$ が成りたつとき, $y=f(x)$ のグラフは **y 軸対称**で, このような関数は**偶関数**といいます.

Ⅱ. すべての x について, $f(-x)=-f(x)$ が成りたつとき, $y=f(x)$ のグラフは**原点対称**で, このような関数は**奇関数**といいます.

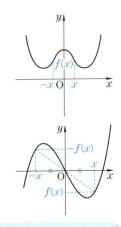

◉ポイント 絶対値記号のついた関数のグラフは
$|A|=\begin{cases} A & (A≧0) \\ -A & (A<0) \end{cases}$ を用いて場合分け

演習問題 33

次の関数のグラフをかけ.

(1) $y=|x^2-4x|+3$
(2) $y=|x-1|+|x^2-1|$

34 最大・最小（Ⅰ）

(1) 関数 $y=-2x+1$ $(-2≦x≦3)$ の最大値，最小値を求めよ．

(2) 関数 $y=x-1+|2x-4|$ $(1≦x≦3)$ の最大値，最小値を求めよ．

(3) 関数 $y=x^2-2x-1$ について次の定義域における最大値，最小値を求めよ．

 (ⅰ) すべての数 (ⅱ) $-1≦x≦0$ (ⅲ) $2≦x≦3$

 (ⅳ) $0≦x≦2$ (ⅴ) $-1<x<2$ (ⅵ) $3<x<4$

精講

関数の最大値や最小値を求めるとき，与えられた x に対して，両端の y の値だけを考える人がいますが，**これは誤りです**（⇨**25**ポイント）．

必ず，**グラフをかいて**，両端以外の**山**や**谷**になっているところの y の値も考えなければなりません．

解答

(1) 右のグラフより，

 $x=-2$ のとき，

  最大値 5

 $x=3$ のとき，

  最小値 -5

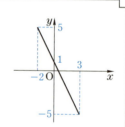

(2) $|2x-4|=\begin{cases}-2x+4 & (1≦x≦2)\\ 2x-4 & (2≦x≦3)\end{cases}$

だから

$y=x-1+|2x-4|$

$=\begin{cases}-x+3 & (1≦x≦2)\\ 3x-5 & (2≦x≦3)\end{cases}$

よって，グラフは右のようになり，

$x=3$ のとき，

 最大値 4

$x=2$ のとき，

 最小値 1

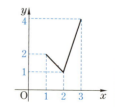

(3) $y=x^2-2x-1=(x-1)^2-2$
よって，頂点 $(1, -2)$ で下に凸．
グラフは右のようになる．

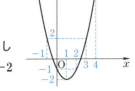

(i)　x がすべての値をとるので，　　　**最大値なし**
　　また，$x=1$ のとき，　　　　　　　**最小値 -2**

(ii)　x が $-1\leqq x\leqq 0$ の範囲を動くとき，
　　グラフより，$-1\leqq y\leqq 2$．
　　よって，$x=-1$ のとき，　　　　　**最大値　2**
　　　　　　$x=0$ のとき，　　　　　　**最小値 -1**

(iii)　x が $2\leqq x\leqq 3$ の範囲を動くとき，
　　グラフより，$-1\leqq y\leqq 2$．
　　よって，$x=3$ のとき，　　　　　　**最大値　2**
　　　　　　$x=2$ のとき，　　　　　　**最小値 -1**

(iv)　x が $0\leqq x\leqq 2$ の範囲を動くとき，グラフより，$-2\leqq y\leqq -1$．
　　よって，$x=0, 2$ のとき，　　　　　**最大値 -1**
　　　　　　$x=1$ のとき，　　　　　　**最小値 -2**

(v)　x が $-1<x<2$ の範囲を動くとき，グラフより，$-2\leqq y<2$．
　　よって，　　　　　　　　　　　　　**最大値なし**
　　また，$x=1$ のとき，　　　　　　　**最小値 -2**

(vi)　x が $3<x<4$ の範囲を動くとき，グラフより，$2<y<7$．
　　よって，　　　　　　　　　　　　　**最大値，最小値ともになし**

ポイント　2次関数の最大，最小は，
範囲の両端と頂点の y 座標の比較

演習問題 34

次の関数の最大値，最小値を求めよ．
(1) $y=-2x^2+1$ $(-1\leqq x\leqq 2)$
(2) $y=x^2+x+2$ $(0\leqq x\leqq 1)$
(3) $y=-2x^2-x-1$ $(-1<x\leqq 2)$

35 最大・最小（Ⅱ）

(1) $y = -x^2 + 2ax$ $(0 \leqq x \leqq 2)$ の最大値を，次の3つの場合に分けて求めよ．
　(i) $a < 0$ 　(ii) $0 \leqq a \leqq 2$ 　(iii) $2 < a$

(2) $y = x^2 - 4x$ $(a \leqq x \leqq a+1)$ の最小値を，次の3つの場合に分けて求めよ．
　(i) $a < 1$ 　(ii) $1 \leqq a \leqq 2$ 　(iii) $2 < a$

(1)は式に文字が含まれ，(2)は範囲に文字が含まれていますが，どちらの場合も**グラフは固定し，範囲の方を動かして**考えます．このとき，大切なことは場合分けの根拠で，34のポイントにあるように，最大値，最小値の権利があるのは，

　Ⅰ．範囲の左端　　Ⅱ．範囲の右端　　Ⅲ．頂点

の3か所です．（ただし，Ⅲはいつも範囲内にあるわけではない）

このなかで，入れかわりが起こるときに場合を分ければよいのです．（たとえば，いままで左端で最大であったのに，次の瞬間には右端が最大になるとき）

解 答

(1) $y = -x^2 + 2ax = -(x-a)^2 + a^2$

(i) $a < 0$ のとき　　(ii) $0 \leqq a \leqq 2$ のとき　　(iii) $2 < a$ のとき

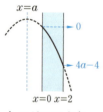 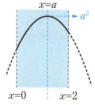 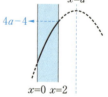

上のグラフより　　　上のグラフより　　　上のグラフより
最大値 0 $(x=0)$　　**最大値 a^2** $(x=a)$　　**最大値 $4a-4$** $(x=2)$

最小値は，$\begin{cases} 4a-4 & (a<1 \text{ のとき}) \\ 0 & (1 \leqq a \text{ のとき}) \end{cases}$ となる．

(2) $y=x^2-4x=(x-2)^2-4$

(i) $a<1$ のとき　　(ii) $1\leq a\leq 2$ のとき　　(iii) $2<a$ のとき

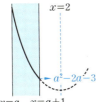
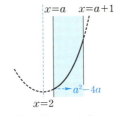

上のグラフより　　　　上のグラフより　　　　上のグラフより
最小値 a^2-2a-3　　**最小値 -4**　　　　**最小値 a^2-4a**
　　$(x=a+1)$　　　　　　$(x=2)$　　　　　　　　$(x=a)$

参考　最大値は,
　　$a<\dfrac{3}{2}$ のとき, a^2-4a　　　$\dfrac{3}{2}\leq a$ のとき, a^2-2a-3

注　場合分けを問題の方で指定してなく自分で場合を分けるとき,「=」のつくところはどこでもよい. たとえば(1)は $a\leq 0$, $0<a<2$, $2\leq a$ でもよい.

ポイント　まずグラフを固定し, 範囲の方を動かす. そして, 左端, 右端, 頂点の間で最大値や最小値の入れかわりが起こるところで場合分けをする

演習問題 35

(1) $f(x)=x^2-2ax+2a+1$ $(x\geq 1)$ の最小値を $g(a)$ とする.
　(i) $g(a)$ を a で表せ.
　(ii) $g(a)$ の最大値を求めよ.

(2) x の2次関数 $y=x^2-2(a-1)x-a^2-a+1$ $(x\geq 1)$ の最小値を m とする.
　(i) m を a の式で表せ.
　(ii) a を変化させたときの m の最大値を求めよ.

36 最大・最小（Ⅲ）

(1) 実数 x, y について，$x-y=1$ のとき，x^2-2y^2 の最大値と，そのときの x, y の値を求めよ．

(2) 実数 x, y について，$2x^2+y^2=8$ のとき，x^2+y^2-2x の最大値，最小値を次の手順で求めよ．
 (ⅰ) x^2+y^2-2x を x で表せ．
 (ⅱ) x のとりうる値の範囲を求めよ．
 (ⅲ) x^2+y^2-2x の最大値，最小値を求めよ．

(3) $y=x^4+4x^3+5x^2+2x+3$ について，次の問いに答えよ．
 (ⅰ) $x^2+2x=t$ とおくとき，y を t で表せ．
 (ⅱ) $-2\leqq x\leqq 1$ のとき，t のとりうる値の範囲を求めよ．
 (ⅲ) $-2\leqq x\leqq 1$ のとき，y の最大値，最小値を求めよ．

見かけは1変数の2次関数でなくても，文字を消去したり，おきかえたりすることで1変数の2次関数になることがあります．このとき，大切なことは，文字の消去やおきかえをすると

残った文字に範囲がつくことがある

ことです．これは2次関数だけでなく，**今後登場するあらゆる関数でいえる**ことですから，ここで習慣づけておきましょう．

解　答

(1) $x-y=1$ より，$y=x-1$
 ∴ $x^2-2y^2=x^2-2(x-1)^2=-x^2+4x-2$
 　　　　　 $=-(x-2)^2+2$ ◀平方完成は 27

 x はすべての値をとるので，**最大値 2**
 このとき，$\boldsymbol{x=2, y=1}$

(2) (ⅰ) $y^2=8-2x^2$ より
 　$x^2+y^2-2x=x^2+8-2x^2-2x=\boldsymbol{-x^2-2x+8}$
 (ⅱ) $y^2\geqq 0$ だから，$2(4-x^2)\geqq 0$ ◀2次不等式は 43
 　　∴ $x^2-4\leqq 0$　∴ $(x+2)(x-2)\leqq 0$
 　　∴ $\boldsymbol{-2\leqq x\leqq 2}$

(iii) (i)より，$x^2+y^2-2x=-x^2-2x+8$
$=-(x+1)^2+9$ ◀平方完成は 27

(ii)より，$-2\leq x\leq 2$ だから，
〈図Ⅰ〉より，**最大値 9，最小値 0**

注 最小値は $x=-2$ と $x=2$ のときの y の値を比べなくても，軸からの距離が $x=2$ の方が $x=-2$ より遠いことから判断できます．

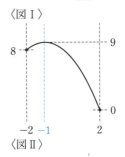
〈図Ⅰ〉

(3) (i) $t^2=(x^2+2x)^2=x^4+4x^3+4x^2$ だから
$y=(x^4+4x^3+4x^2)+(x^2+2x)+3$
$=t^2+t+3$

(ii) $t=x^2+2x=(x+1)^2-1$
$-2\leq x\leq 1$ だから，〈図Ⅱ〉より
$-1\leq t\leq 3$

(iii) (i)より
$y=t^2+t+3=\left(t+\dfrac{1}{2}\right)^2+\dfrac{11}{4}$
$-1\leq t\leq 3$ だから，〈図Ⅲ〉より
$t=3$ のとき，**最大値 15**
$t=-\dfrac{1}{2}$ のとき，**最小値 $\dfrac{11}{4}$**

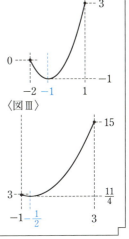
〈図Ⅱ〉
〈図Ⅲ〉

● ポイント | 文字を消去したり，おきかえたりしたら，残った文字に範囲がつくかどうか調べる

演習問題 36

(1) $x+2y=1$ のとき，x^2+y^2 の最小値を求めよ．
(2) $x^2+2y^2=1$ のとき，x^2+4y の最大値，最小値を求めよ．
(3) $f(x)=-(x^2-4x+1)^2+2x^2-8x-1$ $(0\leq x\leq 3)$ について
 (i) x^2-4x+1 のとりうる値の範囲を求めよ．
 (ii) $f(x)$ の最大値，最小値を求めよ．

37 最大・最小（Ⅳ）

x, y がすべての実数値をとるとき，$z = x^2 - 2xy + 2y^2 + 2x - 4y + 3$ について，次の問いに答えよ．

(1) y を定数と考えて，x を動かしたときの最小値 m を y で表せ．
(2) (1)の m において，y を動かしたときの最小値を考えることで，z の最小値とそのときの x，y の値を求めよ．

精講　変数が 2 つ (x と y) ありますが，36 のように文字を減らすことができません．このような場合でも，変数が独立に動くならば，**片方の文字を定数と考える**ことによって，最大値や最小値を求められます．

解答

(1)　$z = x^2 - 2(y-1)x + 2y^2 - 4y + 3$　　◀ 式を x について整理
　　　$= \{x - (y-1)\}^2 - (y-1)^2 + 2y^2 - 4y + 3$　　◀ 平方完成
　　　$= \{x - (y-1)\}^2 + y^2 - 2y + 2$
　　よって，$m = y^2 - 2y + 2$

(2)　$m = y^2 - 2y + 2 = (y-1)^2 + 1$
　　∴　$z = \{x - (y-1)\}^2 + (y-1)^2 + 1$　　◀ A, B が実数のとき
　　$\{x - (y-1)\}^2 \geqq 0$, $(y-1)^2 \geqq 0$ だから　　$A^2 + B^2 \geqq 0$
　　$x - (y-1) = 0$ かつ $y = 1$，すなわち　　等号は $A = B = 0$
　　$x = 0$, $y = 1$ のとき，**最小値 1** をとる．　　のとき成りたつ

ポイント　2 変数の関数の最大・最小を求めるとき，それらが独立に動くならば，片方を定数と考えてよい

演習問題 37

x, y がすべての実数値をとるとき，
$3x^2 + 2xy + y^2 + 4x - 4y + 3$ の最小値を求めよ．

38 最大・最小（V）

△ABC において，BC=4，CA=3，∠ACB=90° とし，辺 AB 上に AD=x となる D をとる．点 D から BC，AC へ，それぞれ垂線 DE，DF をひく．
(1) 長方形 DECF の面積 S を x で表せ．
(2) S の最大値とそのときの x の値を求めよ．

長方形の面積を求めるので，となりあう2辺の長さを x で表せばよいのですが，**x に範囲がつくことに注意**します．

解答

(1) AD:DF=AB:BC より，x:DF=5:4　∴　DF=$\frac{4}{5}x$

また，BD:DE=BA:AC より，

$5-x$:DE=5:3　よって，DE=$\frac{3}{5}(5-x)$

∴　$S=\text{DF}\cdot\text{DE}=\dfrac{12}{25}x(5-x)$

(2) DF>0, DE>0 より，$0<x<5$

$S=\dfrac{12}{25}(-x^2+5x)=-\dfrac{12}{25}\left(x-\dfrac{5}{2}\right)^2+3$

よって，$x=\dfrac{5}{2}$ **のとき，最大値3をとる．**

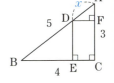

◎ポイント 図形の問題では変数に範囲がつくことに注意

演習問題 38

右図のように，壁 W と 100 m の金網を使って長方形の資材置場を作る．このとき，資材置場の面積 S の最大値と，そのときの x の値を求めよ．

39 2次方程式の解とその判別

(1) 次の方程式を解け．
 (i) $x^2+4x-2=0$ (ii) $x^4-5x^2+4=0$
 (iii) $(x^2-2x-4)(x^2-2x+3)+6=0$
(2) 2次方程式 $x^2-4x+k=0$ の解を判別せよ．

精講

(1) 2次方程式を解く（＝解を求める）方法は次の2つです．
  ① **（因数分解した式）＝0**　　② **解の公式を使う**
②を使えば，因数分解できなくても解を求められますが，因数分解できる式では，必ず因数分解する習慣をつけましょう．

(2) 2次方程式を解くと，その解は次の3つのどれかになります．
  ① **異なる2つの解**　　② **重解**　　③ **解はない**
この3つのどれになるかを判断することを**2次方程式の解を判別する**といいます．このとき，**判別式**といわれる式を利用します．

解答

(1) (i) 解の公式より，$x=-2\pm\sqrt{6}$

 (ii) $x^4-5x^2+4=0$ より $(x^2-1)(x^2-4)=0$
  ∴ $x^2=1,\ 4$
  よって，$x=\pm 1,\ \pm 2$

 (iii) $(x^2-2x-4)(x^2-2x+3)+6=0$ において
  $x^2-2x=t$ とおくと　　◀ x^2-2x をひとまとめ
  $(t-4)(t+3)+6=0$　　∴ $t^2-t-6=0$
  ∴ $(t-3)(t+2)=0$　　◀ かけて -6，たして -1 となる2数を考えると -3 と 2
  したがって，$(x^2-2x-3)(x^2-2x+2)=0$
  よって，$(x-3)(x+1)\{(x-1)^2+1\}=0$
  $(x-1)^2+1\neq 0$ だから，$x=-1,\ 3$

  注 $(x-1)^2\geqq 0$ が成りたつので，$(x-1)^2+1>0$ です．
  すなわち，$(x-1)^2+1=0$ となる x は存在しないということです．この状態を**解がない**といいます．

(2)　$x^2-4x+k=0$ の判別式をDとすると

$$D=4^2-4\cdot1\cdot k=4(4-k)$$

ⅰ)　$D>0$，すなわち，$k<4$ のとき

　異なる2つの解をもつ

ⅱ)　$D=0$，すなわち，$k=4$ のとき

　重解をもつ

ⅲ)　$D<0$，すなわち，$k>4$ のとき

　解をもたない

注　ポイントにあるように，Dのかわりに

$D'=4-k$ を用いると計算がラクになります.

◑ ポイント

・$ax^2+bx+c=0$ $(a\neq0)$ の解は

$D=b^2-4ac\geqq0$ のとき，存在し，

$$x=\frac{-b\pm\sqrt{b^2-4ac}}{2a}$$

・$ax^2+2b'x+c=0$ $(a\neq0)$ の解は

$D'=b'^2-ac\geqq0$ のとき，存在し，

$$x=\frac{-b'\pm\sqrt{b'^2-ac}}{a}$$

・D，D' を判別式といい，与えられた2次方程式は

$D>0$ $(D'>0)$ のとき，異なる2つの解をもつ

$D=0$ $(D'=0)$ のとき，重解をもつ

$D<0$ $(D'<0)$ のとき，解をもたない

演習問題 39

(1)　次の方程式を解け.

　(ⅰ)　$x^2+x-2=0$　　(ⅱ)　$x^2-2x-4=0$　　(ⅲ)　$x^4-6x^2+1=0$

　(ⅳ)　$(x+1)(x+2)(x+3)(x+4)=24$

(2)　2次方程式 $x^2+2x-k=0$ の解を判別せよ.

40 放物線と x 軸との位置関係

次の関数のグラフと x 軸との位置関係を調べ，x 軸と共有点をもつときは，その x 座標を求めよ．

(1) $y = x^2 + 4x + 3$ 　　(2) $y = -x^2 + 4x - 2$
(3) $y = -x^2 + 2x - 1$ 　　(4) $y = x^2 - 4x + 5$

2次関数のグラフと x 軸の位置関係は，次の3種類です．
　ⅰ．異なる2点で交わる
　ⅱ．接する
　ⅲ．共有点をもたない

そしてこれらは，次の①，②を調べるとわかります．
① 上に凸か下に凸か　　② 頂点の y 座標の符号

また，x 軸との共有点の x 座標は，$y=0$ とおいてできる2次方程式の解として求まります．

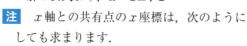

(1) $y = (x+2)^2 - 1$

　このグラフは下に凸で，頂点の y 座標 $= -1 < 0$
　よって，**x 軸と異なる2点で交わる**．
　また，$x^2 + 4x + 3 = 0$ を解くと $(x+1)(x+3) = 0$
　よって，共有点の x 座標は，**-1 と -3**

(2) $y = -x^2 + 4x - 2 = -(x-2)^2 + 2$

　このグラフは上に凸で，頂点の y 座標 $= 2 > 0$
　よって，**x 軸と異なる2点で交わる**．
　また，$-x^2 + 4x - 2 = 0$ を解くと $x^2 - 4x + 2 = 0$
　解の公式より，$x = 2 \pm \sqrt{2}$

注　x 軸との共有点の x 座標は，次のようにしても求まります．
　$-(x-2)^2 + 2 = 0$ を解くと
　　$(x-2)^2 = 2$ 　∴　$x - 2 = \pm \sqrt{2}$

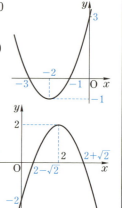

よって，$x=2\pm\sqrt{2}$

(3) $y=-x^2+2x-1=-(x-1)^2$

頂点の y 座標 $=0$ だから，**x 軸と接する**． ◀ 32 (5)

また，$(x-1)^2=0$ を解くと，$x=1$

よって，接点の x 座標は 1

(4) $y=x^2-4x+5=(x-2)^2+1$

このグラフは下に凸で，頂点の y 座標 $=1>0$

よって，**x 軸と共有点をもたない**．

 ポイント $y=f(x)$ のグラフと x 軸との共有点の x 座標は，方程式 $f(x)=0$ の解として求まり，この解の個数が求める共有点の個数でもある

参考 2次方程式 $ax^2+bx+c=0$ の解は，解の公式より，

$x=\dfrac{-b\pm\sqrt{b^2-4ac}}{2a}$ と表されますが，**ポイント**にもあるように，

$y=ax^2+bx+c$ のグラフと x 軸との共有点の個数は，この解の個数に一致しています．そこで，39 で学んだ判別式を利用すると次のことがいえます．

$ax^2+bx+c=0$ $(a\neq 0)$ の判別式を D とすると

・$D>0 \iff$ グラフは x 軸と異なる2点で交わる

・$D=0 \iff$ グラフは x 軸と接する

・$D<0 \iff$ グラフは x 軸と共有点をもたない

また，与えられた2次方程式が $ax^2+2b'x+c=0$ のとき，すなわち，x の係数が偶数のときは，$D=b^2-4ac$ の代わりに，$D'=b'^2-ac$ を用いると，計算がラクになります．例として，(1)〜(4)の判別式を調べてみると次のようになります．

(1) $D'=2^2-3=1>0$　　(2) $D'=2^2-2=2>0$

(3) $D'=1-1=0$　　(4) $D'=2^2-5=-1<0$

演習問題 40

$y=x^2-2ax+a$ のグラフと x 軸との位置関係を a の値によって分類して答えよ．

41 放物線と直線との位置関係

放物線 $y=-x^2+2x+3$ と次の各直線との共有点の個数を調べよ．
(1) $y=-2x$ (2) $y=4x+4$ (3) $y=3x+5$

$y=f(x)$, $y=g(x)$ と表される2つのグラフの共有点の x 座標は方程式 $f(x)=g(x)$ の解として求められますが，特に，$f(x)-g(x)=0$ が2次方程式となるときは，40 参考 の判別式を利用すると解を直接求めることなく共有点の個数を知ることができます．

解答

(1) $-x^2+2x+3=-2x$ を整理して $x^2-4x-3=0$
この方程式の判別式を D' とすれば，
$D'=4+3=7>0$
よって，共有点は **2個**

(2) $-x^2+2x+3=4x+4$ を整理して
$x^2+2x+1=0$
この方程式の判別式を D' とすれば，
$D'=1-1=0$
よって，共有点は **1個**

(3) $-x^2+2x+3=3x+5$ を整理して $x^2+x+2=0$
この方程式の判別式を D とすれば，
$D=1-8=-7<0$
よって，共有点は **0個**

> **ポイント**　2つのグラフの共有点の個数は，連立方程式の解の個数と一致する

演習問題 41

$y=x^2-3x+1$ のグラフと $y=2x+b$ のグラフが異なる2点で交わるような b の値の範囲を求めよ．

42 放物線の接線

放物線 $y=x^2-2x-2$ と直線 $y=2x+n$ が接するような n の値を求めよ．

放物線と直線が接するとは 41(2) の状態をさします．
だから，$x^2-2x-2=2x+n$，すなわち，
$$x^2-4x-(n+2)=0 \quad \cdots\cdots (*)$$
が解を1個もてばよいので，判別式$=0$ で解決します．もちろん，方程式$(*)$ の解（重解）は，接する点の x 座標になります．

解答

$x^2-2x-2=2x+n$ を整理して，
$$x^2-4x-(n+2)=0 \quad \cdots\cdots ①$$
①の判別式を D' とすると，放物線と直線が接するのは $D'=0$ のときであるから
$$4+(n+2)=0 \quad \text{よって，} n=-6$$

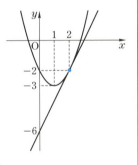

参考：$n=-6$ のとき，$x^2-4x+4=0$
∴ $(x-2)^2=0$ ∴ $x=2$
このとき，$y=-2$
よって，2つのグラフは点 $(2, -2)$ で接する．

ポイント　放物線 $y=ax^2+bx+c$ と直線 $y=mx+n$ が接するとき
$ax^2+bx+c=mx+n$，すなわち
$ax^2+(b-m)x+(c-n)=0$ の 判別式$=0$

演習問題 42

放物線 $y=x^2-mx+1$ と直線 $y=mx+m-1$ が接するような m の値を求めよ．

43 2次不等式

次の2次不等式を解け.

(1) $x^2 - 4x + 3 < 0$
(2) $x^2 - 2x - 2 \geq 0$
(3) $4x^2 - 4x + 1 \leq 0$
(4) $2x^2 - 6x > x^2 - 10$
(5) $-2x^2 + x + 1 > 0$
(6) $\begin{cases} x^2 - x \leq 0 \\ 2x^2 - 5x + 2 > 0 \end{cases}$

精講 2次不等式を解くときは，不等号を等号におきかえてできる2次方程式の解を利用しますが，それは解の個数と関係があります．（次表参照，ただし，$a>0$, $\alpha<\beta$）

Dの符号	正	0	負
$ax^2+bx+c=0$ の解	α, β	p	なし
$y=ax^2+bx+c$ のグラフ			
$ax^2+bx+c>0$ の解	$x<\alpha, \beta<x$	$x \neq p$	すべての数
$ax^2+bx+c<0$ の解	$\alpha<x<\beta$	解なし	解なし
$ax^2+bx+c \geq 0$ の解	$x \leq \alpha, \beta \leq x$	すべての数	すべての数
$ax^2+bx+c \leq 0$ の解	$\alpha \leq x \leq \beta$	$x=p$	解なし

2次不等式を確実に解くとすれば，**グラフをかいて考える**ことになります．

解答

(1) $x^2 - 4x + 3 = 0$ の解は $(x-1)(x-3) = 0$ より $x = 1, 3$
  よって，$x^2 - 4x + 3 < 0$ を解くと，$\boldsymbol{1 < x < 3}$

(2) $x^2 - 2x - 2 = 0$ の解は，解の公式より，
  $x = 1 \pm \sqrt{3}$. よって，$x^2 - 2x - 2 \geq 0$ を解くと，$\boldsymbol{x \leq 1-\sqrt{3}, \ 1+\sqrt{3} \leq x}$

(3) $4x^2 - 4x + 1 = 0$ の解は $(2x-1)^2 = 0$ より
  $x = \dfrac{1}{2}$
  $y = 4x^2 - 4x + 1$ のグラフは右図のようにな

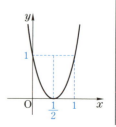

るので $4x^2-4x+1 \leqq 0$ の解は，$x = \dfrac{1}{2}$

(4) $2x^2-6x > x^2-10$ より $x^2-6x+10 > 0$

∴ $(x-3)^2+1 > 0$

$y=(x-3)^2+1$ のグラフは右図のようになるので，$2x^2-6x > x^2-10$ の解は，**すべての数**．

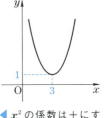

(5) $-2x^2+x+1 > 0$ より $2x^2-x-1 < 0$

∴ $(2x+1)(x-1) < 0$ ∴ $-\dfrac{1}{2} < x < 1$

◀ x^2 の係数は＋にする．その際，不等号の向きが変わることに注意

注 (1), (2)も，慣れてきたら，(5)のようにすればよいのですが，$D=0$ や $D<0$ のときは，グラフをかいた方がよいでしょう．

(6) $\begin{cases} x^2-x \leqq 0 & \cdots\cdots ① \\ 2x^2-5x+2 > 0 & \cdots\cdots ② \end{cases}$

①より，$x(x-1) \leqq 0$ ∴ $0 \leqq x \leqq 1$ $\cdots\cdots$①′

②より，$(2x-1)(x-2) > 0$ ∴ $x < \dfrac{1}{2}$, $2 < x$ $\cdots\cdots$②′

①′，②′ をともにみたす x を求めればよいので，

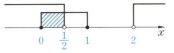

$0 \leqq x < \dfrac{1}{2}$

ポイント 2次不等式の解は，不等号を等号におきかえてできる2次方程式の解と，「$y=$」とおいてできる関数のグラフを利用する

演習問題 43

次の2次不等式を解け．

(1) $2x^2-3x-2 \leqq 0$ (2) $x^2-4x-2 > 0$ (3) $x^2-4x+4 > 0$

(4) $x^2-3x < x-5$ (5) $\begin{cases} x^2-2x-3 > 0 \\ x^2-4 \leqq 0 \end{cases}$

44 係数の符号

右の図は，$y=ax^2+bx+c$ のグラフの概形である．このとき，次の各式の符号を調べよ．

(1) a　　(2) b　　(3) c
(4) b^2-4ac　(5) $a-b+c$　(6) $4a+2b+c$

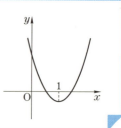

精講

2次関数 $y=ax^2+bx+c$ の**各係数 a, b, c，および，b^2-4ac の符号**は，それぞれ，グラフの次の部分に着目すると決定できます．

a：下に凸ならば正，上に凸ならば負
b：a の符号と軸（＝頂点の x 座標）の符号
c：y 切片
b^2-4ac：頂点の y 座標の符号

注　b^2-4ac の符号は 39 で学んだ**判別式**を利用しても決定できます．

また，上記以外の a, b, c を使った式の符号は上の4つの符号をあわせて考えるか，x に特定の値を代入したときの y の符号で考えます．

解答

(1) 下に凸だから，x^2 の係数>0
∴　$a>0$

(2) $y=ax^2+bx+c$
$\quad =a\left(x+\dfrac{b}{2a}\right)^2-\dfrac{b^2-4ac}{4a}$

より，頂点の座標は $\left(-\dfrac{b}{2a},\ -\dfrac{b^2-4ac}{4a}\right)$

グラフより，軸：$x=-\dfrac{b}{2a}>0$

また，(1)より，$a>0$ だから，　$b<0$

(3) y 切片>0 だから，　$c>0$

(4) グラフより，頂点の y 座標$=-\dfrac{b^2-4ac}{4a}<0$

$a>0$ だから, $b^2-4ac>0$

（判別式を利用すると…）

$y=ax^2+bx+c$ のグラフは x 軸と異なる 2 点で交わるので, $ax^2+bx+c=0$ は異なる 2 つの解をもちます.

よって, 判別式を D とすると,
$$D=b^2-4ac>0$$

(5) $x=-1$ のとき,

$y>0$ だから, $a-b+c>0$

(6) 放物線の軸は, $x=1$ だから,

$x=0$ のときと $x=2$ のときの y の値は等しい.

よって, (3)より, $4a+2b+c>0$

ポイント　2 次関数の係数の符号は, 次の 3 点に着目
　Ⅰ. 上に凸か, 下に凸か
　Ⅱ. 頂点の座標の符号
　Ⅲ. y 切片の符号

演習問題 44

右のグラフは, 関数 $y=ax^2+bx+c$ のグラフの概形である. このとき, 次の各式の符号を調べよ.

(1) a 　　(2) b 　　(3) c

(4) b^2-4ac 　　(5) $a+b+c$

(6) $4a-2b+c$

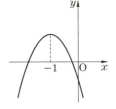

45 解の配置

2次方程式 $x^2-2ax+4=0$ が次の条件をみたすような a の範囲をそれぞれ定めよ．
(1) 2解がともに1より大きい．
(2) 1つの解が1より大きく，他の解が1より小さい．
(3) 2解がともに0と3の間にある．
(4) 2解が0と2の間と2と4の間に1つずつある．

解の条件を使って係数の関係式を求めるときは，グラフを利用します．その際，グラフの次の部分に着目して解答をつくっていきます．
① ある x の値に対する y の値の符号
② 軸の動きうる範囲
③ 頂点の y 座標（または，判別式）の符号

このように，方程式の解を特定の範囲に押し込むことを「**解の配置**」といい，グラフを方程式へ応用していく代表的なもので，今後，数学Ⅱ・Bへと学習がすすんでいっても使う考え方です．確実にマスターしてください．

解 答

$f(x)=x^2-2ax+4$ とおくと，$f(x)=(x-a)^2+4-a^2$
よって，軸は $x=a$，頂点は $(a, 4-a^2)$

(1) $f(x)=0$ の2解が1より大きいとき
$y=f(x)$ のグラフは右図のようになっている．
よって，次の連立不等式が成立する．

$$\begin{cases} f(1)=5-2a>0 & \blacktriangleleft 精講① \\ a>1 & \blacktriangleleft 精講② \\ 4-a^2 \leqq 0 & \blacktriangleleft 精講③，次ページ右上の\text{注} \end{cases}$$

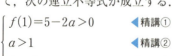

∴ $a<\dfrac{5}{2}$ かつ $1<a$ かつ

「$a \leqq -2$ または $2 \leqq a$」

右図の数直線より，$2 \leqq a < \dfrac{5}{2}$

注 「異なる2解」とかいていないときは**重解の場合も含めて**考えます．

(2) $f(x)=0$ の1つの解が1より大きく，他の解が1より小さいとき，$y=f(x)$ のグラフは右図．
よって，$f(1)=5-2a<0$　　∴　$a>\dfrac{5}{2}$

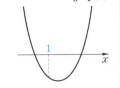

注 この場合，**精講②，③**は不要です．

(3) $f(x)=0$ の2解がともに0と3の間にあるとき，$y=f(x)$ のグラフは右図．
よって，次の連立不等式が成立する．

$\begin{cases} f(0)=4>0 \\ f(3)=13-6a>0 \\ 0<a<3 \\ 4-a^2\leqq 0 \end{cases}$　　◀精講①
　　　　　　　　　　　◀精講①
　　　　　　　　　　　◀精講②
　　　　　　　　　　　◀精講③

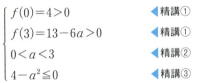

よって，$a<\dfrac{13}{6}$ かつ $0<a<3$ かつ「$a\leqq -2$ または $2\leqq a$」

下図の数直線より，$2\leqq a<\dfrac{13}{6}$

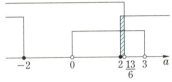

(4) $f(0)>0$，$f(2)<0$，$f(4)>0$ が成りたつので

$\begin{cases} f(0)=4>0 \\ f(2)=8-4a<0 \\ f(4)=20-8a>0 \end{cases}$　　よって，$2<a<\dfrac{5}{2}$

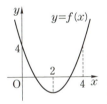

> **ポイント** 　解の配置の問題はグラフで考える

演習問題 45

2次方程式 $4x^2-2mx+n=0$ の2解がともに，$0<x<1$ に含まれるような自然数 m, n を求めよ．

46 不等式の応用

> すべての x に対して，$x^2-2ax+4a+5>0$ となるような a の値の範囲を求めよ．

関数 $f(x)$ の最小値があるとき，
　　　すべての x について $f(x)>0$
　　$\iff$ **関数 $f(x)$ の最小値 >0**

と考えることができるので，関数 $y=f(x)$ のグラフを使って考えます．

解答

$f(x)=x^2-2ax+4a+5$ とおくと

$f(x)=(x-a)^2-a^2+4a+5$

すべての x について，$f(x)>0$ となるための条件は，右のグラフより，$-a^2+4a+5>0$

$\therefore\ a^2-4a-5<0$　　$\therefore\ (a+1)(a-5)<0$

よって，　$-1<a<5$

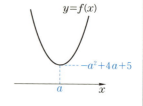

(**別解**)　判別式を用いると，次のように考えることができます．

$y=f(x)$ のグラフが x 軸と共有点をもたないので，

$x^2-2ax+4a+5=0$ は解をもたない．

よって，$D'=a^2-4a-5<0$

$\therefore\ -1<a<5$

> **ポイント**　2次不等式 $ax^2+bx+c>0\ (a>0)$ がすべての x で成りたつとき，次のどちらか
> 　Ⅰ．グラフをかいて頂点の y 座標 >0
> 　Ⅱ．$ax^2+bx+c=0$ の判別式 <0

演習問題 46

すべての x に対して，$x^2+(m-1)x+1\geqq0$ が成りたつような m の範囲を求めよ．

47 文字係数の2次不等式

$x^2-2x-3 \leq 0$, $x^2-2(a+1)x+a^2+2a \leq 0$ を同時にみたす x が存在するような定数 a の範囲を求めよ．

文字係数の不等式を解くときは，**43** の考え方を使う前に，1つの作業が追加されます．それは，「$=0$」とおきかえた方程式の解の大小を確定させることです．

解答

$x^2-2x-3 \leq 0$ より $(x+1)(x-3) \leq 0$

∴ $-1 \leq x \leq 3$ ……①

$x^2-2(a+1)x+a^2+2a \leq 0$ より $(x-a)\{x-(a+2)\} \leq 0$

$a < a+2$ がいえるので， ◀これが大切

$a \leq x \leq a+2$ ……②

①，②が共通部分をもつ条件は

$a \leq 3$ かつ $a+2 \geq -1$

∴ $-3 \leq a \leq 3$

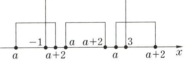

注 ①，②が共通部分をもたないのは，$a > 3$ または $a+2 < -1$．
すなわち，$a < -3$ または $3 < a$ のときですから，共通部分をもつのは，それ以外の a，すなわち，$-3 \leq a \leq 3$ です．

● ポイント

文字係数の不等式は，「$=0$」とおきかえてできる方程式の解の大小を確定させることが第一

演習問題 47

(1) $x^2+3x-40<0$ および $x^2-5x-6>0$ を同時にみたす x の範囲を求めよ．

(2) (1)の x の範囲で，不等式 $x^2-ax-6a^2>0$ が成りたつような定数 a の範囲を次の3つの場合に分けて考えよ．

(ⅰ) $a<0$ (ⅱ) $a=0$ (ⅲ) $a>0$

48 絶対値記号のついた 2 次方程式

次の方程式を解け．
(1) $x^2-2|x|-3=0$
(2) $|x^2-2x-8|=2x+4$

1 次方程式も 2 次方程式も

$$|f(x)|=\begin{cases} f(x) & (f(x)\geqq 0) \\ -f(x) & (f(x)<0) \end{cases}$$

を用いて，絶対値記号をはずすという大原則にかわりはありません．絶対値記号をはずす以外の方法もあります．（⇨ポイントⅠ）

解答

(1) （解Ⅰ）
$x^2=|x|^2$ だから，$|x|^2-2|x|-3=0$
∴ $(|x|+1)(|x|-3)=0$
$|x|\geqq 0$ だから，$|x|=3$
∴ $x=\pm 3$ ◀18 ポイントⅠ

（解Ⅱ）
$|x|=\begin{cases} x & (x\geqq 0) \\ -x & (x<0) \end{cases}$ だから

ⅰ) $x\geqq 0$ のとき
与式より $x^2-2x-3=0$
∴ $(x+1)(x-3)=0$
$x\geqq 0$ だから，$x=3$

ⅱ) $x<0$ のとき
与式より $x^2+2x-3=0$
∴ $(x-1)(x+3)=0$
$x<0$ だから，$x=-3$

ⅰ)，ⅱ)より，求める方程式の解は，
$x=\pm 3$

(2) $|x^2-2x-8|=|(x+2)(x-4)|$

$$=\begin{cases} x^2-2x-8 & (x\leq -2,\ 4\leq x) \\ -(x^2-2x-8) & (-2<x<4) \end{cases}$$

ⅰ) $x\leq -2,\ 4\leq x$ のとき

与式より $x^2-2x-8=2x+4$

∴ $x^2-4x-12=0$

∴ $(x+2)(x-6)=0$

$x\leq -2,\ 4\leq x$ より,$x=-2,\ 6$

ⅱ) $-2<x<4$ のとき

与式より $-(x^2-2x-8)=2x+4$

∴ $x^2-4=0$

∴ $(x+2)(x-2)=0$

$-2<x<4$ より,$x=2$

ⅰ),ⅱ)より,

$x=-2,\ 2,\ 6$

参考

$y=|x^2-2x-8|$ と $y=2x+4$ のグラフをかくと右図のようになります(⇨ 33).このことから,

$|x^2-2x-8|=2x+4$ の解が,$x=-2,\ 2,\ 6$ であることがわかります.

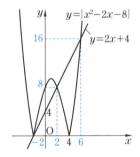

ポイント

Ⅰ.$|x|^2=x^2$

Ⅱ.$|f(x)|=\begin{cases} f(x) & (f(x)\geq 0) \\ -f(x) & (f(x)<0) \end{cases}$

演習問題 48

次の方程式を解け.

$|x^2+2x-8|=2x-4$

49 絶対値記号のついた2次不等式

次の不等式を解け．
(1) $x^2-2|x|-3 \leqq 0$
(2) $|x^2+6x+8| < 4x+11$

精講
絶対値記号のついた不等式も，方程式と同じように考えます．すなわち，

$$|f(x)| = \begin{cases} f(x) & (f(x) \geqq 0) \\ -f(x) & (f(x) < 0) \end{cases}$$

を用いて，「**絶対値記号をはずすこと**」が基本です．ただし，場合分けをするので，でてきた答のうち場合に分けた範囲に含まれるものだけが適します．

解答

(1) ⅰ) $x \geqq 0$ のとき，$|x|=x$ だから
与式より
$x^2-2x-3 \leqq 0$
∴ $(x+1)(x-3) \leqq 0$
よって，$-1 \leqq x \leqq 3$
$x \geqq 0$ だから，$0 \leqq x \leqq 3$ ◀$x \geqq 0$ をみたす x だけが適する

ⅱ) $x<0$ のとき，$|x|=-x$ だから
与式より
$x^2+2x-3 \leqq 0$
∴ $(x+3)(x-1) \leqq 0$
よって，$-3 \leqq x \leqq 1$
$x<0$ だから，$-3 \leqq x<0$ ◀$x<0$ をみたす x だけが適する

ⅰ)，ⅱ)より，$-3 \leqq x \leqq 3$

(**別解**) $x^2=|x|^2$ だから，
与式より
$|x|^2-2|x|-3 \leqq 0$

$$\therefore \quad (|x|+1)(|x|-3) \leqq 0$$

よって，$-1 \leqq |x| \leqq 3$

$0 \leqq |x|$ だから，$0 \leqq |x| \leqq 3$

$$\therefore \quad -3 \leqq x \leqq 3$$

(2) $|x^2+6x+8| = |(x+2)(x+4)|$
$$= \begin{cases} x^2+6x+8 & (x \leqq -4,\ -2 \leqq x) \\ -(x^2+6x+8) & (-4 < x < -2) \end{cases}$$

ⅰ) $x \leqq -4,\ -2 \leqq x$ のとき

与式より

$x^2+6x+8 < 4x+11$

$\therefore \quad x^2+2x-3 < 0 \quad \therefore \quad (x+3)(x-1) < 0$

$\therefore \quad -3 < x < 1$

$x \leqq -4,\ -2 \leqq x$ だから，$-2 \leqq x < 1$

◀ $x \leqq -4,\ -2 \leqq x$ をみたすものだけが適する

ⅱ) $-4 < x < -2$ のとき

与式より

$-(x^2+6x+8) < 4x+11$

$\therefore \quad x^2+10x+19 > 0$

$\therefore \quad x < -5-\sqrt{6},\ -5+\sqrt{6} < x$

$-4 < x < -2$ だから，$-5+\sqrt{6} < x < -2$

◀ $-4 < x < -2$ をみたすものだけが適する

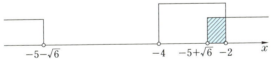

ⅰ), ⅱ) より，$-5+\sqrt{6} < x < 1$

◉ ポイント

$$|f(x)| = \begin{cases} f(x) & (f(x) \geqq 0) \\ -f(x) & (f(x) < 0) \end{cases}$$

演習問題 49

次の不等式を解け．

$|x^2-2x-8| > 2x+4$

第3章 図形の性質

50 円周角

△ABC において，∠A:∠B:∠C＝5:3:1 であり，3点 A，B，C を通る円の中心を O，線分 AO の延長と円 O の交点を D とする．

円 O において，弦 BC と平行に別の弦 EF をひく．ただし，EF は線分 OD と交わり，弧 BD 上に点 E がくるような位置にあるものとする．

このとき，次の問いに答えよ．

(1) ∠A，∠B，∠C の大きさを求めよ．
(2) ∠BAD の大きさを求めよ．
(3) ∠BAE＝∠CAF であることを証明せよ．

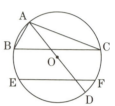

(2) 求めるものを含む三角形をさがすと，それは △AOB か △ADB．△AOB は**二等辺三角形**という特殊性があるので，こちらに着目します．∠AOB は円周角と中心角の関係から求められます．

(3) 円周角の性質より，$\stackrel{\frown}{BE}=\stackrel{\frown}{CF}$ が示せればよいことがわかります．

解　答

(1) ∠C＝a とおくと，∠A＝$5a$，∠B＝$3a$

よって，$a+3a+5a=180°$

∴ $a=20°$

よって，∠A＝**100°**，∠B＝**60°**，∠C＝**20°**

(2) 中心角と円周角の関係より，

　∠AOB＝2∠ACB＝40°

△AOB は，OA＝OB をみたす

二等辺三角形だから，

　∠BAD＝$\dfrac{1}{2}(180°-∠AOB)=$**70°**

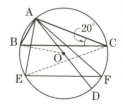

(3) BC∥EF だから，∠BCE＝∠CEF（錯角）
よって，$\stackrel{\frown}{BE}=\stackrel{\frown}{CF}$
∠BAE は $\stackrel{\frown}{BE}$ に対する円周角で，∠CAF は $\stackrel{\frown}{CF}$ に対する円周角だから，∠BAE＝∠CAF

> **ポイント**
> ① 円において1つの弧に対する円周角の大きさは一定で，その弧に対する中心角の半分
> ② 同じ円においては，円弧の長さと中心角は比例するので円弧の長さと円周角も比例する
> (⇨ 演習問題 50(2))

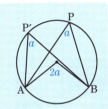

注 ポイント①の性質は**逆も成りたちます**．すなわち，2つの定点 A，B と，直線 AB について同じ側にある動点 P に対して，∠APB が一定ならば，点 P は，AB を弦とする，ある円周上に存在します．

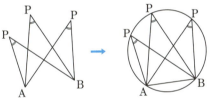

演習問題 50

(1) 右図の四角形 ABCD において BD の長さを求めよ．

(2) 右図において，$\stackrel{\frown}{AC}:\stackrel{\frown}{BD}=1:3$ であるとする．また，AB と CD の交点を P とする．∠APC＝48° のとき，∠ADC を求めよ．

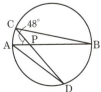

51 三角形の重心，外心，内心，垂心

△ABC について
(1) 重心の定義を述べよ．   (2) 外心の定義を述べよ．
(3) 内心の定義を述べよ．   (4) 垂心の定義を述べよ．

精講

三角形には，「心」と名のつくものが5つありますが，このうち，**重心，外心，内心，垂心**の4つについては，定義(最初の約束)，定理(定義から導かれる性質)をきちんと覚えていなければ問題を解いたり，証明したりすることができません．定理については，このあとの**基礎問**に少しずつ出てきますので，ここでは，しっかりと定義を頭に入れておきましょう．

解答

(1) 辺 AB, 辺 BC, 辺 CA の中点をそれぞれ L, M, N とするとき，
3 直線 AM, BN, CL の交点．
(2) 辺 AB, 辺 BC, 辺 CA の垂直2等分線の交点．
(3) ∠A, ∠B, ∠C の2等分線の交点．
(4) 3つの頂点 A, B, C から対辺またはその延長に下ろした垂線の交点．

(重心)　　　(外心)　　　(内心)　　　(垂心)

注 I (1)の AM, BN, CL は**中線**と呼ばれます．
注 II ふつう，重心は G, 外心は O, 内心は I, 垂心は H を用います．また，外心は △ABC の外接円の中心で，内心は内接円の中心です．

残りの「心」は「**傍心**(ぼうしん)」と呼ばれるものです．定義は

　　三角形の1つの内角と他の2つの外角
　　の2等分線の交点

で，傍心は3つあります．(右図参照)

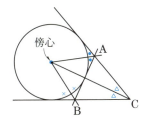

> ● ポイント
> 　重心：3中線の交点
> 　外心：3辺の垂直2等分線の交点
> 　内心：3つの内角の2等分線の交点
> 　垂心：3垂線の交点

演習問題 51

(1) 右図は，AB＝AC＝12，BC＝10 をみたす二等辺三角形で，O は辺 AB，BC の垂直2等分線の交点である．
　(i) AB，BC の中点をそれぞれ M，N とするとき，△AOM∽△ABN を示せ．
　(ii) △ABC の外接円の半径 R を求めよ．

(2) AB＝7，BC＝6，CA＝5 をみたす △ABC の内心を I，内接円と辺 BC，CA，AB の接点をそれぞれ D，E，F とおく．
　(i) △AFI≡△AEI を示せ．
　(ii) AF の長さを求めよ．

52 角の2等分線の性質

AB=5, BC=6, CA=3 をみたす △ABC について

(1) ∠BACの2等分線と辺BCの交点をD, ∠ABCの2等分線と線分ADの交点をIとおくとき, AI:ID を求めよ.

(2) 辺BAのA側への延長線上にEをとり, ∠EACの2等分線と辺BCの延長線との交点をF, ∠ACFの2等分線とAFの交点をPとするとき, AP:PF を求めよ.

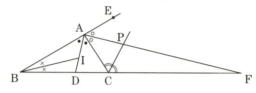

(1) 内角の2等分線は次の性質をもちます.
右図において

BD:DC＝AB:AC

(証明) Cを通り, ADに平行な直線と辺BAの延長との交点をEとおくと,

∠ACE＝∠CAD (錯角),

∠AEC＝∠BAD (同位角)

∠CAD＝∠BAD だから, ∠ACE＝∠AEC

ゆえに, △ACE は AC＝AE をみたす二等辺三角形.

△ABD∽△EBC だから,

BD:DC＝BA:AE＝AB:AC

∴ BD:DC＝AB:AC

(2) 外角の2等分線は次の性質をもちます.
右図において

BD:DC＝AB:AC

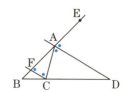

（証明）　BA の A の側への延長上に点 E をとり，C を通り，
AD に平行な直線と AB の交点を F とする.

AD∥FC より

　∠CAD＝∠ACF（錯角），

　∠EAD＝∠AFC（同位角）

∠CAD＝∠EAD だから，∠ACF＝∠AFC

よって，△AFC は二等辺三角形で，AF＝AC.

また，AD∥FC だから，BA：FA＝BD：CD

FA＝AC より，BD：DC＝AB：AC

解　答

(1)　BD：DC＝AB：AC＝5：3

　よって，$BD=6\times\dfrac{5}{8}=\dfrac{15}{4}$

　∴　$AI:ID=BA:BD=5:\dfrac{15}{4}=\boldsymbol{4:3}$

(2)　BF：FC＝AB：AC＝5：3

　よって，$BF=\dfrac{5}{3}CF$

　$BF-CF=6$ だから，$\dfrac{2}{3}CF=6$　　∴　$CF=9$

　∴　$AP:PF=AC:CF=3:9=\boldsymbol{1:3}$

注　**51** によれば，I は △ABC の内心で，P は傍心です.

◑ポイント　△ABC の ∠A の内角（または外角）の 2 等分線と直
線 BC の交点を D とすると，どちらの場合でも
BD：DC＝AB：AC が成りたつ

演習問題 52

　∠A＝90°，AB＝AC＝2 をみたす直角二等辺三角形 ABC につ
いて，頂点 A と内心 I との距離 AI を求めよ.

53 チェバの定理

△ABC において，辺 BC を 5:3 に内分する点を D，辺 CA を 2:3 に内分する点を E とする．また，AD と BE の交点を P とし，直線 PC と辺 AB との交点を F とする．
このとき，AF:FB を求めよ．

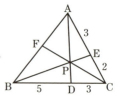

精講　三角形の各頂点から対辺にひいた線分が 1 点で交わる場合の特別なときが重心，垂心，内心で，これらを含めて，一般的に扱う定理が**チェバの定理**です．(⇨ポイント)

次の**メネラウスの定理**とそっくりの形をしていますので，式を覚えるのではなく，図形として頭に入れた方がよいでしょう．

解答

チェバの定理より，

$$\frac{FB}{AF} \times \frac{DC}{BD} \times \frac{EA}{CE} = 1 \quad \therefore \quad \frac{FB}{AF} \times \frac{3}{5} \times \frac{3}{2} = 1 \quad \therefore \quad \frac{FB}{AF} = \frac{10}{9}$$

よって，AF:FB = **9:10**

ポイント　〈チェバの定理〉右図において

$$\frac{FB}{AF} \times \frac{DC}{BD} \times \frac{EA}{CE} = 1$$

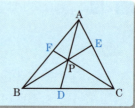

演習問題 53

右図の △ABC において，AF:FB = 3:4，
$PD = \frac{1}{\sqrt{3}}$，CD = 2，∠PDB = 90°，∠PBD = 30°
とする．このとき，AE:EC を求めよ．

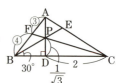

54 メネラウスの定理

右図の△ABC において,
AE：EB＝2：3, BD：DC＝1：3
とする．このとき，
(1) AP：PD を求めよ．
(2) △PDC：△ABC を求めよ．

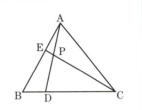

精講

メネラウスの定理（⇨ポイント）は，チェバの定理と形がそっくりですが，使う図形のイメージが違います．（右図）また，面積比を考えるときは，**共通部分**に着目します．

チェバの定理

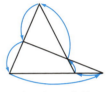
メネラウスの定理

解答

(1) メネラウスの定理より
$$\frac{CD}{BC} \times \frac{PA}{DP} \times \frac{EB}{AE} = 1 \quad \therefore \quad \frac{3}{4} \times \frac{PA}{DP} \times \frac{3}{2} = 1 \quad \therefore \quad \frac{AP}{PD} = \frac{8}{9}$$
よって，AP：PD＝**8：9**

(2) △PDC＝$\frac{9}{8+9}$△ADC

$=\frac{9}{17} \times \frac{3}{4}$△ABC＝$\frac{27}{68}$△ABC

よって，△PDC：△ABC＝**27：68**

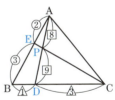

ポイント 〈メネラウスの定理〉右図において
$$\frac{CD}{BC} \times \frac{PA}{DP} \times \frac{EB}{AE} = 1$$

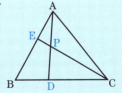

演習問題 54

54において, EP：PC を求めよ．

55 接弦定理

円 O に円外の点 A から 2 本の接線をひき，円 O との接点を B，C とし，$\angle BAC = 48°$，辺 BC の中点を M とする．また，点 D を CD が円 O の直径となるようにとる．
(1) $\angle ABC$，$\angle BCD$ を求めよ．
(2) AM ∥ BD を示せ．
(3) MO ∥ BD を示せ．
(4) 直線 AM は中心 O を通ることを示せ．

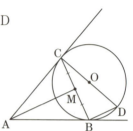

(1) 円 O において，
円 O の弦 AB と，その端点 A における接線 AT が作る角 $\angle BAT$ は，その内部に含まれる弧 AB に対する円周角 $\angle ACB$ に等しい

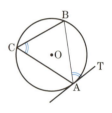

これを，**接弦定理**といいます（右図）．
この問題では，$\angle ACB = \angle BDC$ です．

(2) 直線 AM と直線 BD は直線 BC と交わっています．
(3) M は BC の中点，O は CD の中点です．
(4) (2)と(3)から当然の結果です．

解　答

(1) AB＝AC だから
$$\angle ABC = \angle ACB = \frac{1}{2}(180° - \angle BAC) = \frac{1}{2}(180° - 48°) = \mathbf{66°}$$
また，接弦定理より，$\angle BDC = \angle ACB = 66°$
CD は円の直径だから，$\angle CBD = 90°$
よって，$\angle BCD = 180° - (66° + 90°) = \mathbf{24°}$

(2) △ABC は AB＝AC をみたす二等辺三角形だから
$\angle AMB = 90°$
次に，(1)より，$\angle CBD = 90°$

錯角が等しいので，AM∥BD
(3) M は辺 BC の中点で，O は辺 CD の中点だから
中点連結定理より，MO∥BD
(4) (2), (3)より，AM∥MO
すなわち，3点 A, M, O は一直線上にあるので，
直線 AM は中心 O を通る．

a と b：対頂角　（つねに $a=b$ が成りたつ）
b と e：同位角　（$l\,/\!/\,m$ のとき，$b=e$）
b と c：錯角　　（$l\,/\!/\,m$ のとき，$b=c$）
b と d：同側内角（$l\,/\!/\,m$ のとき，$b+d=180°$）

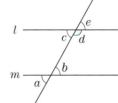

（中点連結定理）
△ABC において，M, N が辺 AB, 辺 AC
の中点のとき
　　BC∥MN　かつ　BC=2MN

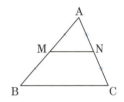

 ポイント ┊ 接弦定理は画像で覚える

演習問題 55

円の弦 AB に対して，右図のように
C, D をとる．C, D における接線の
交点を E とする．
　△CDE が正三角形になるとき，
∠BAC の値を求めよ．
　ただし，$\overparen{BC}:\overparen{BD}=1:2$ とする．

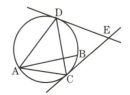

56 方べきの定理

右図について
(1) △OAC∽△ODB を示せ．
(2) OA=2, OB=6, OC=3 のとき CD の長さを求めよ．

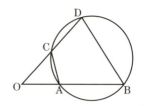

(1) 長さに関する条件がまったくないので，使うべき相似条件は「**2角がそれぞれ等しい**」であるということが予想されます．
　　当然，対応する頂点がどこかが重要です．

　この相似な2つの三角形から導かれる，4つの線分 OA，OB，OC，OD の関係を**方べきの定理**といいます．この定理は，3つの形をもっています．

(⇨**ポイント**)

(2) CD は相似な三角形の辺ではないので，CD=x とおいて相似な三角形の辺を x で表すことが必要です．

解　答

(1) △OAC と △ODB において，
　　∠AOC=∠DOB (共通)
　　また，∠OAC+∠CAB=180°
　　次に，四角形 ABDC は円に内接しているので
　　∠ODB+∠CAB=180°　　　◀85
　よって，∠OAC=∠ODB
　　2角がそれぞれ等しいので，△OAC∽△ODB

(2) (1)より，OA:OC=OD:OB
　　∴ OA・OB=OC・OD　　　◀方べきの定理
　　ここで，CD=x とおくと，OD=3+x
　　∴ 2・6=3・(3+x)
　よって，$x=1$
　　すなわち，CD=**1**

ポイント 〈方べきの定理〉

3つの形

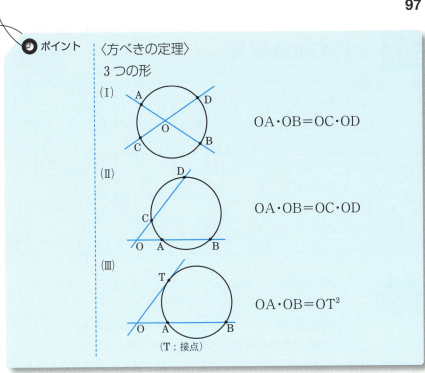

注 方べきの定理(I), (II)型は逆も成りたちます．すなわち，上の**ポイント**内の右の式が成りたつと，O以外の点は同一円周上にあります．

演習問題 56

△ABC の辺 AB を 2：1 に内分する点をD，辺 AC を 3：5 に内分する点をEとする．

4点 B, C, E, D が同一円周上にあるとき，辺の長さの比 AB：AC を求めよ．

57 2円の位置関係

右図の長方形 ABCD は，AB=25，BC=20 をみたしている．また，円 P, Q, R は互いに外接し，円 P は辺 AD に，円 Q は辺 AB と BC に，円 R は辺 BC, CD に接していて，円 Q, R の半径は等しく x，円 P の半径は y とする．

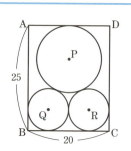

(1) x を求めよ． (2) y を求めよ．

(1) 問題の図には大切な線がひかれていないので，まずその線をひきますが，その考え方は次の2つです．

① **円と直線が接するとき，中心と接点を結ぶ**（直角をつくります）
② **円と円が接するとき，中心どうしを結ぶ**

(直線上に接点があります)

(2) △PQR は二等辺三角形です．二等辺三角形に対しては**頂点から底辺に垂線を下ろし**，直角三角形にしてしまうのが基本です．そのとき，2円が外接する条件である

「**中心間の距離＝半径の和**」（⇨ポイント参照）

を使います．

解 答

(1) 右図より，$4x=20$

∴ $x=5$

(2) 図のように M, H を定めると
PH=y だから，PM=$20-y$
また，PQ=$y+5$
三平方の定理より
$PQ^2 = PM^2 + QM^2$ だから
$(y+5)^2 = (20-y)^2 + 5^2$
∴ $10y = -40y + 400$
よって，$y=8$

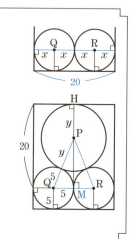

ポイント 2円の半径を r_1, r_2 ($r_1 > r_2$), 中心間の距離を d とすると, 2円の位置関係は次の5つ

① 離れている

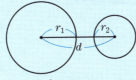

$d > r_1 + r_2$

② 外接する

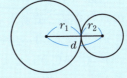

$d = r_1 + r_2$

③ 異なる2点で交わる

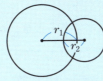

$r_1 - r_2 < d < r_1 + r_2$

④ 内接する

$d = r_1 - r_2$

⑤ 一方が他方に含まれる

$d < r_1 - r_2$

演習問題 57

右図のように, 長方形 ABCD の内部に, 互いに外接する2つの円 C_1, C_2 がある. C_1 は AB, BC, C_2 は CD, DA にそれぞれ接している. C_1, C_2 の中心をそれぞれ O_1, O_2, 半径をそれぞれ r_1, r_2 とする. O_1 を通り AB に平行な直線と, O_2 を通り BC に平行な直線の交点を E とする. ただし, AB=9, O_1O_2=5 とする.

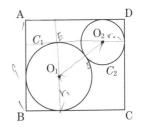

(1) O_1E, AD の長さを求めよ.
(2) C_1, C_2 の面積の和を S とするとき, S を r_1 で表せ.
(3) r_1 のとりうる値の範囲を求めよ.
(4) S の最大値, 最小値を求めよ.

58 平面幾何（Ⅰ）

右図のように，△ABC の辺 BC の延長上の点 D を通る直線と辺 AB，AC との交点をそれぞれ F，E とする．AB=6，BC=3，CD=4，AC=5 とする．
AE=a，AF=b とおくとき，次の問いに答えよ．ただし，$0<a<5$，$0<b<6$ とする．

(1) a と b のみたす関係式を求めよ．
(2) 4点 B，C，E，F が同一円周上にあるとき，a の値を求めよ．

精講

(1) 図形の形がまさしく「メネラウスの定理」の形です．
（⇨ 54 精講 ）

(2)「円に内接する四角形」というと，「対角の和が180°」を思いだすかもしれませんが，このことから派生する長さに関する定理に気づくでしょうか？ それは，「**方べきの定理**」です．（⇨ 56 ）
このように

「**角の条件が与えられたら，辺の条件に変わらないか？**」

あるいは，

「**辺の条件が与えられたら，角の条件に変わらないか？**」

と考える姿勢は大切です．

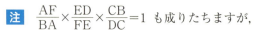

(1) メネラウスの定理より

$$\frac{DC}{BD} \times \frac{EA}{CE} \times \frac{FB}{AF} = 1$$

よって，$\dfrac{4}{7} \times \dfrac{a}{5-a} \times \dfrac{6-b}{b} = 1$

∴ $4a(6-b) = 7(5-a)b$

∴ $3ab + 24a - 35b = 0$ ……①

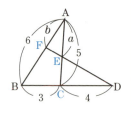

注 $\dfrac{AF}{BA} \times \dfrac{ED}{FE} \times \dfrac{CB}{DC} = 1$ も成りたちますが，

与えられた条件を考えると，無意味です．

(2) 4点 B, C, E, F が同一円周上にあるので，方べきの定理より，
$$AB \times AF = AC \times AE$$
よって，$6b = 5a$ ……②

①，②より，b を消去して
$$a \times \frac{5}{2}a + 24a - 35 \times \frac{5}{6}a = 0$$
∴ $15a^2 - 31a = 0$
∴ $a = 0, \dfrac{31}{15}$

ここで，$b = \dfrac{5a}{6}$ だから，$0 < \dfrac{5a}{6} < 6$
∴ $0 < a < \dfrac{36}{5}$

$0 < a < 5$ とあわせて，$0 < a < 5$

よって，$a = \dfrac{31}{15}$

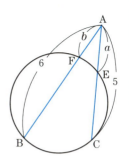

> **ポイント** わかっている部分とほしい部分をあわせると，使うべき公式は自然と決まってくる

演習問題 58

右図において，AB=AC=14, BC=7, EB=2 とする．4点 A, B, D, F が同一円周上にあるとき，
(1) 次の2つの関係式が成りたつことを示せ．
  CF : CD = 1 : 2
  AF : DB = 3 : 1
(2) DB=3 であることを示せ．

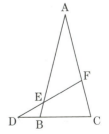

59 平面幾何（Ⅱ）

△ABC の辺 AB, AC の中点をそれぞれ D, E とし，BE, CD の交点を G とする．4 点 D, B, C, E が同一円周上にあるとき，次のことを証明せよ．

(1) AB＝AC
(2) $2\angle ABG=\angle BAE$ のとき，
　　$\angle BAG=\angle ABG$
(3) (2)のとき，△ABC は正三角形．

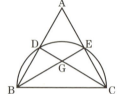

(1) 円周角の性質から等しい角が何組かありそうです．また，中点連結定理より，BC∥DE だから，等しい角が何組かありそうです（錯角，同位角）．だから，直接のねらいは AB＝AC ではなく ∠ABC＝∠ACB になりそうです．つまり，結論が長さであっても，角に注目する，ということです．

(2) (1)より，△ABC は AB＝AC をみたす二等辺三角形です．
　　また，G は △ABC の重心（ 51 ）だから，直線 AG は辺 BC の垂直 2 等分線．よって，∠BAG＝∠CAG です．

(3) (1)より，△ABC はすでに二等辺三角形であることが確定しているので，あと何がいえればよいか考えます．たとえば，
　① ∠BAC＝∠ABC（∠BAC＝∠ACB）　② AB＝BC（AC＝BC）

解　答

(1) ∠DBE＝α，∠EBC＝β とおくと，
　　　∠DBC＝$\alpha+\beta$
　また，円周角の性質より，
　　∠DCE＝∠DBE＝α，∠EDC＝∠EBC＝β
　次に，中点連結定理より DE∥BC だから，
　　　∠EDC＝∠DCB＝β（錯角）
　∴　∠ECB＝∠DCE＋∠DCB＝$\alpha+\beta$
　よって，∠DBC＝∠ECB，すなわち，∠ABC＝∠ACB

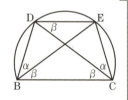

ゆえに，AB＝AC

(2) ∠BAC＝2∠ABG＝2α

また，△ABC は AB＝AC をみたす二等辺三角形で，点G は △ABC の重心．

よって，直線AG は辺BC の垂直2等分線．

∴ ∠BAG＝∠CAG＝α

∠ABG＝α だから，

∠BAG＝∠ABG

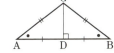

(3) (2)より，△AGB は AG＝BG をみたす二等辺三角形で，D が AB の中点だから，

∠GDA＝∠GDB＝90°

よって，△ABC において，CD⊥AB

ゆえに，△ABC は CA＝CB をみたす二等辺三角形．

AB＝BC＝CA だから，△ABC は正三角形．

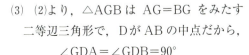

> **ポイント** 証明問題では，つい結論に目がいきがちだが，条件からわかる（導ける）内容を整理することも方針を立てるためには重要
> すなわち，条件にあって結論にないものや，条件になくて結論にあるものをチェックして，それらをつなぐことを考える

演習問題 59

AB を直径とする半円上に C，D を図のようにとり，直線AD と直線BC の交点を E，AC と BD の交点を F とする．このとき，次の問いに答えよ．

(1) 四角形CEDF はある円に内接することを示せ．

(2) ∠AEB＝∠FAB＋∠FBA であることを示せ．

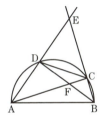

基礎問

60 四角形への応用

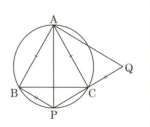

　AB＝AC をみたす △ABC があって，その外接円上に点Pをとる．次に，PCのCの側への延長上に BP＝CQ となるQをとる．ただし，PはAを含まない円弧BC上にある．AP＝BP＋CP が成りたつとき，次の問いに答えよ．

(1) △ABP≡△ACQ を示せ．
(2) △APQ は正三角形であることを示せ．
(3) △ABC は正三角形であることを示せ．

(1) △ABP と △ACQ において，等しいところをチェックして，次に，どこが等しくなれば三角形の合同条件が使えるかを考えます．このとき，円に内接する四角形が存在しているので，85の参考にある性質を利用します．

(2), (3) 正三角形であることを示す方法
① 3辺の長さが等しい　② 3つの内角が等しい
③ 二等辺三角形＋α
④ 重心，内心，外心，垂心のどれか2つが一致する

この4つくらいを知っておけば十分です．

あとは，設問でわかっている条件をもとにして，どれを使うか決めていきます．

解答

(1) △ABP と △ACQ において，
　条件より，AB＝AC, BP＝CQ
　次に，四角形 ABPC は円に内接するので
　　∠ABP＋∠ACP＝180°
　よって，∠ACQ＝180°－∠ACP
　　　　　　　　 ＝∠ABP

以上のことより，2辺とその間の角がそれぞれ等しいので
△ABP≡△ACQ

(2) △APQ において，
(1)より，AP=AQ
次に，条件より，BP=CQ だから，
AP=BP+CP=CQ+CP=PQ
よって，AP=AQ=PQ
以上のことより，△APQ は正三角形

(3) △ABC において，
条件より，AB=AC
次に，(2)より，∠APC=60°
円周角の性質より，∠ABC=∠APC=60°
二等辺三角形で底角が 60° だから，△ABC は正三角形．

 〈トレミーの定理〉
四角形 ABCD が円に内接しているとき，
AB・CD+BC・DA=AC・BD

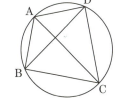

が成りたつ．

　これは，教科書に定理として登場しませんが，マーク形式では有効な定理です．
　余裕がある人は知っておいて損はありません．

> ● ポイント　幾何では，中学校で学んだ性質も重要
> ① 三角形の合同条件
> ② 三角形の相似条件
> ③ 面積比・体積比と相似比の関係

演習問題 60

60 の(3)を，トレミーの定理を使って証明せよ．

61 内接球・外接球

右図のように直円錐の底面と側面に球が内接している．直円錐の底面の半径は 6，高さは 8 として次の問いに答えよ．

(1) 球の半径 R を求めよ．
(2) 直円錐の側面と球とが接する部分は円である．この円の半径 r を求めよ．

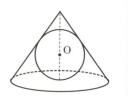

(1), (2)とも基本的な扱い方は同じです．それは

空間図形は必要がない限りは空間図形のまま扱わない
ある平面で切って，平面図形としてとらえる

問題は「どんな平面で切るか？」ですが，球が接しているときは（内接も外接も同様），**球の中心と接点を含むような平面で切る**のが原則です．したがって，この立体の場合，円錐の軸を含む平面で切ればよいことになります．

このとき，三角形とその内接円が現れるので，57 精講 にあるように，中心と接点を結びます．

解答

(1) 円錐を軸を含む平面で切り，その断面を右図のようにおく．
このとき，△ABD∽△AOE だから，
 AB：BD＝AO：OE

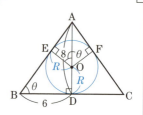

ここで，AB $=\sqrt{6^2+8^2}=10$
BD $=6$, AO $=8-R$, OE $=R$
∴ $10:6=8-R:R$
∴ $6(8-R)=10R$
よって，$R=3$

(別解Ⅰ) △ABC の面積＝48 だから，AB＝10 より
$\dfrac{1}{2}(12+10+10)R=48$ ◀ 83
 ∴ $R=3$

(別解Ⅱ)　∠ABD=θ とすると

$\tan\theta=\dfrac{4}{3}$ だから，$\cos\theta=\dfrac{3}{5}$，$\sin\theta=\dfrac{4}{5}$

$R=\mathrm{AO}\cos\theta$ より，

$R=(8-R)\cdot\dfrac{3}{5}$　　∴　$5R=24-3R$　　◀AO=8−R

∴　$8R=24$

よって，$R=3$

(2)　AO=5，OE=3 だから

$\mathrm{AE}=\sqrt{5^2-3^2}=4$

△ABC∽△AEF で

相似比は　10:4，すなわち，

5:2 だから，$\mathrm{EF}=\dfrac{2}{5}\mathrm{BC}=\dfrac{24}{5}$

よって，求める円の半径 r は，$\dfrac{1}{2}\mathrm{EF}=\dfrac{12}{5}$

(別解)　$\mathrm{EF}=\mathrm{OE}\sin\theta\times 2$

$=3\times\dfrac{4}{5}\times 2=\dfrac{24}{5}$

よって，求める円の半径 r は，$\dfrac{1}{2}\mathrm{EF}=\dfrac{12}{5}$

注　このように直角三角形がたくさんあるときは，三平方の定理だけではなく，三角比も有効な道具です．(⇨64)

● ポイント　球が立体に接するとき，中心と接点を含む平面で切り，平面図形として扱う

演習問題 61

右図のように直円錐が球に内接している．円錐の底面の半径を 6，高さを 8 とするとき，この球の半径 R を求めよ．

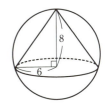

62 特殊な四面体

OA＝OB＝OC をみたす四面体 OABC の点 O から，△ABC を含む平面に下ろした垂線の足を H とする．このとき，次の問いに答えよ．

① H は △ABC の外心であることを示せ．
② OA＝OB＝OC＝9，AB＝6，BC＝8，CA＝10 のとき，OH の長さと四面体 OABC の体積 V を求めよ．

(1) 平面外の点から平面に垂線を下ろすとその直線は，**平面上のすべての直線と垂直**です．また，H が △ABC の外心とすると HA＝HB＝HC が成りたちます．

これを手がかりに考えます．

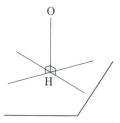

(2) △ABC はふつうの三角形ではありません．直角三角形です．(1)によれば，H は △ABC の外心ですから，**斜辺の中点が外心**になります．

直角三角形がたくさんあるので，三平方の定理か三角比の利用を考えます（⇨ 61 ）．

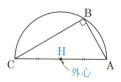

解 答

(1) △OAH, △OBH, △OCH において，
∠OHA＝∠OHB＝∠OHC＝90°
次に，条件より，OA＝OB＝OC
また，OH は共通．
直角三角形において，
斜辺と他の1辺がそれぞれ等しいので
△OAH≡△OBH≡△OCH
対応する辺の長さは等しいので，HA＝HB＝HC
よって，H は △ABC の外心である．

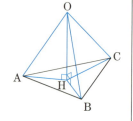

(2) $AB^2 + BC^2 = 36 + 64 = 100$
$CA^2 = 100$
$AB^2 + BC^2 = CA^2$ だから，
△ABC は CA を斜辺とする直角三角形．
(1)より，H は △ABC の外心だから，
H は斜辺 CA の中点に一致する．
よって，$OH = \sqrt{9^2 - 5^2} = 2\sqrt{14}$
また，$\triangle ABC = \frac{1}{2} \cdot 6 \cdot 8 = 24$
∴ $V = \frac{1}{3} \cdot \triangle ABC \cdot OH = \mathbf{16\sqrt{14}}$

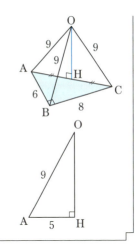

ポイント 四面体の1つの頂点からでている3つの辺の長さが等しいとき，その頂点から対面に下ろした垂線の足は，対面の三角形の外心になっている

この四面体のように特別に名前がついていなくても，キレイな性質をもっている立体は他にもあります．**演習問題62**の四面体もその1例です．

演習問題 62

$AB = BD = DC = CA = 4$，$BC = AD = 2$ をみたす
四面体 ABCD について，次の問いに答えよ．
(1) 辺 BC の中点を M とするとき，AM の長さを求めよ．
(2) 辺 AD の中点を N とするとき，MN の長さを求めよ．
(3) △AMD の面積を求めよ．
(4) 四面体 ABCD の体積を求めよ．

63 立体と展開図

1辺6の正方形PQRSの折り紙がある．下図のように，1辺2の正三角形OABと3つの二等辺三角形C_1OA, C_2AB, C_3BOをかいて切り取り，三角錐を組み立てることにする．このとき，以下の問いに答えよ．ただし，ABはPQと平行とする．

(1) 辺ABの中点をM，直線ABと辺QRの交点をDとするとき，MD, BDの長さを求めよ．

(2) C_3D, BC_3の長さを求めよ．

(3) 三角錐において，Cから△OABに下ろした垂線の足をHとするとき，CHの長さを求めよ．

(4) 三角錐C-OABの体積Vを求めよ．

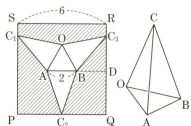

 空間図形を考えるときの基本は，

　　できるだけ平面図形としてとらえること

だから，立体と展開図の2つをにらみながら解答をつくっていきます．

(1), (2) まず，必要な部分だけをぬき出した図をかくことが大切です．

次に，直角がたくさんあるので，直角三角形をみつけて，三平方の定理か三角比の利用を考えます（⇨ 61）．

(3) 四面体C-OABの条件から，Cから底面に下ろした垂線の足Hは△OABの外心です（62）が，△OABは正三角形なので，Hは重心でもあります．また，垂線を下ろしているので，(1), (2)と同様に直角三角形に着目します．

解　答

(1) OC_2は正方形の対称軸で，Mは線分OC_2上にあるので，MD$=\dfrac{1}{2}\times 6=3$

MB$=1$だから，BD$=3-1=2$

(2) △OAC_3と△BAC_3において

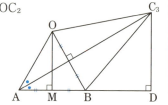

△OBC₃ が二等辺三角形だから，OC₃＝BC₃
△OAB が正三角形だから，OA＝BA
また，AC₃ は共通だから，△OAC₃≡△BAC₃
よって，∠OAC₃＝∠BAC₃＝30°
∴ $C_3D = AD\tan 30° = (AM+MD)\tan 30°$
$= 4 \times \dfrac{1}{\sqrt{3}} = \dfrac{4\sqrt{3}}{3}$

三平方の定理より，$BC_3 = \sqrt{BD^2 + C_3D^2}$
$= \sqrt{4 + \dfrac{16}{3}} = \sqrt{\dfrac{28}{3}} = \dfrac{2\sqrt{21}}{3}$

(3) H は △OAB の重心だから，
$OH = \dfrac{2}{3}OM = \dfrac{2}{3}\cdot\sqrt{3} = \dfrac{2\sqrt{3}}{3}$

三平方の定理より，
$CH = \sqrt{OC^2 - OH^2} = \sqrt{BC^2 - OH^2} = \sqrt{\dfrac{28}{3} - \dfrac{4}{3}} = 2\sqrt{2}$

(4) $V = \dfrac{1}{3}\cdot\triangle OAB\cdot CH = \dfrac{1}{3}\cdot\dfrac{1}{2}\cdot 2^2\cdot\sin 60°\cdot 2\sqrt{2}$
$= \dfrac{1}{3}\cdot\dfrac{1}{2}\cdot 4\cdot\dfrac{\sqrt{3}}{2}\cdot 2\sqrt{2} = \dfrac{2\sqrt{6}}{3}$

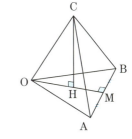

> **ポイント**　図形（特に立体図形）では，与えられた図をそのまま利用するとさまざまな性質に気付きにくいので，必要な部分だけをぬき出して図をかき直す

演習問題 63

$OA=OB=OC=1$，$\angle AOB=\angle BOC=\angle COA=45°$ をみたす四面体 OABC について，次の問いに答えよ．

(1) 辺 OB 上に点 P をとるとき，折れ線 AP＋PC の長さの最小値を求めよ．

(2) (1)のとき，OP：PB を求めよ．

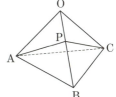

第4章 図形と計量

64 鋭角の三角比

次の図の直角三角形において，$\sin\theta$，$\cos\theta$，$\tan\theta$ の値を求めよ．
(1)　　　　　　　　(2)

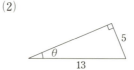

精講

直角三角形では，1つの鋭角が定まると3辺の比が確定しますので，次のような辺の比を約束します．

$=\sin A$，　$\dfrac{b}{c}=\cos A$，　$\dfrac{a}{b}=\tan A$

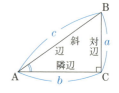

解答

(1) 右図のようにA，B，Cを定めると三平方の定理より，$AB=\sqrt{3^2+4^2}=5$
よって，$\sin\theta=\dfrac{3}{5}$，$\cos\theta=\dfrac{4}{5}$，$\tan\theta=\dfrac{3}{4}$

(2) 右図のようにA，B，Cを定めると三平方の定理より，$AC=\sqrt{13^2-5^2}=12$
よって，$\sin\theta=\dfrac{5}{13}$，$\cos\theta=\dfrac{12}{13}$，$\tan\theta=\dfrac{5}{12}$

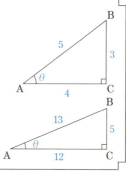

ポイント　三角比を求めるとき，対象の角が左下，直角が右下になるような図をかいて定義を用いる

演習問題 64

右図のような三角形において，$\sin\theta$，$\cos\theta$，$\tan\theta$ の値を a で表せ．ただし，$0<a<1$ とする．

65 有名角の三角比

次の式の値を求めよ.
(1) $\cos^2 30°$
(2) $2\sin 45° - 4\cos 60°$
(3) $\tan 60° + \cos 30°$
(4) $\sin 60° \cos 30° - \sin 30° \cos 60°$

精講

30°, 45°, 60° の三角比はいつでも使えるようにしておかなければなりません（右表参照）が，覚えなくても必要なときに，図をかいて求めることができればよいでしょう．

三角比＼θ	30°	45°	60°
$\sin\theta$	$\dfrac{1}{2}$	$\dfrac{1}{\sqrt{2}}$	$\dfrac{\sqrt{3}}{2}$
$\cos\theta$	$\dfrac{\sqrt{3}}{2}$	$\dfrac{1}{\sqrt{2}}$	$\dfrac{1}{2}$
$\tan\theta$	$\dfrac{1}{\sqrt{3}}$	1	$\sqrt{3}$

解答

(1) $\cos^2 30° = \left(\dfrac{\sqrt{3}}{2}\right)^2 = \dfrac{3}{4}$ ◀ $\cos^2 30°$ とは $(\cos 30°)^2$ のこと

(2) $2\sin 45° - 4\cos 60° = 2 \cdot \dfrac{1}{\sqrt{2}} - 4 \cdot \dfrac{1}{2} = \sqrt{2} - 2$

(3) $\tan 60° + \cos 30° = \sqrt{3} + \dfrac{\sqrt{3}}{2} = \dfrac{3\sqrt{3}}{2}$

(4) $\sin 60° \cos 30° - \sin 30° \cos 60°$
$= \dfrac{\sqrt{3}}{2} \cdot \dfrac{\sqrt{3}}{2} - \dfrac{1}{2} \cdot \dfrac{1}{2} = \dfrac{3}{4} - \dfrac{1}{4} = \dfrac{1}{2}$

ポイント 1つの鋭角が 30°, 45°, 60° の直角三角形の3辺の比は覚えておく

演習問題 65

次の式の値を求めよ.
(1) $\cos^2 45° + \sin^2 45°$
(2) $\cos 45° \cos 30° + \sin 45° \sin 30°$
(3) $\dfrac{1}{\cos^2 30°} - \dfrac{1}{\tan^2 60°}$

66 鈍角の三角比

次の三角比の値を，与えてある図を利用して，それぞれ求めよ．

(1) $\sin 120°$ (2) $\cos 135°$ (3) $\tan 150°$

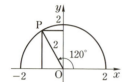 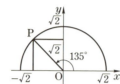 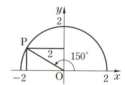

 角度が90°以上の三角比を考えるために，64での定義をここで改めます．

まず，右図のような半径rの円を用意します．次に，x軸の正の方向と角度θをなす半径OPをとり（このOPを**動径**といいます），P(x, y)とおくとき，$\sin\theta$, $\cos\theta$, $\tan\theta$をそれぞれ，次のように約束します．

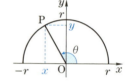

$$\sin\theta = \frac{y}{r}, \quad \cos\theta = \frac{x}{r}, \quad \tan\theta = \frac{y}{x} \quad (r = \sqrt{x^2 + y^2})$$

注　$x=0$ のとき，すなわち，$\theta=90°$ のときは 分母$=0$ となってしまうので，$\tan\theta$ の値は定義されません．

解　答

(1) 1つの鋭角が60°の直角三角形の3辺の比は

$$1 : 2 : \sqrt{3} \text{ (右図)}$$

よって，P$(-1, \sqrt{3})$

$\therefore \ \sin 120° = \dfrac{\sqrt{3}}{2}$

(2) 1つの鋭角が45°の直角三角形の3辺の比は

$1:1:\sqrt{2}$ (右図)

よって, P(-1, 1)

∴ $\cos 135° = \dfrac{-1}{\sqrt{2}} = -\dfrac{1}{\sqrt{2}}$

(3) (1)と同様に考えて, P($-\sqrt{3}$, 1)

∴ $\tan 150° = \dfrac{1}{-\sqrt{3}} = -\dfrac{1}{\sqrt{3}}$

参考

(1), (2)を比べてみると, 円の半径が異なっていますが, きちんと三角比は求まります. このことから, 円の半径は, どんな値であってもよいのです. そこで, 半径1の円(このような円を**単位円**という)で考えると, 次のように三角比の値が定義されます.

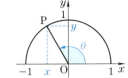

$\sin\theta = y, \quad \cos\theta = x, \quad \tan\theta = \dfrac{y}{x}$

だから, θが鋭角であると, $\sin\theta$, $\cos\theta$, $\tan\theta$ はすべて正となり, θが鈍角であると, $\sin\theta$は正で, $\cos\theta$と$\tan\theta$は負であることがわかります.

> **◐ ポイント**　鈍角の三角比は単位円を利用して求める

演習問題 66

次の三角比の値を, 単位円を利用して求めよ.

(1) $\sin 90°$　　(2) $\cos 90°$　　(3) $\cos 120°$

(4) $\tan 120°$　　(5) $\sin 135°$　　(6) $\tan 135°$

(7) $\sin 150°$　　(8) $\cos 150°$　　(9) $\sin 180°$

(10) $\cos 180°$　　(11) $\tan 180°$

基礎問

67 補角・余角の三角比

次の三角比を鋭角の三角比で表し，その値を求めよ．
(1) $\sin 120°$ (2) $\cos 135°$ (3) $\tan 150°$

精講 で学んだように 90° 以上の角であっても，円を利用すれば三角比は求まりますが，ここでは，鈍角の三角比を鋭角の三角比で表すことを考えます．

Ⅰ.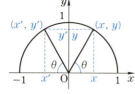

左図より，$x' = -x$, $y' = y$
∴ $\sin(180° - \theta) = \sin\theta$
$\cos(180° - \theta) = -\cos\theta$
$\tan(180° - \theta) = -\tan\theta$

Ⅱ.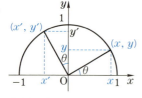

左図より，$x' = -y$, $y' = x$
∴ $\sin(90° + \theta) = \cos\theta$
$\cos(90° + \theta) = -\sin\theta$
$\tan(90° + \theta) = -\dfrac{1}{\tan\theta}$

Ⅲ. 右図より

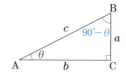

$\sin\theta = \dfrac{a}{c}$, $\cos\theta = \dfrac{b}{c}$, $\tan\theta = \dfrac{a}{b}$

$\sin(90° - \theta) = \dfrac{b}{c}$,

$\cos(90° - \theta) = \dfrac{a}{c}$, $\tan(90° - \theta) = \dfrac{b}{a}$

以上のことより
$\sin(90° - \theta) = \cos\theta$, $\cos(90° - \theta) = \sin\theta$
$\tan(90° - \theta) = \dfrac{1}{\tan\theta}$

117

解 答

(1) $\sin 120° = \sin(180° - 60°) = \sin 60°$

　（または，$\sin 120° = \sin(90° + 30°) = \cos 30°$）

　$\therefore$　$\sin 120° = \dfrac{\sqrt{3}}{2}$

(2) $\cos 135° = \cos(180° - 45°) = -\cos 45°$

　（または，$\cos 135° = \cos(90° + 45°) = -\sin 45°$）

　$\therefore$　$\cos 135° = -\dfrac{1}{\sqrt{2}}$

(3) $\tan 150° = \tan(180° - 30°) = -\tan 30°$

　$\left(\text{または，}\tan 150° = \tan(90° + 60°) = -\dfrac{1}{\tan 60°}\right)$

　$\therefore$　$\tan 150° = -\dfrac{1}{\sqrt{3}}$

第4章

●ポイント

$$\begin{cases} \sin(180° - \theta) = \sin\theta \\ \cos(180° - \theta) = -\cos\theta \\ \tan(180° - \theta) = -\tan\theta \end{cases} \qquad \begin{cases} \sin(90° + \theta) = \cos\theta \\ \cos(90° + \theta) = -\sin\theta \\ \tan(90° + \theta) = -\dfrac{1}{\tan\theta} \end{cases}$$

$$\begin{cases} \sin(90° - \theta) = \cos\theta \\ \cos(90° - \theta) = \sin\theta \\ \tan(90° - \theta) = \dfrac{1}{\tan\theta} \end{cases}$$

注　この公式を覚えるのはたいへんですから，必要なときに，必要な部分だけ単位円をかいて求めるようにした方がよいでしょう．

演習問題 67

次の式を簡単にせよ．

$$\frac{\sin(90° - \theta)}{1 + \cos(90° + \theta)} - \frac{\cos(180° - \theta)}{1 + \cos(90° - \theta)}$$

68 三角比の相互関係

> $0° \leqq \theta \leqq 180°$ とするとき，次の問いに答えよ．
> (1) $\cos\theta = \dfrac{1}{3}$ のとき，$\sin\theta$, $\tan\theta$ の値を求めよ．
> (2) $\tan\theta = \sqrt{3} - 2$ のとき，$\sin\theta$, $\cos\theta$ の値を求めよ．
> (3) $\sin\theta = \dfrac{3}{5}$ のとき，$\cos\theta$, $\tan\theta$ の値を求めよ．

66 の 精講 より，次の 4 つの式が成りたちます．

Ⅰ． $\dfrac{\sin\theta}{\cos\theta} = \dfrac{y}{r} \times \dfrac{r}{x} = \dfrac{y}{x} = \tan\theta$ ∴ $\tan\boldsymbol{\theta} = \dfrac{\sin\boldsymbol{\theta}}{\cos\boldsymbol{\theta}}$

Ⅱ． $\sin^2\theta + \cos^2\theta = \left(\dfrac{y}{r}\right)^2 + \left(\dfrac{x}{r}\right)^2 = \dfrac{x^2 + y^2}{r^2} = 1$

∴ $\sin^2\boldsymbol{\theta} + \cos^2\boldsymbol{\theta} = 1$

Ⅲ． $\sin^2\theta + \cos^2\theta = 1$ の両辺を $\cos^2\theta$ でわると

$\left(\dfrac{\sin\theta}{\cos\theta}\right)^2 + 1 = \dfrac{1}{\cos^2\theta}$ ∴ $1 + \tan^2\boldsymbol{\theta} = \dfrac{1}{\cos^2\boldsymbol{\theta}}$

Ⅳ． $\sin^2\theta + \cos^2\theta = 1$ の両辺を $\sin^2\theta$ でわると

$1 + \dfrac{1}{\tan^2\boldsymbol{\theta}} = \dfrac{1}{\sin^2\boldsymbol{\theta}}$

　この 4 つの公式は，$\sin\theta$, $\cos\theta$, $\tan\theta$ をつなぐ大切な関係式で，3 つの三角比のうち，どれか 1 つがわかれば残り 2 つも求めることができることを示しています．このとき，θ が鋭角か鈍角かによって，$\boldsymbol{\cos\theta}$ と $\boldsymbol{\tan\theta}$ の符号は変化しますので，気をつけましょう．(⇨ 66 基礎問)

解　答

(1) $\sin^2\theta = 1 - \cos^2\theta = 1 - \dfrac{1}{9} = \dfrac{8}{9}$

$0° \leqq \theta \leqq 180°$ だから，$\sin\theta \geqq 0$

∴ $\sin\theta = \dfrac{2\sqrt{2}}{3}$

◀ この 1 行を忘れないように

また，$\tan\theta=\dfrac{\sin\theta}{\cos\theta}=\dfrac{2\sqrt{2}}{3}\times3=\boldsymbol{2\sqrt{2}}$

注 $1+\tan^2\theta=\dfrac{1}{\cos^2\theta}$ を用いても，$\tan\theta$ の値は求まりますが $\tan\theta$ の符号（この場合は＋）を考える必要があるので，この解答の方がよいでしょう．

(2) $\cos^2\theta=\dfrac{1}{1+\tan^2\theta}=\dfrac{1}{1+(\sqrt{3}-2)^2}=\dfrac{1}{4(2-\sqrt{3})}=\dfrac{4+2\sqrt{3}}{8}$

ここで，$\tan\theta<0$ だから，θ は鈍角． ◀これが大切

∴ $\cos\theta<0$

∴ $\cos\theta=-\dfrac{\sqrt{4+2\sqrt{3}}}{2\sqrt{2}}=-\dfrac{\sqrt{3}+1}{2\sqrt{2}}=-\dfrac{\sqrt{6}+\sqrt{2}}{4}$

また，$\sin\theta=\tan\theta\cdot\cos\theta$

$$=(2-\sqrt{3})\cdot\dfrac{\sqrt{6}+\sqrt{2}}{4}=\dfrac{\sqrt{6}-\sqrt{2}}{4}$$

注 これも(1)と同様で，$\sin^2\theta+\cos^2\theta=1$ を用いると符号の心配をしなければなりません．

(3) $\cos^2\theta=1-\sin^2\theta=1-\left(\dfrac{3}{5}\right)^2=\dfrac{16}{25}$

∴ $\cos\theta=\pm\dfrac{4}{5}$

また，$\tan\theta=\dfrac{\sin\theta}{\cos\theta}=\dfrac{3}{5}\times\left(\pm\dfrac{5}{4}\right)=\pm\dfrac{3}{4}$ **（複号同順）**

第4章

ポイント

$\tan\theta=\dfrac{\sin\theta}{\cos\theta}$, $\sin^2\theta+\cos^2\theta=1$,

$1+\tan^2\theta=\dfrac{1}{\cos^2\theta}$, $\left(1+\dfrac{1}{\tan^2\theta}=\dfrac{1}{\sin^2\theta}\right)$

演習問題 68

$0°<\theta<180°$ のとき，次の各問いに答えよ．

(1) $\sin\theta=\dfrac{5}{13}$ のとき，$\cos\theta$, $\tan\theta$ の値を求めよ．

(2) $\tan\theta=-\dfrac{1}{3}$ のとき，$\sin\theta$, $\cos\theta$ の値を求めよ．

69 三角比の計算（Ⅰ）

次の式を簡単にせよ．
(1) $(\cos^4\theta - \cos^2\theta) - (\sin^4\theta - \sin^2\theta)$
(2) $\dfrac{\cos\theta}{1-\sin\theta} - \tan\theta$

精講

$\sin\theta,\ \cos\theta,\ \tan\theta$ のまざった式は，68 の 精講 を用いて，次のどちらかにします．

Ⅰ．$\sin\theta$ と $\cos\theta$ だけの式にする　　Ⅱ．$\tan\theta$ だけの式にする

解答

(1) 与式 $= \cos^2\theta(\cos^2\theta - 1) - \sin^2\theta(\sin^2\theta - 1)$
$= -\sin^2\theta\cos^2\theta + \sin^2\theta\cos^2\theta = 0$

◀ $\cos^2\theta + \sin^2\theta = 1$ の利用

(別解) 与式 $= (\cos^4\theta - \sin^4\theta) - (\cos^2\theta - \sin^2\theta)$
$= (\cos^2\theta - \sin^2\theta)(\cos^2\theta + \sin^2\theta) - (\cos^2\theta - \sin^2\theta)$
$= (\cos^2\theta - \sin^2\theta) - (\cos^2\theta - \sin^2\theta) = 0$

(2) 与式 $= \dfrac{\cos\theta(1+\sin\theta)}{(1-\sin\theta)(1+\sin\theta)} - \tan\theta$

◀ 分母・分子に $1+\sin\theta$ をかける

$= \dfrac{\cos\theta(1+\sin\theta)}{\cos^2\theta} - \tan\theta = \dfrac{1+\sin\theta}{\cos\theta} - \tan\theta$

$= \dfrac{1}{\cos\theta} + \tan\theta - \tan\theta = \dfrac{1}{\cos\theta}$

◀ $\dfrac{\sin\theta}{\cos\theta} = \tan\theta$

(別解) 与式 $= \dfrac{\cos\theta}{1-\sin\theta} - \dfrac{\sin\theta}{\cos\theta} = \dfrac{\cos^2\theta - \sin\theta(1-\sin\theta)}{\cos\theta(1-\sin\theta)}$

$= \dfrac{\cos^2\theta + \sin^2\theta - \sin\theta}{\cos\theta(1-\sin\theta)} = \dfrac{1-\sin\theta}{\cos\theta(1-\sin\theta)} = \dfrac{1}{\cos\theta}$

ポイント

$\cos\theta$ と $\sin\theta$ はセット，$\tan\theta$ は単独

演習問題 69

(1) $\dfrac{\sin\theta}{1+\cos\theta} + \dfrac{\sin\theta}{1-\cos\theta}$ を簡単にせよ．

(2) $\cos\theta + \cos^2\theta = 1$ のとき，$\sin^2\theta + \sin^6\theta + \sin^8\theta$ の値を求めよ．

70 三角比の計算（Ⅱ）

$\sin\theta + \cos\theta = \dfrac{1}{3}$ のとき，次の式の値を求めよ．

(1) $\sin\theta\cos\theta$ 　　　　(2) $\sin^3\theta + \cos^3\theta$

(1) $\sin\theta+\cos\theta$, $\sin\theta\cos\theta$, $\sin\theta-\cos\theta$, $\cos\theta-\sin\theta$ はどれか1つの値がわかると，$\sin^2\theta+\cos^2\theta=1$ を使うことにより残りの値もわかります．ただし，平方するので，符号に注意しなければなりません．

解答

(1) $(\sin\theta+\cos\theta)^2 = 1 + 2\sin\theta\cos\theta$ だから，
$$\sin\theta\cos\theta = \dfrac{1}{2}\left\{\left(\dfrac{1}{3}\right)^2 - 1\right\} = -\dfrac{4}{9}$$

(2) $\sin^3\theta + \cos^3\theta$
$= (\sin\theta+\cos\theta)(\sin^2\theta - \sin\theta\cos\theta + \cos^2\theta)$
$= \dfrac{1}{3}\left(1 + \dfrac{4}{9}\right) = \dfrac{13}{27}$

注 解答は $a^3+b^3=(a+b)(a^2-ab+b^2)$ を用いて計算をしてあります．$a^3+b^3=(a+b)^3-3ab(a+b)$ を用いてもできますが，**解答**の方が計算量が少なくなります．

ポイント
$\sin\theta$, $\cos\theta$ の和，差，積は，$\sin^2\theta + \cos^2\theta = 1$ を使えば，つなぐことができる

演習問題 70

$\sin\theta + \cos\theta = \dfrac{1}{2}$ $(90° < \theta < 180°)$ のとき，次の式の値を求めよ．

(1) $\sin\theta\cos\theta$ 　　(2) $\sin\theta - \cos\theta$ 　　(3) $\tan\theta$

71 三角方程式（Ⅰ）

(1) $0° \leq \theta \leq 180°$ のとき，次の方程式を解け．
  (ⅰ) $2\sin\theta = \sqrt{3}$　　　(ⅱ) $2\cos\theta + \sqrt{2} = 0$
  (ⅲ) $\sqrt{3}\tan\theta - 1 = 0$

(2) $0° \leq \theta \leq 90°$ のとき，次の方程式を解け．
  (ⅰ) $2\sin 2\theta = 1$　　　(ⅱ) $2\cos 2\theta - \sqrt{3} = 0$
  (ⅲ) $\tan 2\theta + \sqrt{3} = 0$

精講

三角方程式は，$\sin\theta = a$ または $\cos\theta = b$ または $\tan\theta = c$ の形にし，単位円を利用して解を求めます．

Ⅰ．$\sin\theta = a$：直線 $y = a$ と単位円の交点に着目
Ⅱ．$\cos\theta = b$：直線 $x = b$ と単位円の交点に着目
Ⅲ．$\tan\theta = c$ $(c > 0)$：直線 $x = 1$ と直線 $y = c$ の交点に着目
Ⅳ．$\tan\theta = c$ $(c < 0)$：直線 $x = -1$ と直線 $y = -c$ の交点に着目

解　答

(1) (ⅰ) $\sin\theta = \dfrac{\sqrt{3}}{2}$

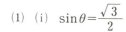

$0° \leq \theta \leq 180°$ だから
　$\theta = 60°,\ 120°$

(ⅱ) $\cos\theta = -\dfrac{\sqrt{2}}{2}$

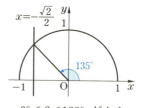

$0° \leq \theta \leq 180°$ だから
　$\theta = 135°$

(ⅲ) $\tan\theta = \dfrac{1}{\sqrt{3}}$

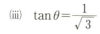
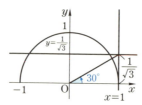

$0° \leq \theta \leq 180°$ だから
　$\theta = 30°$

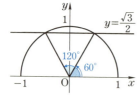

(2) (i) $\sin 2\theta = \dfrac{1}{2}$　　　(ii) $\cos 2\theta = \dfrac{\sqrt{3}}{2}$

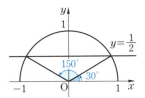
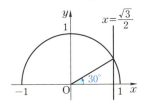

$0° \leqq 2\theta \leqq 180°$ だから　　　$0° \leqq 2\theta \leqq 180°$ だから

$2\theta = 30°,\ 150°$　　　　　　　$2\theta = 30°$

∴　$\theta = \mathbf{15°,\ 75°}$　　　　　　∴　$\theta = \mathbf{15°}$

(iii) $\tan 2\theta = -\sqrt{3}$

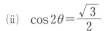

$0° \leqq 2\theta \leqq 180°$ だから

$2\theta = 120°$

∴　$\theta = \mathbf{60°}$

> **ポイント**　三角方程式は $\sin\theta = a$, $\cos\theta = b$, $\tan\theta = c$
> の形にして単位円を利用する

演習問題 71

次の方程式を与えられた範囲内で解け.

(1) $4\cos^2\theta - 3 = 0$　$(0° \leqq \theta \leqq 180°)$

(2) $3\tan^2\theta - 1 = 0$　$(0° \leqq \theta \leqq 180°)$

(3) $2\sin 3\theta - \sqrt{3} = 0$　$(0° \leqq \theta \leqq 60°)$

72 三角不等式（Ⅰ）

(1) $0° \leqq \theta \leqq 180°$ のとき，次の不等式を解け．
　(i) $2\sin\theta \geqq 1$　(ii) $\sqrt{2}\cos\theta + 1 \leqq 0$　(iii) $\tan\theta < \sqrt{3}$

(2) $0° \leqq \theta \leqq 90°$ のとき，次の不等式を解け．
　(i) $2\sin 2\theta < 1$　(ii) $2\cos 2\theta - \sqrt{3} \leqq 0$　(iii) $\tan 2\theta - \sqrt{3} > 0$

精講 71 で学んだ三角方程式の解き方と途中まではまったく同じです．そのあと，方程式の解を境界値として，不等号の向きにより範囲を定めることになります．ただし，(1)(iii)，(2)(iii) では $\tan 90°$ は定義されていないことに注意しなければなりません．

解答

(1) (i) $\sin\theta \geqq \dfrac{1}{2}$　　　　　(ii) $\cos\theta \leqq -\dfrac{1}{\sqrt{2}}$

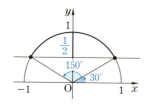　　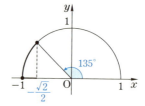

$\sin 30° = \sin 150° = \dfrac{1}{2}$　　　$\cos 135° = -\dfrac{\sqrt{2}}{2}$

図より，$30° \leqq \theta \leqq 150°$　　　図より，$135° \leqq \theta \leqq 180°$

(iii) $\tan\theta < \sqrt{3}$

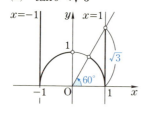

$\tan 60° = \sqrt{3}$

$0° \leqq \theta \leqq 180°$ だから

$0° \leqq \theta < 60°,\ \ 90° < \theta \leqq 180°$

(2) (i) $\sin 2\theta < \dfrac{1}{2}$　　　　　(ii) $\cos 2\theta \leqq \dfrac{\sqrt{3}}{2}$

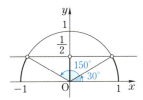　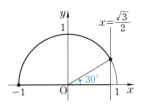

$\sin 30° = \sin 150° = \dfrac{1}{2}$　　　$\cos 30° = \dfrac{\sqrt{3}}{2}$

$0° \leqq 2\theta \leqq 180°$ だから，図より　　$0° \leqq 2\theta \leqq 180°$ だから

$0° \leqq 2\theta < 30°,\ 150° < 2\theta \leqq 180°$　　図より，$30° \leqq 2\theta \leqq 180°$

∴　$0° \leqq \theta < 15°,\ 75° < \theta \leqq 90°$　　∴　$15° \leqq \theta \leqq 90°$

(iii) $\tan 2\theta > \sqrt{3}$

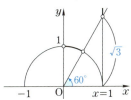

$0° \leqq 2\theta \leqq 180°$ だから

図より，$60° < 2\theta < 90°$

∴　$30° < \theta < 45°$

> **ポイント**　三角不等式を解くためには，三角方程式を解いて境界の値を求め，与えられた角度の範囲に注意しながら，適する範囲を求める

演習問題 72

次の不等式を与えられた範囲で解け．

(1) $4\cos^2\theta - 3 \leqq 0$　$(0° \leqq \theta \leqq 180°)$

(2) $3\tan^2\theta - 1 > 0$　$(0° \leqq \theta \leqq 180°)$

(3) $2\sin 3\theta - \sqrt{3} < 0$　$(0° \leqq \theta \leqq 60°)$

73 三角方程式（Ⅱ）

$2\cos^2 x - \sin x = 1$ $(0° \leq x \leq 180°)$ について
(1) $\sin x$ の値を求めよ．
(2) x の値を求めよ．

$\sin x$ と $\cos x$ がまざっている方程式は
$$\sin^2 x + \cos^2 x = 1$$
を用いて1つの種類に統一した後，おきかえて既知の方程式（この場合は，2次方程式）にもちこみます．ただし，$0° \leq x \leq 180°$ においては，
$$0 \leq \sin x \leq 1, \quad -1 \leq \cos x \leq 1$$
であることにも注意しなければなりません．

解答

(1) $2\cos^2 x - \sin x = 1$ より $2(1 - \sin^2 x) - \sin x = 1$
∴ $2\sin^2 x + \sin x - 1 = 0$
ここで，$\sin x = t$ とおくと $(0 \leq t \leq 1)$
$2t^2 + t - 1 = 0$ ∴ $(2t-1)(t+1) = 0$
$0 \leq t \leq 1$ だから，$t = \dfrac{1}{2}$ ∴ $\sin x = \dfrac{1}{2}$

(2) $0° \leq x \leq 180°$ だから，
右図より，$x = 30°, 150°$

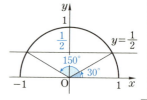

ポイント $\sin x$, $\cos x$, $\tan x$ の混合型の方程式はどれか1つに統一して既知の方程式にもちこむ

注 $\tan x$ に統一した場合
$0° \leq x < 90°$ ならば $\tan x \geq 0$, $90° < x \leq 180°$ ならば $\tan x \leq 0$

$2\sin^2 x + \cos x = 1$ $(0° \leq x \leq 180°)$ を解け．

74 三角不等式（Ⅱ）

$2\cos^2 x + \sin x > 2$ （$0° \leq x \leq 180°$）について
(1) $\sin x$ のとりうる値の範囲を求めよ．
(2) x の値の範囲を求めよ．

まず，三角方程式と同様に**1つの種類に統一**します．そして，ひとまとめにおくことによって，既知の不等式（この場合は，2次不等式）にもちこみます．

このときも $0° \leq x \leq 180°$ においては
$0 \leq \sin x \leq 1$，$-1 \leq \cos x \leq 1$
であることに注意しなければなりません．

解　答

(1) $2\cos^2 x + \sin x > 2$ より $2(1-\sin^2 x) + \sin x > 2$
 ∴ $2\sin^2 x - \sin x < 0$
ここで，$\sin x = t$ とおくと（$0 \leq t \leq 1$）
$2t^2 - t < 0$ ∴ $t(2t-1) < 0$
 ∴ $0 < t < \dfrac{1}{2}$
よって，**$0 < \sin x < \dfrac{1}{2}$**

(2) $0° \leq x \leq 180°$ だから
右図より
$0° < x < 30°$，$150° < x < 180°$

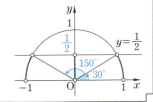

● ポイント　$\sin x$, $\cos x$, $\tan x$ の混合型の不等式は1つの種類に統一して既知の不等式にもちこむ

演習問題 74

$0° \leq x \leq 180°$ のとき，不等式 $2\sin^2 x - 5\cos x + 1 \leq 0$ を解け．

75 最大値・最小値

$0° \leq x \leq 180°$ のとき, $y = \sin^2 x - \cos x$ ……① について, 次の問いに答えよ.
(1) $\cos x = t$ とおくとき, ①を t で表せ.
(2) t のとりうる値の範囲を求めよ.
(3) ①の最大値, 最小値とそのときの x の値を求めよ.

 精講

関数の場合も, 方程式や不等式と同様で, まず **1つの種類に統一**します. そして, おきかえることによって, 既知の関数（この場合は2次関数）にもちこみますが, $0° \leq x \leq 180°$ においては, $-1 \leq \cos x \leq 1$ に注意します.

解 答

(1) ①は $y = (1 - \cos^2 x) - \cos x$ ∴ $y = -\cos^2 x - \cos x + 1$
よって, $\boldsymbol{y = -t^2 - t + 1}$

(2) $0° \leq x \leq 180°$ だから, $-1 \leq \cos x \leq 1$
∴ $-1 \leq t \leq 1$

(3) $y = -t^2 - t + 1$
$= -\left(t + \dfrac{1}{2}\right)^2 + \dfrac{5}{4}$

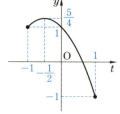

$-1 \leq t \leq 1$ においてグラフは右図.
よって, $t = -\dfrac{1}{2}$, すなわち, $\boldsymbol{x = 120°}$ のとき, **最大値** $\dfrac{5}{4}$
$t = 1$, すなわち, $\boldsymbol{x = 0°}$ のとき, **最小値** -1

ポイント | $\sin x$, $\cos x$, $\tan x$ の混合型の関数は, おきかえて既知の関数へ

演習問題 75

$0° \leq x \leq 180°$ のとき, $y = -\cos^2 x - \sin x + 1$ の最大値, 最小値とそのときの x の値を求めよ.

76 正弦定理・余弦定理

△ABC について，次の問いに答えよ．
(1) BC=2，∠A=60°，∠B=75° のとき，AB の長さと外接円の半径 R を求めよ．
(2) BC=1，CA=$\sqrt{3}$，∠C=30° のとき，AB の長さを求めよ．

三角形の辺と角(これらを**三角形の要素**といいます)をつなぐ公式に，三平方の定理のほかに**正弦定理**と**余弦定理**があります．与えられた条件と求めるものをみて，どちらを使うか決定します．

〈正弦定理〉 $\dfrac{a}{\sin A} = \dfrac{b}{\sin B} = \dfrac{c}{\sin C} = 2R$

〈余弦定理〉 $a^2 = b^2 + c^2 - 2bc\cos A$
$b^2 = c^2 + a^2 - 2ca\cos B$
$c^2 = a^2 + b^2 - 2ab\cos C$

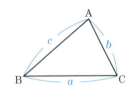

解答

(1) ∠C=180°−(60°+75°)=45° だから，正弦定理より
$\dfrac{2}{\sin 60°} = \dfrac{AB}{\sin 45°} = 2R$ ∴ $AB = \dfrac{2\sqrt{6}}{3}$，$R = \dfrac{2\sqrt{3}}{3}$

(2) 余弦定理より
$AB^2 = 1^2 + (\sqrt{3})^2 - 2\cdot 1\cdot \sqrt{3}\cdot \cos 30° = 1$ ∴ $AB = 1$

ポイント 与えられた条件と求めるものをみたとき，
Ⅰ．向かいあわせの辺と角2組，または，
　　外接円の半径 ⟹ 正弦定理
Ⅱ．3辺と1角 ⟹ 余弦定理

演習問題 76

△ABC について，BC：CA：AB=3：5：7 のとき
(1) $\sin A : \sin B : \sin C$ を求めよ．
(2) 3つの角のうち，最大のものの大きさを求めよ．

77 中線定理

△ABC において，辺 BC の中点を M とし，AB=c，BC=$2a$，CA=b とおくとき

(1) $\cos B$ を a, b, c で表せ．
(2) AM^2 を a, b, c で表せ．
(3) $AB^2+AC^2=2(AM^2+BM^2)$
が成りたつことを示せ．

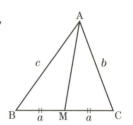

精講

(2) 三角形の内部に線が1本ひいてあると，1つの角を2度使うことができます．この問題でいえば，∠B を △ABC の内角と考えて(1)を求め，次に △ABM の内角と考えて(2)を求めることがそれにあたります．

(3) この等式を**中線定理**（パップスの定理）といいます．この等式は，まず使えるようになることが第1です．使えるようになったら自力で証明することを考えることも大切です．また，証明方法はこれ以外に，三平方の定理を使う方法（⇨参考）や数学Ⅱで学ぶ座標を使った方法，数学Bで学ぶベクトルを使う方法などがあります．

図中の線分 AM を**中線**といいますが，この線分 AM を 2：1 に内分する点 G を △ABC の**重心**といい（⇨ 51 ），これから学ぶ数学Ⅱの「図形と方程式」，数学Bの「ベクトル」でも再び登場してきます．

解 答

(1) △ABC に余弦定理を適用して
$$\cos B = \frac{4a^2+c^2-b^2}{2\cdot 2a\cdot c} = \boldsymbol{\frac{4a^2+c^2-b^2}{4ac}}$$

(2) △ABM に余弦定理を適用して
$$AM^2 = c^2+a^2-2ca\cos B = c^2+a^2-\frac{4a^2+c^2-b^2}{2} = \boldsymbol{\frac{b^2+c^2-2a^2}{2}}$$

(3) $a=BM$，$b=AC$，$c=AB$ だから，$2AM^2=AC^2+AB^2-2BM^2$
よって，$AB^2+AC^2=2(AM^2+BM^2)$

> **注** 中学校までの数学では「公式を使って計算する問題」がほとんどですが，高校の数学では図形の問題はもちろんのこと，数や式に関する問題でも「**証明する問題**」が多くなります．大学入試に至っては，半分近くが証明問題になりますので，今のうちからいやがらずに訓練を積んでいきましょう．証明問題の考え方の基本は
> ① まず，条件と結論を整理して
> ② 条件に含まれていて，結論に含まれていないものが「消える」ように
> ③ 条件に含まれていなくて，結論に含まれているものが「でてくる」ように
> ④ 方針を立てて
> ⑤ 道具（公式）を選ぶこと

ポイント　△ABC において，辺 BC の中点を M とすると
$AB^2+AC^2=2(AM^2+BM^2)$ （中線定理）
が成りたつ

参考　（三平方の定理を使う方法）
A から辺 BC に下ろした垂線の足 H が線分 MC 上にあるときを証明しておきます．

（証明）
　$AH=h$, $BM=a$ とする．右図のように A から辺 BC に下ろした垂線の足 H が線分 MC 上にあるとき，
$AB^2=BH^2+h^2=(a+MH)^2+h^2$
∴　$AB^2=a^2+2a\text{MH}+\text{MH}^2+h^2$　……①

また，
$AC^2=(a-\text{MH})^2+h^2$
∴　$AC^2=a^2-2a\text{MH}+\text{MH}^2+h^2$　……②
①＋② より，　$AB^2+AC^2=2a^2+2\text{MH}^2+2h^2$
$=2BM^2+2(\text{MH}^2+h^2)$
$=2(BM^2+AM^2)$

演習問題 77

　$AB=5$, $BC=6$, $CA=4$ をみたす △ABC において，辺 BC の中点を M とする．AM の長さを求めよ．

78 三角形の重心

右図の平行四辺形 ABCD は
AB=4，BC=CA=6 をみたしている．
2つの対角線の交点を O，辺 BC，辺
CD の中点をそれぞれ M，N とし，AM
と BD，AN と BD の交点をそれぞれ，G，F とする．

(1) OB の長さを求めよ．
(2) GF の長さを求めよ．

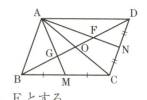

(1) 平行四辺形の対角線はそれぞれの中点で交わります．
(2) G は △ABC の重心だから，BG：GO＝2：1 です．

解　答

(1) O は平行四辺形の対角線の交点だから，AC の中点．
よって，中線定理より，$BA^2+BC^2=2(OB^2+OA^2)$
∴ $16+36=2(OB^2+9)$ 　よって，$OB=\sqrt{17}$ ◀77

(2) G は △ABC の重心，F は △ACD の重心だから
$OG=\dfrac{1}{3}OB=\dfrac{\sqrt{17}}{3}$, $OF=\dfrac{1}{3}OD=\dfrac{1}{3}OB=\dfrac{\sqrt{17}}{3}$

よって，$GF=OG+OF=\dfrac{2\sqrt{17}}{3}$

ポイント

・右図において
　AG：GM＝BG：GN
　　　　＝CG：GL＝2：1
・G は △ABC の重心

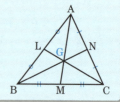

78 において，△AGF と △CMN の面積比を求めよ．

79 三角形の形状決定

次の等式が成りたつとき，△ABC はどのような三角形か．
(1) $a\sin A + b\sin B = c\sin C$
(2) $a\cos A + b\cos B = c\cos C$

三角形の形状を決定するときは，正弦定理，余弦定理を用いて，
　　　辺だけの関係式
にします．

解答

(1) 外接円の半径を R とすると，正弦定理より，
$$\frac{a^2}{2R} + \frac{b^2}{2R} = \frac{c^2}{2R} \quad \therefore \quad a^2 + b^2 = c^2$$
よって，**AB を斜辺とする直角三角形**．

注 単に「直角三角形」ではいけません．どこが斜辺か，あるいは直角かをつけ加えなければなりません．

(2) 余弦定理より
$$\frac{a(b^2+c^2-a^2)}{2bc} + \frac{b(c^2+a^2-b^2)}{2ca} = \frac{c(a^2+b^2-c^2)}{2ab}$$
$\therefore \quad a^2(b^2+c^2-a^2) + b^2(c^2+a^2-b^2) = c^2(a^2+b^2-c^2)$
$\therefore \quad c^4 - (a^4 - 2a^2b^2 + b^4) = 0 \quad \therefore \quad c^4 - (a^2-b^2)^2 = 0$
$\therefore \quad (c^2+a^2-b^2)(c^2-a^2+b^2) = 0$
したがって，$b^2 = c^2 + a^2$ または $a^2 = b^2 + c^2$
よって，**AC または BC のいずれかを斜辺とする直角三角形**．

ポイント 三角形の形状決定は，正弦定理，余弦定理を用いて辺と角の混合型を辺だけの関係式になおす

演習問題 79

△ABC において，$b\tan A = a\tan B$ が成りたっているとき，この三角形はどのような三角形か．

80 三角形の成立条件

3辺の長さが x, $x+1$, $x+2$ である三角形について
(1) x のとりうる値の範囲を求めよ．
(2) この三角形が鈍角三角形になるような x の範囲を求めよ．

(1) 三角形の3辺は正でなければなりませんが，それ以外に，**2辺の和は他の1辺より長い**という条件が必要です．
　　また，運よく最大辺がわかっているときは，
「最大辺の長さ＜他の2辺の長さの和」だけですみます．

(2) 直角三角形になる条件は三平方の定理から，
　　(最大辺)² ＝ その他の辺の平方の和
ですが，鋭角三角形や鈍角三角形になる条件は，どうなるのか考えてみましょう．

△ABC の3辺を BC$=a$，CA$=b$，AB$=c$（a が最大辺）とすると，余弦定理より，$\cos A = \dfrac{b^2+c^2-a^2}{2bc}$ が成りたちます．

ここで，三角形では
「最大辺の対角が最大になる」という性質を利用すると，
① **直角三角形のときは**，最大角が90°だから，$\cos A = 0$
　　∴ $b^2+c^2=a^2$
② **鋭角三角形のときは**，最大角が鋭角であれば，
　　すべての内角が鋭角だから，$\cos A > 0$
　　∴ $b^2+c^2>a^2$
③ **鈍角三角形のときは**，最大角が鈍角だから，$\cos A < 0$
　　∴ $b^2+c^2<a^2$
①～③より，**ポイント**の性質が成りたつことがわかります．

解答

(1) 各辺は正だから，$x>0$　……①
このときは，$x<x+1<x+2$ だから，
最大辺は $x+2$

よって，$x+2<x+(x+1)$
∴ $x>1$ ……②

◀ $x+1<x+(x+2)$ と
$x<(x+1)+(x+2)$
は調べる必要はない

①，②より，$x>1$

(2) $x+2$ が最大辺だから，鈍角三角形のとき
$x^2+(x+1)^2<(x+2)^2$
∴ $x^2-2x-3<0$ ∴ $(x+1)(x-3)<0$
よって，$-1<x<3$
(1)とあわせると，$1<x<3$

注 (1)において，$x+2>x$，$x+2>x+1$ だから
$(x+2)+(x+1)>x$，$(x+2)+x>x+1$ は明らかに成立します．
すなわち，最大辺が確定していれば **最大辺<他の2辺の和** が条件です．

参考

3辺の長さが a，b，c（ただし，aが最大辺）の鋭角三角形と直角三角形の成立条件を考える．
$a^2 \leq b^2+c^2$ とすると，
$b^2+c^2=(b+c)^2-2bc<(b+c)^2$ だから $a^2<(b+c)^2$ ∴ $a<b+c$
以上のことより，**鋭角三角形と直角三角形のときは，三角形の成立条件は不要**．
次に，鈍角三角形の成立条件について考える．
$a=3$，$b=2$，$c=1$ とすると，$a^2>b^2+c^2$ が成りたつが，
$a<b+c$ は成立しない．よって，鈍角三角形の成立条件を考えるときは，
$a^2>b^2+c^2$ だけでは不十分で，**三角形の成立条件も追加して考える**．

ポイント 3辺の長さが a，b，c（$a \geq b$，$a \geq c$）の三角形において
$a^2<b^2+c^2$ ⇄ 鋭角三角形
$a^2=b^2+c^2$ ⇄ 直角三角形
$a^2>b^2+c^2$ ⇄ 鈍角三角形

演習問題 80

(1) $5t$，$t+2$，$2t+3$ を3辺の長さとする三角形が存在するような t の値の範囲を求めよ．
(2) $t>2$ のとき，(1)の三角形は鈍角三角形であることを示せ．

81 三角形の面積

次のような △ABC の面積を求めよ．
(1) BC=2，CA=3，∠C=30°
(2) AB=3，BC=8，CA=7

精講

三角形の面積を求める公式は，底辺×高さ÷2 を筆頭にいくつかありますが，状況にあわせて使い分けられるようにしましょう．

〈三角形の面積公式 I〉

・$S = \dfrac{1}{2}ab\sin C = \dfrac{1}{2}bc\sin A = \dfrac{1}{2}ca\sin B$

〈三角形の面積公式 II〉（ヘロンの公式）

・$s = \dfrac{1}{2}(a+b+c)$ とおくとき $S = \sqrt{s(s-a)(s-b)(s-c)}$

注 $a=\sqrt{2}$，$b=\sqrt{3}$，$c=\sqrt{9}$ のようなときは，ヘロンの公式は使わない．

解答

△ABC の面積を S とする．

(1) $S = \dfrac{1}{2}\cdot 2\cdot 3\cdot \sin 30° = \dfrac{3}{2}$

(2) $\dfrac{AB+BC+CA}{2} = \dfrac{3+8+7}{2} = 9$

∴ $S = \sqrt{9(9-3)(9-8)(9-7)} = \sqrt{3^2\cdot 6\cdot 2} = 6\sqrt{3}$

注 余弦定理より，$\cos A$（$\cos B$，$\cos C$ でもよい）をまず求め，次に $\sin^2\theta + \cos^2\theta = 1$ を利用して，$\sin A$ を求める．そして，(1)の面積公式を用いて求める方法もあります．

ポイント

三角形の面積は
2辺とその間の角がわかっているとき，面積公式 I
3辺がわかっているとき，面積公式 II

演習問題 81

BC=12，∠B=60°，∠C=75° のとき，△ABC の面積を求めよ．

82 角の2等分線の長さ

△ABC において，∠A の 2 等分線が BC と交わる点を D とする．
∠A=60°，CA=5，AB=4 のとき，次の問いに答えよ．
(1) △ABC の面積を求めよ．
(2) AD=x とおいて，△ABC の面積を x で表せ．
(3) AD の長さを求めよ．

2 等分された角が有名角 (30°，45°，60°) ならば，角の 2 等分線の長さは，**三角形の面積** を利用して求めることができます．

解 答

(1) △ABC の面積を S とすると，
$$S=\frac{1}{2}\cdot 5\cdot 4\cdot \sin 60°=\mathbf{5\sqrt{3}}$$
◁81

(2) $S=\triangle ABD+\triangle ACD$
$$=\frac{1}{2}\cdot 4\cdot x\cdot \sin 30°+\frac{1}{2}\cdot 5\cdot x\cdot \sin 30°=\frac{9}{4}x$$
◁81

(3) (1), (2) より $\quad \dfrac{9}{4}x=5\sqrt{3} \quad \therefore \quad x=\dfrac{20\sqrt{3}}{9}$

● ポイント 　角の 2 等分線の長さは面積を利用する

演習問題 82

∠A=120° の △ABC において，∠A の 2 等分線が辺 BC と交わる点を D とし，AB=l，AC=m，AD=n とするとき，
$$\frac{1}{l}+\frac{1}{m}=\frac{1}{n}$$
が成りたつことを示せ．

83 内接円の半径（I）

> $AB=15$, $BC=13$, $CA=14$ をみたす △ABC について
> (1) 面積を求めよ．
> (2) 内接円の半径 r を求めよ．

精講 外接円の半径は，正弦定理で求めますが，内接円の半径は，**三角形の面積**を利用して求めます．

内心を I，△ABC の面積を S とすると，
△ABC＝△ABI＋△BCI＋△CAI
より $S = \dfrac{ar}{2} + \dfrac{br}{2} + \dfrac{cr}{2}$

∴ $S = \dfrac{1}{2}(a+b+c)r$

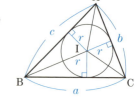

注 見方を変えると，三角形の面積公式の1つといえます．

解答

(1) △ABC の面積を S とすると
$\dfrac{1}{2}(AB+BC+CA) = \dfrac{15+13+14}{2} = 21$ より
$S = \sqrt{21 \cdot 6 \cdot 8 \cdot 7} = \sqrt{2^4 \cdot 3^2 \cdot 7^2} = 4 \cdot 3 \cdot 7 = \mathbf{84}$ ◀ヘロンの公式

(2) $S = \dfrac{1}{2}(AB+BC+CA)r$ より
$84 = 21 \cdot r$ ∴ $r = \mathbf{4}$

ポイント 三角形の3辺の長さを a, b, c，面積を S，内接円の半径を r とすると
$$S = \dfrac{1}{2}(a+b+c)r = sr \quad \left(s = \dfrac{a+b+c}{2}\right)$$

演習問題 83

△ABC において，$AB=3$, $CA=2$, $\angle A=60°$ のとき，BC の長さと，内接円の半径 r を求めよ．

84 内接円の半径（Ⅱ）

∠C＝90°をみたす直角三角形ABCにおいて，BC＝a，CA＝b，AB＝c，内接円の半径をrとする．
(1) $c=a+b-2r$ が成りたつことを示せ．
(2) 三角形の周の長さと内接円の直径の和が2のとき，cをrで表せ．

精講　83も内接円の半径がテーマですが，違いは本問の三角形が**直角三角形**であることです．このときは，内接円の半径は**三角形の面積がわからなくても求めることができる**というワケです．こういうときに，2つ覚えるのはメンドウだから，一般の三角形で有効な前問だけ頭に入れておいて1つですまそうと思ってはいけません．もし，(1)の誘導なしで(2)が出てくると，試験中に解けないことになってしまう可能性があるからです．

解　答

(1) 内接円と辺BC，CA，ABとの接点をそれぞれ，D，E，Fとくと，
CD＝CE＝r だから，
AE＝$b-r$，BD＝$a-r$
ここで，BF＝BD＝$a-r$，AF＝AE＝$b-r$
AB＝AF＋BF だから，$c=a-r+b-r$
よって，$c=a+b-2r$

(2) 条件と(1)より，$a+b+c+2r=2$，$c-a-b+2r=0$
よって，$2c+4r=2$　　∴　$c=1-2r$

ポイント　斜辺の長さがcの直角三角形の他の2辺の長さをa，b，内接円の半径をrとすると $c=a+b-2r$

演習問題 84

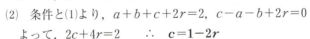

3辺の長さが3，4，5の三角形の内接円の半径rを求めよ．

85 円に内接する四角形

円に内接する四角形 ABCD において，AB=3，BC=4，CD=5，DA=6 のとき
(1) AC の長さを求めよ．　(2) $\cos B$ の値を求めよ．
(3) 四角形の面積を求めよ．　(4) 外接円の半径 R を求めよ．

四角形の辺の長さ，角の大きさ，面積などを考えるときは，三角形に分割し，今まで学んだ三角形に関する公式を利用します．四角形が円に内接している場合は，

向かいあわせの角の和＝180° や，**2×円周角＝中心角**

などの性質も思いだしておきましょう．

解 答

(1) △ABC に余弦定理を適用して，
$$AC^2 = 3^2 + 4^2 - 2 \cdot 3 \cdot 4 \cos B$$
∴ $AC^2 = 25 - 24\cos B$ ……①

次に，△ACD に余弦定理を適用して
$$AC^2 = 5^2 + 6^2 - 2 \cdot 5 \cdot 6 \cos D$$
ここで，$D = 180° - B$ だから
$\cos D = \cos(180° - B) = -\cos B$
∴ $AC^2 = 61 + 60\cos B$ ……②

①×5＋②×2 より，$7AC^2 = 247$　∴ $AC = \sqrt{\dfrac{247}{7}}$

(2) ①－② より，$0 = -36 - 84\cos B$　∴ $\cos B = -\dfrac{3}{7}$

(3) $0° < B < 180°$ より，$\sin B > 0$ だから
$$\sin B = \sqrt{1 - \cos^2 B} = \dfrac{2\sqrt{10}}{7}$$

よって，四角形 ABCD の面積 S は
$$S = △ABC + △ACD = \dfrac{1}{2} \cdot 3 \cdot 4 \sin B + \dfrac{1}{2} \cdot 5 \cdot 6 \cdot \sin D$$

ここで，$\sin D = \sin(180° - B) = \sin B$ だから
$$S = 21\sin B = 6\sqrt{10}$$

(4) 外接円の半径を R とする．

四角形 ABCD の外接円の半径は △ABC の外接円の半径と一致するので，正弦定理より，
$$R = \frac{AC}{2\sin B} = \sqrt{\frac{247}{7}} \cdot \frac{7}{2 \cdot 2\sqrt{10}} = \frac{\sqrt{1729}}{4\sqrt{10}}$$

円に内接する四角形はさまざまな性質をもっているので，ここでまとめておくことにします．

Ⅰ．円周角と中心角

 ∠AOB = 2∠ACB = 2∠ADB

Ⅱ．接弦定理

 ∠TBA = ∠ACB = ∠ADB

Ⅲ．円に内接する四角形

 ∠ADC + ∠ABC = ∠DAB + ∠DCB = 180°

Ⅳ．等しい角がたくさんあるので，相似な

 三角形の組がいくつか存在する（例：△APD∽△BPC）

Ⅴ．方べきの定理（⇒ 56 ）

 Ⅳを利用すれば，

 AP・PC = BP・PD

が成りたつことがわかる．

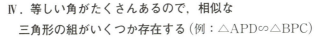

| ポイント | 四角形は三角形に分割して考える |

$AB = 2$, $BC = \sqrt{3} + 1$, $CD = \sqrt{2}$, ∠ABC = 60°, ∠BCD = 75° をみたす四角形ABCDについて

(1) AC の長さを求めよ．

(2) ∠ACB の大きさを求めよ．

(3) 四角形の面積 S を求めよ．

第5章 整数の性質

86 最大公約数・最小公倍数

(1) 180 と 84 の最大公約数と最小公倍数を求めよ.
(2) 2つの正の整数 $a, b\ (a>b)$ があって,最大公約数は 14,最小公倍数は 196 である.a, b を求めよ.
(3) 2つの正の整数 $m, n\ (m>n)$ があって,最大公約数は 5,また,$mn=300$ である.m, n を求めよ.

精講

最大公約数,最小公倍数は小学校で習っているなじみのある数学用語ですが,高校になったからといって意味が変わるということはありません.しかし,扱い方が少し高度になります.

(1) 小学校では,右のようなわり算を行って,
　　最大公約数は $2\times2\times3=12$,
　　最小公倍数は $2\times2\times3\times15\times7=1260$

と答を求めましたが,ここでは,素因数分解して,最大公約数の意味「2つの数に共通の約数の中で最大のもの」に従って,最小公倍数も「2つの数に共通の倍数の中で最小のもの」に従って考えます.

(2), (3) 数が具体的に与えられていません.そこで,**ポイント**にかいてある公式を利用します.ここが,少し高度になっているところです.

解答

(1) $180=2^2\times3^2\times5,\ 84=2^2\times3\times7$
　　よって,最大公約数は,$2^2\times3=\mathbf{12}$
　　また,最小公倍数は
　　　$2^2\times3^2\times5\times7=\mathbf{1260}$

◀各素因数について指数が最小のもの

◀各素因数について指数が最大のもの

素因数	2	3	5	7
180	2コ	2コ	1コ	0コ
84	2コ	1コ	0コ	1コ
多い方	2コ	2コ	1コ	1コ	→$2^{②}\times3^{②}\times5^{①}\times7^{①}$ ◀最小公倍数
少ない方	2コ	1コ	0コ	0コ	→$2^{②}\times3^{①}$ ◀最大公約数

143

(2) 最大公約数が 14 だから，$a=14a'$，$b=14b'$

（a'，b' は互いに素で，$a'>b'$ をみたす正の整数）

このとき，最小公倍数が 196 だから，$14a'b'=196$

∴ $a'b'=14$

よって，$(a',\ b')=(14,\ 1),\ (7,\ 2)$

∴ $(a,\ b)=$**(196, 14), (98, 28)**

(3) 最大公約数が 5 だから，$m=5m'$，$n=5n'$

（m'，n' は互いに素で，$m'>n'$ をみたす正の整数）

ここで，最小公倍数を l とおくと

$mn=5l$ が成りたつので，$l=60$

∴ $60=5m'n'$

よって，$m'n'=12$

m'，n' は互いに素だから

$(m',\ n')=(12,\ 1),\ (4,\ 3)$

よって，$(m,\ n)=$**(60, 5), (20, 15)**

◀(6, 2) は互いに素で
ないので不適

注 I 「a, b が互いに素である」とは，a と b が 1 以外の共通の約数をもたないことです．

注 II $(m',\ n')=(6,\ 2)$ のとき，$a=30$，$b=10$ となり，最大公約数は 5 ではなく，10 になってしまいます．

第5章

🌑 **ポイント**

2 つの正の整数 a, b の最大公約数が g，最小公倍数が l のとき

① $a=a'g$，$b=b'g$ （a' と b' は互いに素）と表せ，

② $l=a'b'g$，$ab=gl$ が成りたつ

演習問題 86

(1) 12, 36, 60 の最大公約数と最小公倍数を求めよ．

(2) 2 つの正の整数 a, b ($a>b$) があって，最大公約数は 12 で，最小公倍数は 144 である．a, b を求めよ．

(3) 2 つの正の整数 m, n ($m>n$) があって，最大公約数は 4 で，積は 160 である．m, n を求めよ．

87 倍数の証明

> n を整数とするとき，n^3+6n^2+5n は 6 の倍数であることを示せ．

精講　与式を積の形（因数分解）に変形しても $n(n+1)(n+5)$ となり，「$6\times$整数」の形になりません．

このようなとき，解決の手段として，次の 2 つが存在します．
① 「連続する m 個の整数の積は $m!$ の倍数」という性質を利用する．⇨ 参考
② 整数 n で表された整式 $f(n)$ が p の倍数であることを示すとき，n を p でわった**余りで分類して考える**．(⇨88)

この考え方はいつでも使えますが，p が大きくなると答案が長くなるので，工夫が必要になります．

ここでは**解答**で①を，（**別解**）で①と②を使った解答を紹介します．

解答

$$n^3+6n^2+5n = n(n+1)(n+5)$$
$$= n(n+1)\{(n+2)+3\}$$
$$= n(n+1)(n+2)+3n(n+1)$$

◀連続 3 整数の積の形がほしいので，強引に $n+2$ をつくる

ここで，$n(n+1)(n+2)$ は連続 3 整数の積だから 6 の倍数で，

$n(n+1)$ は連続 2 整数の積だから 2 の倍数，
すなわち，$3n(n+1)$ は 6 の倍数．

◀連続 2 整数の積は $2!=2$ の倍数

よって，$n(n+1)(n+2)+3n(n+1)$，
すなわち，n^3+6n^2+5n は 6 の倍数．

注　強引に $n+2$ をつくるところで，$(n-1)n(n+1)$ でも連続 3 整数の積の形にできるので，

$$n(n+1)(n+5)$$
$$=n(n+1)\{(n-1)+6\}=(n-1)n(n+1)+6n(n+1)$$

と変形してもかまいません．

(**別解**)　$n^3+6n^2+5n=n(n+1)(n+5)$ において

$n(n+1)$ は連続2整数の積だから2の倍数．

そこで，$n=3m+i$（m：整数，$i=0,\ 1,\ 2$） ◀ 整数を3でわった余
とおくと 　　　　　　　　　　　　　　　　　　　りは 0，1，2のいず
　　　　　　　　　　　　　　　　　　　　　　　　れか
$\quad n^3+6n^2+5n$

$=(3m+i)^3+5(3m+i)+6n^2$

$=27m^3+27im^2+9mi^2+i^3+15m+5i+6n^2$　　◀ $6n^2$ は3でくくれる

$=3(9m^3+9im^2+3mi^2+5m+2n^2)+i^3+5i$　　　のでさわらない

i	0	1	2
i^3+5i	0	6	18

左表より

i^3+5i も3の倍数

よって，n^3+6n^2+5n は2の倍数かつ3の倍数　　◀ 2の倍数かつ3の倍
すなわち，6の倍数． 　　　　　　　　　　　　　　数 → 6の倍数

注　はじめから6の倍数を目標にすると
$$n=6m+i\ (m：整数,\ i=0,\ 1,\ 2,\ 3,\ 4,\ 5)$$
とおくことになりますが，m の係数が3から6と大きくなっているので，扱う数字が大きくなることと，i が3種類から6種類に増えているので，計算の負担が大きくなってしまいます．だから，余りによって分類するという考え方では，できるだけ，わる数を小さくして利用することが大切です．

ポイント｜連続する m 個の整数の積は $m!$ の倍数
　　　　｜特に，連続3整数の積は6の倍数

n を m より大きい自然数として
$$\frac{n(n-1)\cdots\cdots(n-m+1)}{m!}=\frac{n!}{m!(n-m)!}={}_nC_m$$

${}_nC_m$ は，n 個の異なるものから異なる m 個を選ぶ方法の数で，自然数．よって，精講 ①が成りたちます．

演習問題 87

n を整数とするとき，n^3+3n^2-4n は6の倍数であることを示せ．

基礎問

88 整数の余りによる分類

$a^2+b^2=c^2$ をみたす自然数 a, b, c について，次の問いに答えよ．
(1) 自然数 a, b, c のうち，少なくとも1つは偶数であることを示せ．
(2) 自然数 a, b, c のうち，少なくとも1つは3の倍数であることを示せ．

(1) (a, b, c) の組をそれぞれが偶数か奇数かで分けると $2\times2\times2=8$（通り）ありますが，問題では，そのうちの「a, b, c はすべて奇数」は起こらないことを示してほしいといっています．このようなとき，背理法（⇒23）が有効です．そのまま考えると示さなければならないこと（結論）は7つの場合ですが，否定すれば1つの場合しかないからです．

(2) 原則的には(1)と同じですが「少なくとも1つは3の倍数」を否定すると，「すべて3の倍数でない」となり，3の倍数でないことを式で表現する部分が(1)より難しくなります．

3でわった余りが 0, 1, 2（⇒87）の3つなので $3n, 3n+1, 3n+2$ と3つに分けて考えますが，ここでは，必要なものが2乗なので「2余る＝1足らない」と考えて $3n, 3n\pm1$ とおいた方が計算がラクになります．

解 答

(1) a, b, c がすべて奇数とすると，
a^2, b^2, c^2 もすべて奇数だから，a^2+b^2 は偶数．　◀（奇数）^{2}＝奇数
これは，$a^2+b^2=c^2$ であることに矛盾する．
以上のことより，a, b, c がすべて奇数ということはない．
すなわち，a, b, c のうち少なくとも1つは偶数である．

(2) a, b, c がすべて3の倍数でないとすると，
すべて $3n\pm1$ の形で表せる．
$(3n\pm1)^2 = 9n^2\pm6n+1$
$ = 3(3n^2\pm2n)+1$

だから a^2, b^2, c^2 はすべて 3 でわると 1 余る.

よって, a^2+b^2 は 3 でわると 2 余る.

ところが, c^2 は 3 でわると 2 余ることはない.

これは, $a^2+b^2=c^2$ であることに矛盾する.

以上のことより, a, b, c がすべて 3 の倍数でないということはありえない.

すなわち, a, b, c のうち少なくとも 1 つは 3 の倍数である.

注 $3n-1$ (3 でわると 1 足らない) の代わりに
$3n+2$ (3 でわると 2 余る) を使うと,
$$(3n+2)^2 = 9n^2+12n+4$$
$$= 3(3n^2+4n+1)+1 \quad となり,$$
3 でわると 1 余ることが示せます.

参考 (2)で,「すべての整数が $3n$, $3n+1$, $3n+2$ の形のどれか」であることを利用して解答をつくりましたが, このように整数を「p でわった余りに着目して分類」したものを**剰余系**といいます. これを利用すると, 無限個ある整数で議論しなければならないはずなのに, **たった 3 つの場合を調べればすむ**ので, とても有効な考え方です.

たとえば, 4 でわった余りに着目すると, すべての整数が
$$4n+i \ (i=0, \ 1, \ 2, \ 3)$$
と表せます.

演習問題 88(1)では $a=2n+i \ (i=0, \ 1)$ とおくと, うまく証明できます.

> **ポイント** 整数 n は p でわった余りを利用して,
> $n=pm+r \ (r=0, \ 1, \ \cdots, \ p-1)$ と表せる

演習問題 88

① 整数 a の平方は 4 でわると, わりきれるか 1 余るかのどちらかであることを示せ.

② 2 次方程式 $x^2-4x-2m=0$ (m：整数) が整数解 a をもつとき, m は偶数であることを示せ.

89 ユークリッドの互除法

3689 と 5593 の最大公約数を求めよ．

42と112のように小さい自然数の最大公約数は，$42=2\times3\times7$，$112=2^4\times7$ と素因数分解することによって $2\times7=14$ と求めることをすでに学んでいますが，3689 と 5593 のように大きな数になると，素因数をみつけることもかなりタイヘンな作業です．104 で学ぶ性質によると，これらは 2, 3, 4, 5, 6, 8, 9 ではわりきれません．このあと順に調べていけば，いつかは素因数がみつかることはまちがいありませんが，試験時間が終わってしまうようでは無意味です．そこで，もう少しラクに最大公約数をみつける手段を学びましょう．それは，**ユークリッドの互除法**といわれるものです．

一般的な表現にするとわかりにくいので，具体的な数を使って説明します．
まず，$13\div3=4\cdots1$ という表現方法を小学校で学びましたが，これは，

$$13=3\times4+1$$

とかき表すことができます．

この要領で，112 を 42 でわると，$112=42\times2+28$ …① とかけます．

ここで，112 と 42 の最大公約数を g とすると，

$$112=ag, \quad 42=bg \ (a, b は互いに素)$$

と表せるので，①に代入すると，$(a-2b)g=28$

よって，$28=cg$ と表せ，b と c は互いに素だから～～～～とから
（この証明は背理法を用います．⇨ 参考 ）

g は 42 と 28 の最大公約数といえます．

この事実は一般的には，**ポイント**のように表すことができます．
そこで，もう一度同じことをくりかえすと

$42=28\times1+14$ より，**g は 14 と 28 の最大公約数**といえます．
もう一度，くりかえすと，

$$28\div14=2\cdots\boxed{0}$$

余りが0になったときのわる数14が**最大公約数**です． ◀ $28=14\cdot2, \ 14=14\cdot1$

解　答

$5593 \div 3689 = 1 \cdots 1904$　　　◀ $5593 = 3689 \times 1 + 1904$
$3689 \div 1904 = 1 \cdots 1785$　　　　$3689 = 1904 \times 1 + 1785$
$1904 \div 1785 = 1 \cdots 119$　　　　$1904 = 1785 \times 1 + 119$
$1785 \div 119 = 15 \cdots 0$　　　　　$1785 = 119 \times 15 + 0$

よって，3689 と 5593 の最大公約数は **119**

注　確かめてみると，
　$3689 = 119 \times 31$，$5593 = 119 \times 47$ となり，
　31 と 47 は互いに素（1 以外の共通の約数をもたない）だから，
　確かに，119 が最大公約数です．

参考　「a と b が互いに素のとき，b と $a-2b$ が互いに素である」ことは，以下のように証明できます．

b と $a-2b$ が互いに素でないとする．
すなわち，b と $a-2b$ が 2 以上の自然数 p を約数にもつとすると $b = mp$，$a - 2b = np$ （m, n：整数）と表せる．
よって，$a = 2b + np = (2m+n)p$ となり，
a と b も共通の約数 p をもつことになり，互いに素でない．
これは a と b が互いに素であることに矛盾する．
したがって，b と $a-2b$ は互いに素である．

ポイント　a を b でわったときの商を q，余りを $r\,(\neq 0)$ とするとき
$a = bq + r$ と表せ，
a と b の最大公約数は，b と r の最大公約数に等しい

演習問題 89

3103 と 4387 の最大公約数を求めよ．

90 不定方程式 $ax+by=c$ の解

x, y を整数とする.

方程式 $2x-3y=7$ ……① について，次の問いに答えよ.

(1) ①をみたす (x, y) の1組をみつけよ.

(2) (1)の (x, y) を (α, β) とするとき，$2\alpha-3\beta=7$ ……② が成りたつ.

①, ②を利用して，$x-\alpha$ は3の倍数で，$y-\beta$ は2の倍数であることを示せ.

(3) ①をみたす (x, y) をすべて求めよ.

(4) ①をみたす (x, y) に対して，x^2-y^2 の最小値とそのときの x, y の値を求めよ.

$ax+by=c$ (a, b, c は整数で a と b は互いに素)をみたす (x, y) を求めるとき，この**基礎問**の(1)〜(3)の手順に従います.

(1) 未知数2つ，式1つですから，(x, y) は1つに決まりません．たくさんあるということです．その中から，何でもいいから1組決めよということ．

(2) $x-\alpha$ や $y-\beta$ をつくるためには，①−②をつくるしかありません．

(3) $x-\alpha$ は3の倍数だから，$x-\alpha=3n$ (n：整数) とおけます．
もちろん，(α, β) は(1)で決めた値です．

(4) (3)で，x, y を1変数 n で表しているので，x^2-y^2 も n で表せます.

解 答

(1) $x=2$, $y=-1$ とすると，
$2x-3y=2\cdot 2-3\cdot(-1)=7$
よって，①をみたす (x, y) の1組は $(2, -1)$

注 このほかにも $(x, y)=(5, 1)$, $(-1, -3)$ などがあります．

(2) $\begin{cases} 2x-3y=7 & \cdots\cdots① \\ 2\alpha-3\beta=7 & \cdots\cdots② \end{cases}$

①−②より，$2(x-\alpha)=3(y-\beta)$

151

ここで，右辺は 3 の倍数だから，$2(x-\alpha)$ も 3 の倍数．

2 と 3 は互いに素だから，$x-\alpha$ が 3 を因数にもつ．

よって，$x-\alpha$ は 3 の倍数．

同様に，$3(y-\beta)$ は 2 の倍数だから，$y-\beta$ は 2 の倍数．

(3) $\alpha=2$，$\beta=-1$ だから，

(2)より，$x-2=3n$，$y+1=2n$（n：整数）と表せる．

$$\therefore \quad (x,\ y)=(3n+2,\ 2n-1)\ (n：整数)$$

(4) $x^2-y^2=(3n+2)^2-(2n-1)^2$

$\qquad\qquad =9n^2+12n+4-(4n^2-4n+1)$

$\qquad\qquad =5n^2+16n+3$

$\qquad\qquad =5\left(n+\dfrac{8}{5}\right)^2-\dfrac{49}{5}$

n は整数だから，右のグラフより

$n=-2$ のとき，すなわち，

$(x,\ y)=(-4,\ -5)$ のとき，最小値 -9 をとる．

注 (4)は，①を $x=\dfrac{3y+7}{2}$ として

$$x^2-y^2=\dfrac{5}{4}y^2+\dfrac{21}{2}y+\dfrac{49}{4}=\dfrac{5}{4}\left(y+\dfrac{21}{5}\right)^2-\dfrac{49}{5}$$

から最小値が $-\dfrac{49}{5}$ とするのはまちがいです．それは $y\neq-\dfrac{21}{5}$ だからです．

また，$y=-4$ と $y=-5$ のときを両方比べて $y=-4$ のとき，最小と考えるのもまちがいです．それは，x が整数にならないからです．

ポイント

不定方程式 $ax+by=c$（a，b は互いに素）をみたす整数の組 $(x,\ y)$ は，この方程式の解の 1 組 $(\alpha,\ \beta)$ をみつけて $a\alpha+b\beta=c$ をつくり，定数項 c を消去する

第5章

演習問題 90

方程式 $3x-4y=5$ ……① をみたす整数 $(x,\ y)$ について，$|x-y|$ の最小値を求めよ．

91 2進法

> (1) 2進法で表された数 $1011_{(2)}$, $1.011_{(2)}$ を 10 進法で表せ．
> (2) 10 進法で表された数 23 を 2 進法で表せ．

たとえば，10 進法で表された数 275 は
$$275 = 100 \times 2 + 10 \times 7 + 1 \times 5$$
$$= 10^2 \times 2 + 10^1 \times 7 + 10^0 \times 5$$

と表すことができます．

　このように，数量を 10 ずつまとめて数える方法を **10 進法** といいます．

　我々の生活の中では，時間を計るときに，60 秒＝1 分，60 分＝1 時間と 60 ずつまとめて数える 60 進法，鉛筆の本数を数えるときに，12 本＝1 ダースと 12 ずつまとめて数える 12 進法などがあり，n 進法はかなり **生活に密着している** 概念といえます．ここで，代表として 2 進法，すなわち，数量を 2 つずつまとめて数える方法について学びましょう．

　上の 275 における 10 という数の現れ方を見るとわかるように，275 を 10^2 が 2 コと 10^1 が 7 コと 10^0 が 5 コ集まったものとしてとらえています．

　同じように，10 進法で表された 13 を 2 進法で表してみましょう．13 は，$13 = 8 + 4 + 1 = 2^3 \times 1 + 2^2 \times 1 + 2^1 \times 0 + 2^0 \times 1$ と表せます．10 進法のマネをして表示すると 1101 となりますが，これでは 10 進法で表した数と区別がつかないので，$1101_{(2)}$ と右下に (2) をつけて 2 進法であることを示します．気付いていると思いますが，2 進法では使われる数字は 0 と 1 だけです．同様に，3 進法では，0 と 1 と 2 だけです．

(1) 2 進法で表された数を 10 進法で表すときは，右端から，2^0 の位，2^1 の位，2^2 の位，…と位取りの考え方をしていきます．もし，小数になったら，小数点のすぐ左が 2^0 の位ですから，右へ向かって，$\dfrac{1}{2}$ の位，$\dfrac{1}{2^2}$ の位と考えていけば大丈夫です．これは，10 進法のときの

$0.24 = 0.2 + 0.04 = \dfrac{1}{10} \times 2 + \dfrac{1}{10^2} \times 4$ と同じ考え方です．

(2) たとえば 10 進法で表された数 19 を 2 進法で表すときは，

$2^4 < 19 < 2^5$ なので,

$19 = 2^4 + 2 + 1$

　　$= 2^4 \times 1 + 2^3 \times 0 + 2^2 \times 0 + 2^1 \times 1 + 2^0 \times 1$

と表せばよいのですが, 数字が大きくなるとタイヘンなので, 右図のように, どんどん 2 でわっていって, 余りを逆に並べることで 2 進法にします.

$$
\begin{array}{r|r}
2) & 19 \\
\hline
2) & 9 \quad \cdots 1 \\
\hline
2) & 4 \quad \cdots 1 \\
\hline
2) & 2 \quad \cdots 0 \\
\hline
& 1 \quad \cdots 0
\end{array}
$$

解　答

(1)　$1011_{(2)} = 2^3 \times 1 + 2^2 \times 0 + 2^1 \times 1 + 2^0 \times 1$

　　　　　　$= 8 + 2 + 1 = \mathbf{11}$

　　　$1.011_{(2)} = \dfrac{1}{2^0} \times 1 + \dfrac{1}{2^1} \times 0 + \dfrac{1}{2^2} \times 1 + \dfrac{1}{2^3} \times 1$

　　　　　　$= \dfrac{8 + 2 + 1}{8} = \dfrac{11}{8} = \mathbf{1.375}$

(2)　（解Ⅰ）　$2^4 < 23 < 2^5$ だから　$23 = 16 + 7$

　　　　　　$2^2 < 7 < 2^3$ だから　$7 = 4 + 3$

　　　　　　$2^1 < 3 < 2^2$ だから　$3 = 2 + 1$

　　　よって,

　　　　　　$23 = 16 + 4 + 2 + 1$

　　　　　　　$= 1 \times 2^4 + 0 \times 2^3 + 1 \times 2^2 + 1 \times 2 + 1 \times 2^0$

　　　　　　　$= \mathbf{10111_{(2)}}$

（解Ⅱ）

$$
\begin{array}{r|r}
2) & 23 \\
\hline
2) & 11 \quad \cdots 1 \\
\hline
2) & 5 \quad \cdots 1 \\
\hline
2) & 2 \quad \cdots 1 \\
\hline
& 1 \quad \cdots 0
\end{array}
$$

上のわり算より,

　　$10111_{(2)}$

ポイント

n 進法は 10 進法の位取りの考え方を利用する

注　3 進法, 4 進法, …となっても考え方は全く同様です.

（⇨**演習問題 91**）

演習問題 91

(1)　3 進法で表された数 $1201_{(3)}$, 4 進法で表された数 $1.23_{(4)}$ を, それぞれ, 10 進法で表せ.

(2)　10 進法で表された数 53 を 3 進法, 4 進法で表せ.

92 2進法の計算

> (1) $1101_{(2)}+111_{(2)}$, $1101_{(2)}-111_{(2)}$ の計算をし，2進法で表せ．
> (2) $110_{(2)} \times 111_{(2)}$ を計算し，2進法で表せ．

前**基礎問**で，2進法の表示を勉強しました．そこで，ここでは，2進法表示された数の和，差，積について学びます．我々は，小学校で10進法表示された数の和，差，積を学習しましたが，2進法のときも原則は同じです．

すなわち，**ポイント**にあるように，10進法で $1+1=2$，$2 \times 3=6$ のような基本の計算と，くり上がりの手法を使うだけです．数字が 0 と 1 の 2 つしかないので慣れてしまえば 10 進法より簡単にできますが，慣れるまでは 10 進法の考え方がジャマしますから，くりかえし練習することが大切です．

〈和の基本〉

・$0_{(2)}+0_{(2)}=0_{(2)}$　・$0_{(2)}+1_{(2)}=1_{(2)}$　・$1_{(2)}+0_{(2)}=1_{(2)}$　・$1_{(2)}+1_{(2)}=10_{(2)}$

〈差の基本〉

・$0_{(2)}-0_{(2)}=0_{(2)}$　・$1_{(2)}-0_{(2)}=1_{(2)}$　・$1_{(2)}-1_{(2)}=0_{(2)}$　・$10_{(2)}-1_{(2)}=1_{(2)}$

〈積の基本〉

・$0_{(2)} \times 0_{(2)}=0_{(2)}$　・$1_{(2)} \times 0_{(2)}=0_{(2)}$　・$0_{(2)} \times 1_{(2)}=0_{(2)}$　・$1_{(2)} \times 1_{(2)}=1_{(2)}$

解答

(1)
$$\begin{array}{r} 1101_{(2)} \\ +\ 111_{(2)} \\ \hline 10100_{(2)} \end{array}$$

① まず，筆算の形にかき直す．
② 1 の位の数の和は $10_{(2)}$（〈和の基本〉の4つ目）だから，1 が 2^1 の位にくり上がって，2^1 の位の数の和も $10_{(2)}$．
また，1 が 2^2 の位にくり上がって，
$1_{(2)}+1_{(2)}+1_{(2)}=10_{(2)}+1_{(2)}=11_{(2)}$ となり，
また，1 が 2^3 の位にくり上がって，$1_{(2)}+1_{(2)}=10_{(2)}$

$$\begin{array}{r} 1101_{(2)} \\ -\ 111_{(2)} \\ \hline 110_{(2)} \end{array}$$

① まず，筆算の形にかき直す．
② 1 の位の数の差は $1_{(2)}-1_{(2)}=0_{(2)}$．2^1 の位の差は $0_{(2)}-1_{(2)}$ なので，2^2 の位から 1 借りてきて
$10_{(2)}-1_{(2)}=1_{(2)}$，すでに 2^2 の位は $0_{(2)}$ となっているので，2^3 の位から 1 借りてきて，$10_{(2)}-1_{(2)}=1_{(2)}$

(2)
```
        110₍₂₎
    ×   111₍₂₎
    ─────────
        110₍₂₎
       110₍₂₎
      110₍₂₎
    ─────────
      101010₍₂₎
```
かけ算は途中まで 10 進法と全く同じで，最後のたし算をするときに，$1_{(2)}+1_{(2)}=10_{(2)}$ とくり上がりに注意する．

ポイント　2 進法の和，差，積は
① 3 つの基本公式　② くり上がり

注　実は，この程度であれば 10 進法にかき直してしまう手もありますが（⇨ 参考），これでは，いつまでも 2 進法に背を向けた学習になってしまうので，もしものときに対処できなくなるかもしれません．精講 で指摘した通り，慣れるまでがんばることです．

参考　$1101_{(2)}=13$, $111_{(2)}=7$ だから
$1101_{(2)}+111_{(2)}=20=16+4=2^4+2^2=10100_{(2)}$
$1101_{(2)}-111_{(2)}=6=4+2=2^2+2^1=110_{(2)}$

また，$110_{(2)}=6$, $111_{(2)}=7$ だから
$110_{(2)}\times 111_{(2)}=6\times 7=42=32+8+2=2^5+2^3+2^1=101010_{(2)}$

演習問題 92

(1) $11111_{(2)}+1011_{(2)}$, $11111_{(2)}-1011_{(2)}$ の計算をし，2 進法で表せ．

(2) $111_{(2)}\times 111_{(2)}$ を計算し，2 進法で表せ．

93 整数問題（Ⅰ）

(1) $pq-p-2q+2$ を因数分解せよ．

(2) $\dfrac{2}{p}+\dfrac{1}{q}=1$ をみたす整数の組 (p, q) を求めよ．

精講　整数問題は，受験生が苦手とする分野の1つです．それは，他の分野に比べて解法が漠然としていることが一因と思われます．難しいものはキリがありませんが，基本的な問題にはいくつかのパターンがあります．まず，このレベルを確実にできるようにしておくことが大切です．

実は，整数問題の解き方は漠然としていても，目標はどの問題でも同じで，

「幅をしぼってしまう」

ことです．たとえば，p が整数で $1 \leq p \leq \sqrt{5}$ とわかれば，p の候補は1と2しかないことになります．この

「幅のしぼり方」

が問題の形によっていろいろあるだけなのです．

解答

(1) $pq-p-2q+2 = p(q-1)-2(q-1)$
　　　　　　　　$= (\boldsymbol{p-2})(\boldsymbol{q-1})$　　◀ p について整理

(2) $\dfrac{2}{p}+\dfrac{1}{q}=1$ より $2q+p=pq$　∴ $pq-p-2q=0$

(1)より，$pq-p-2q+2 = 2$ は　　　　　　◀ 上式の両辺に2を加えた
$(p-2)(q-1) = 2$ となるから，この方程式の解を求めればよい．

$p-2$, $q-1$ は整数で，しかも，$p \neq 0$, $q \neq 0$　　◀ p, q は題意より $p \neq 0$, $q \neq 0$
よって，$p-2 \neq -2$, $q-1 \neq -1$

ゆえに，

$p-2$	2	1	-1
$q-1$	1	2	-2

よって，

p	4	3	1
q	2	3	-1

◀ 数えるときは，規則性をつけて数える．この場合，$p-2$ が大きい順に数えてある

∴ $(p, q) = (4, 2), (3, 3), (1, -1)$

(1)の誘導を利用しなくても，次のように解くことができます．

$$\frac{2}{p}+\frac{1}{q}=1 \text{ より } 2q+p=pq \quad \therefore \quad p(q-1)=2q$$

$q=1$ はこの等式をみたさないので，$q\neq 1$ で考える．

$$p=\frac{2q}{q-1}=\frac{2q-2+2}{q-1}$$
$$=\frac{2(q-1)}{q-1}+\frac{2}{q-1}$$
$$=2+\frac{2}{q-1}$$

p は整数だから，$q-1$ は 2 の約数．

よって，$q-1=\pm 1, \pm 2$

$\quad \therefore \quad q=2, 0, 3, -1$

$q\neq 0$ だから，$q=-1, 2, 3$

$q=-1$ のとき，$p=1$
$q=2$ のとき，$\quad p=4$
$q=3$ のとき，$\quad p=3$

よって，

$(p, q)=(4, 2), (3, 3), (1, -1)$

注 問題が分数式で与えられているときは
分母＝0 となる値は考える必要はありません．

◉ポイント 整数問題は範囲をしぼれば勝ち．そのためには

Ⅰ．☐×☐＝整数
と変形する

Ⅱ．ある文字＝その他の文字の式
と変形する

(1) $4x^2+10x-y^2-y+6$ を因数分解せよ．
(2) $4x^2+10x-y^2-y=0$ をみたす整数の組 (x, y) をすべて求めよ．

94 整数問題（Ⅱ）

x, y を $1 \leq x \leq y$ をみたす自然数とする．このとき，$\dfrac{1}{x} + \dfrac{1}{y} = \dfrac{1}{2}$ をみたす自然数の組 (x, y) をすべて求めよ．

精講

93(2)と似ているので，同じ解答の方法もありますが，ここでは，$x \leq y$ に着目した解答を考えてみます．整数問題では幅をしぼることが目標なので，与えられた不等式の条件は歓迎すべきものです．ここでは，この条件を使って，**2文字の等式を1文字の不等式に変えます**．

解答

$1 \leq x \leq y$ より，$\dfrac{1}{x} \geq \dfrac{1}{y}$ だから

$\dfrac{1}{2} = \dfrac{1}{x} + \dfrac{1}{y} \leq \dfrac{1}{x} + \dfrac{1}{x} = \dfrac{2}{x}$ ∴ $\dfrac{1}{2} \leq \dfrac{2}{x}$

よって，$x \leq 4$

$x = 1, 2$ のときは，等式をみたす y は存在しない．

$x = 3$ のとき，$y = 6$　　$x = 4$ のとき，$y = 4$

よって，$(x, y) = (3, 6), (4, 4)$

◀ x を消してしまうと
$\dfrac{1}{2} \geq \dfrac{2}{y}$ より，$y \geq 4$
となり，しぼれない

ポイント　整数問題についている不等式の条件は，おきかえて文字を減らすために使う

参考　$\dfrac{1}{x} + \dfrac{1}{y} = \dfrac{1}{2}$ より，$xy - 2x - 2y = 0$　∴ $(x-2)(y-2) = 4$
とすれば，93(2)と同じ考え方でできますが，**演習問題94**は，この手法は通用しません．

x, y, z を $x \leq y \leq z$ をみたす自然数とする．このとき，$\dfrac{1}{x} + \dfrac{1}{y} + \dfrac{1}{z} = 1$ をみたす自然数の組 (x, y, z) をすべて求めよ．

95 整数問題（Ⅲ）

> x についての2次方程式 $x^2-2mx+2m^2+m-2=0$ の解がすべて整数となるような整数 m をすべて求めよ．

精講　因数分解できないので，解の公式を使うことを考えると，$x=m\pm\sqrt{D'}$ となります．このままでは，$\sqrt{}$ がついているので，整数とはいえませんが，最低でも $D'\geqq 0$ が必要だから，これで m に範囲がつけば，うまくすれば，しぼり込みに成功します．

解答

$x^2-2mx+2m^2+m-2=0$ より
$x=m\pm\sqrt{m^2-(2m^2+m-2)}=m\pm\sqrt{-m^2-m+2}$
根号内は0以上だから，$-m^2-m+2\geqq 0$
∴ $(m+2)(m-1)\leqq 0$　∴ $-2\leqq m\leqq 1$
よって，$m=-2, -1, 0, 1$
このうち，$-m^2-m+2$ が平方数となるのは
下の表より，$m=-2, 1$

◀(整数)^2 の形にかける数を平方数という

m	-2	-1	0	1
$-m^2-m+2$	0	2	2	0

ポイント　2次方程式が整数解をもつとき，「判別式 $\geqq 0$」に着目

注　実は，上のポイントは万能ではありません．解答の中の判別式 $\geqq 0$ から，もし，$m^2-m-2\geqq 0$ みたいな不等式がでてくると，$m\leqq -1, 2\leqq m$ となり，しぼり込みに失敗してしまいます．（⇨**演習問題95**）

演習問題 95

> x についての2次方程式 $x^2-2mx+2m+7=0$ の解がともに整数となるような整数 m をすべて求めよ．

96 ガウス記号（Ⅰ）

実数 x に対して，x を超えない最大の整数を $[x]$ で表すとき，次の問いに答えよ．

(1) $[\sqrt{2}]$, $[-\pi]$ を整数で表せ．
(2) $[x]=2$ をみたす x の値の範囲を求めよ．
(3) $-2 \leqq x \leqq 2$ において，$y=[x]$ のグラフをかけ．
(4) $y=[x]$ $(-2 \leqq x \leqq 2)$ のグラフと直線 $y=x+k$ が共有点をもつような k の値の範囲を求めよ．

精講

Ⅰ．$[x]$ は数直線上で，x のすぐ左側にある整数を表します．もし x が整数であれば，$[x]=x$ です．

Ⅱ．$[x]$ は，次の性質をもっています．

$[x]=n$ （n：整数）のとき，$n \leqq x < n+1$

この不等式から，n を消去すれば，

$[x] \leqq x < [x]+1$ あるいは $x-1 < [x] \leqq x$

となります．この2つの不等式の活用がポイントです．

Ⅲ．もし，x が正の数ならば，$[x]$ は x の小数点以下を切り捨てたものになります．

解答

(1) $1 < \sqrt{2} < 2$ だから， $[\sqrt{2}]=1$

$-4 < -\pi < -3$ だから，$[-\pi]=-4$ ◀ -3 ではない

注 数直線で考えれば，次のようになります．

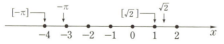

◀ すぐ左側にある整数

(2) $[x] \leqq x < [x]+1$ だから，$2 \leqq x < 3$

注 $x>0$ であれば，$[x]$ は x の小数点以下を切り捨てることを表します．だから，$2 \leqq x < 3$

(3) $n \leq x < n+1$ のとき，$[x]=n$ だから

$$[x] = \begin{cases} -2 & (-2 \leq x < -1) \\ -1 & (-1 \leq x < 0) \\ 0 & (0 \leq x < 1) \\ 1 & (1 \leq x < 2) \\ 2 & (x = 2) \end{cases}$$

よって，グラフは右図のようになる．

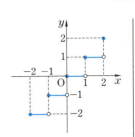

(4) $y = x + k$ は傾き 1，y 切片 k の直線を表すので，この直線が(3)のグラフと共有点をもつのは，右図より

$$-1 < k \leq 0$$

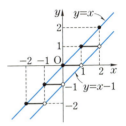

注 各線分の右端は白丸，すなわち，含まれていません．したがって，$y = x - 1$ は $y = [x]$ ($-2 \leq x \leq 2$) のグラフとは，共有点をもたないことになります．

参考 $y = [2x]$ のグラフは，どこで場合を分けたらよいでしょうか？
$n \leq 2x < n+1$ (n：整数) のとき，すなわち，$\dfrac{n}{2} \leq x < \dfrac{n+1}{2}$

のとき $[2x] = n$ であることから，x の**小数部分が 0 か 0.5 のときを境目にして分ける**ことになりそうです．すなわち，

$m \leq x < m + \dfrac{1}{2}$ (m：整数) のとき，$2m \leq 2x < 2m+1$ より，$[2x] = 2m$

$m + \dfrac{1}{2} \leq x < m+1$ のとき，$2m+1 \leq 2x < 2m+2$ より，$[2x] = 2m+1$

を利用することになります．

このあとは，**演習問題 96** で確かめてください．

◉ ポイント $[x] \leq x < [x]+1,\ x-1 < [x] \leq x$

演習問題 96

次の問いに答えよ．

(1) $y = [2x]$ ($-1 \leq x \leq 2$) のグラフをかけ．

(2) (1)のグラフと $y = 2x + k$ が共有点をもつような k の値の範囲を求めよ．

97 ガウス記号（Ⅱ）

方程式 $x^2+18=9[x]$ ……① について，次の問いに答えよ．ただし，$[x]$ は x を超えない最大の整数を表す．

(1) 実数 x に対して，$x-1<[x]\leqq x$ が成りたつことを利用して①の解は $3\leqq x\leqq 6$ をみたすことを示せ．

(2) 方程式①をみたす x をすべて求めよ．

精講

(1) 96 の**ポイント**にある公式に，①を代入して得られる不等式を利用せよ，ということです．

(2) (1)は「①の解が $3\leqq x\leqq 6$」という意味ではなく「①**の解は $3\leqq x\leqq 6$ の範囲に存在する**」という意味です．すなわち，必要条件です．しかし，このように幅のしぼり込みができると，しぼり込んだ範囲を「$n\leqq x<n+1$（n：整数）」と場合分けすることによって，方程式①は，「＝」のままで，ガウス記号をはずす（視界から消す）ことができます．

解 答

(1) $x-1<[x]\leqq x$ だから，

$$9(x-1)<9[x]\leqq 9x$$

∴ $9(x-1)<x^2+18\leqq 9x$

◀ $x-1<[x]\leqq x$ の辺々を 9 倍する
◀ ①を代入する

よって，

$$\begin{cases} 9(x-1)<x^2+18 \\ x^2+18\leqq 9x \end{cases}$$

∴ $\begin{cases} x^2-9x+27>0 & \cdots\cdots② \\ x^2-9x+18\leqq 0 & \cdots\cdots③ \end{cases}$

$\left(x-\dfrac{9}{2}\right)^2+\dfrac{27}{4}>0$ より，②はすべての x で成りたつ．……②′

③より，$(x-3)(x-6)\leqq 0$

∴ $3\leqq x\leqq 6$ ……③′

②′，③′ より，①の解は $3\leqq x\leqq 6$ をみたす．

◀ ③′から②を調べなくても(1)の成立がわかる

(2) i) $3 \leq x < 4$ のとき

$[x]=3$ だから，①は，$x^2+18=27$

∴ $x^2=9$ ∴ $x=3$

ii) $4 \leq x < 5$ のとき

$[x]=4$ だから，①は，$x^2+18=36$

∴ $x^2=18$ ∴ $x=3\sqrt{2}$

iii) $5 \leq x < 6$ のとき

$[x]=5$ だから，①は，$x^2+18=45$

∴ $x^2=27$ ∴ $x=3\sqrt{3}$

iv) $x=6$ のとき

$[x]=6$ だから，①は，$x^2+18=54$

∴ $x^2=36$ ∴ $x=6$

以上のことより，$x=3,\ 3\sqrt{2},\ 3\sqrt{3},\ 6$

◀ $3 \leq x < 6$ の範囲を
「$n \leq x < n+1$
のとき
$[x]=n$」
が使えるように場合
分けする

●ポイント ガウス記号をはずす（視界から消す）とき

① $x-1 < [x] \leq x$ を使うと，不等式がでてくるが
文字は増えない

② $x=n+\alpha$ (n：整数，$0 \leq \alpha < 1$) で場合を分ける
と等号のまま処理できるが，文字が増える

参考　この設問は**ポイント①**の流れでつくられていますが，**ポイント②**の流れにつくりかえると，**演習問題97**のような設問になります．

演習問題97

97の方程式①について，

(1) ①の解は $[x] \geq 2$ をみたすことを示せ．

(2) n を2以上の自然数とするとき，$n \leq x < n+1$ をみたす①の解
x を n で表し，n のとりうる値の範囲を求めよ．

(3) ①の解をすべて求めよ．

第6章 順列・組合せ

98 場合の数（Ⅰ）

10円玉5枚，100円玉3枚，500円玉1枚の一部，または全部を用いると，何種類の金額ができるか．

精講

場合の数を数えるとき，気をつけなければならないことは，次の2つです．

　　　　Ⅰ．数え落とす　　Ⅱ．ダブって数える

　これらを防ぐためには，漠然と数えるのではなく，何らかの**規則性**をもって数えていかなければなりません．この問題であれば，まず，金額の小さい順に拾い上げていくことになるでしょう．

　すなわち，10円から始まって，850円に向かって金額を大きくしていけばよいのです．ただし，最後に数え上げるときに備えて10円の枚数でそろえておくと得をします．

解答

金額の小さい方から順に書き並べると

　　　　 10, 20, 30, 40, 50,
　100, 110, 120, 130, 140, 150,
　200, 210, 220, 230, 240, 250,
　300, 310, 320, 330, 340, 350,
　500, 510, 520, 530, 540, 550,
　600, 610, 620, 630, 640, 650,
　700, 710, 720, 730, 740, 750,
　800, 810, 820, 830, 840, 850

よって，**47**種類の金額ができる．

◀10円玉の枚数でそろえておくと各段6種類となり数えやすい

もう少し枚数が増えて，10円玉8枚，100円玉4枚，500円玉3枚になるとどうなるでしょうか．数えてみればよいのですが枚数が多い分だけ手間がかかってしまいます．そこで，直接拾い上げるのではなく，計算によって数える手段を考えてみましょう．

　解答の一覧では，10円玉の枚数に着目すると6種類あることになっていますが（各段に6個ある），これは10円玉の使い方が0枚，1枚，…，5枚と6通りあるからです．この要領でいけば，100円玉は0枚～3枚の4通り，500円玉は0枚，1枚の2通りの使い方があります．

　3種類の硬貨の使い方は，互いに他の影響をうけることはないのですから，それぞれをかければよく，（⇨ 100 精講 ）

$$6 \times 4 \times 2 = 48 \text{（種類）}$$

となりそうに思いますが1つだけ実際より多くなります．これは，3種類の硬貨とも0枚という場合が入っているからで，この分をひけばよいのです．ですから，次のような解答ができあがります．

（**別解**）　10円玉，100円玉，500円玉の使い方は，それぞれ，6通り，4通り，2通りだから，少なくとも1枚の硬貨を使わなければならないことを考えれば，　$6 \times 4 \times 2 - 1 = 47$（種類）

　この要領で，10円玉8枚，100円玉4枚，500円玉3枚の場合を考えると，
　　　$9 \times 5 \times 4 - 1 = 179$（種類）　となります．

注　このように考えると，かき上げる方法はバカらしいように見えますが，計算ですます方法は，状況によっては危なくなります．たとえば，10円玉が10枚以上になると，計算ではダブって数える危険があります．

● ポイント　数え上げるときは規則性をもって

演習問題 98

　100円玉，50円玉，10円玉の3種類の硬貨をそれぞれ1枚以上使って，合計540円にする組合せは，何通りあるか．ただし，使用する硬貨は全部で25枚以下とする．

99 場合の数（Ⅱ）

0, 1, 2, 3と書かれたカードが2枚ずつ計8枚ある．
この8枚のうち，3枚を使って3桁の整数をつくるとき，次の問いに答えよ．
(1) 0を使わないものはいくつあるか．
(2) 0を使うものはいくつあるか．
(3) 3桁の整数はいくつあるか．

精講

整数をつくるときに問題になるのは0を最高位（＝左端）においてはいけないという点です．だから，(1)，(2)でやっているように0を使う場合と，0を使わない**場合に分けて**考えます．このように同時に起こらないいくつかの場合に分けたとき，全体の場合の数はそれらの**場合の数の和**になります（これを，**和の法則**といいます）．

ただし，各カードが1枚ずつであれば参考Ⅰのように計算で場合の数を求めることができます．

解答

(1) 1, 2, 3が各2枚ずつあるので，3桁の整数をつくって，小さい順に並べると， ◀規則性をもって

112, 113, 121, 122, 123,
131, 132, 133, 211, 212,
213, 221, 223, 231, 232,
233, 311, 312, 313, 321,
322, 323, 331, 332

以上 **24個**．

(2) 0, 1, 2, 3が各2枚ずつあるので，
3桁の整数をつくって，小さい順に並べると， ◀規則性をもって

100, 101, 102, 103, 110,
120, 130, 200, 201, 202,
203, 210, 220, 230, 300,

301, 302, 303, 310, 320,
330

以上 **21個**.

注 ⓪を1つ含むものと，⓪を2つ含むものに分けて数えてもよい．
(⇨ 参考 II)

(3) (1), (2)より　　24+21=**45**(個)

参考　I　(⓪, ①, ②, ③ が各1枚ずつのとき)

→ 何でもよい
→ ⓪以外

百の位は⓪以外の3通り．
十の位は百の位で使った数字以外の3通り．
一の位は百の位，十の位で使った数字以外の2通り．
∴　3×3×2=**18**(個)

II　i) ⓪を1つ含むものは
101, 102, 103, 110, 120, 130,
201, 202, 203, 210, 220, 230,
301, 302, 303, 310, 320, 330 の 18個．

ii) ⓪を2つ含むものは
100, 200, 300 の 3個．

よって，18+3=21(個)

ポイント
・整数をつくるとき，最高位に0がきてはいけない
・同時に起こることがないいくつかの場合に分けたとき，全体の場合の数はそれらの和になる

演習問題99

⓪, ①, ②, ③, ④と書かれたカードが⓪は1枚，それ以外は2枚ずつある．これらのカードから3枚を選び，それらを並べることによって3桁の整数をつくる．
(1) ⓪を含まないものはいくつできるか．
(2) ⓪を含むものはいくつできるか．
(3) 全部でいくつの整数ができるか．

100 場合の数（Ⅲ）

> 0，1，2，3 の4種類の数字をくりかえし用いると，3桁の整数は何個できるか．

精講

で勉強したように，百の位に0がくることはできません．また，同じ数字を何度も使えるので，百の位，十の位，一の位に同じ数字がきてもかまいません．これで百の位，十の位，一の位にそれぞれ3通り，4通り，4通りあることがわかりますが，このあと次の性質を使って，**この3つの場合の数をかける**ことになります．

一般に，2つの事象 A，B の起こり方がそれぞれ p 通り，q 通りあるとき，A，B がともに起こる場合の数は $p \times q$ **通り** あります．これを，**積の法則**といいます．

解答

百の位は1～3の3通りがあり，十の位，一の位は，それぞれ0～3の4通りがある．
よって，求める場合の数は
$$3 \times 4 \times 4 = 48 \text{（個）}$$

百の位	十の位	一の位
1, 2, 3	0, 1, 2, 3	0, 1, 2, 3
3通り	4通り	4通り

注 もし，くりかえし使ってはいけないとすれば，次のようになります．百の位は1～3の3通りがあり，十の位は0～3のうち，百の位で使った数字以外の3通りがあります．さらに，一の位は0～3のうち，百の位と十の位で使った数字以外の2通りがあります．
∴ $3 \times 3 \times 2 = 18$（個）

ポイント 同時に起こりうるいくつかの場合に分けて考えたときは，それらをかければよい

演習問題 100

集合 $A = \{1, 2, \cdots, 9\}$ が与えられているとき，空集合，A 自身も含めて，A の部分集合はいくつあるか．

101 約数の個数・総和

72 の正の約数について
(1) その個数を求めよ．
(2) その総和を求めよ．

精講

72 くらいならばかき並べてもたいしたことはありませんが，ここでは，計算で求めましょう．

$72 = 2^3 \times 3^2$ ですから，因数 3 に着目して約数を求めると，

3 を 0 個含む約数は，$3^0 \cdot 2^0$, $3^0 \cdot 2^1$, $3^0 \cdot 2^2$, $3^0 \cdot 2^3$
3 を 1 個含む約数は，$3 \cdot 2^0$, $3 \cdot 2^1$, $3 \cdot 2^2$, $3 \cdot 2^3$
3 を 2 個含む約数は，$3^2 \cdot 2^0$, $3^2 \cdot 2^1$, $3^2 \cdot 2^2$, $3^2 \cdot 2^3$

したがって，約数の個数は $4 \times 3 = 12$ (個)
総和は $(2^0 + 2^1 + 2^2 + 2^3)(3^0 + 3^1 + 3^2)$ となります．

解答

(1) $72 = 2^3 \times 3^2$ だから，約数は $\{2^0, 2^1, 2^2, 2^3\}$ と $\{3^0, 3^1, 3^2\}$ からそれぞれ 1 つずつ選び，その 2 つをかけるとできあがる．
∴ $4 \times 3 = \mathbf{12}$ (個)

(2) 72 の約数の総和は，
$(2^0 + 2^1 + 2^2 + 2^3)(3^0 + 3^1 + 3^2) = 15 \times 13 = \mathbf{195}$

ポイント

$N = p^a q^b r^c \cdots$ と素因数分解される整数 N について

Ⅰ．約数の個数：
 $(a+1)(b+1)(c+1)\cdots$

Ⅱ．約数の総和：
 $(1 + p + p^2 + \cdots + p^a)(1 + q + \cdots + q^b)(1 + r + \cdots + r^c)\cdots$

演習問題 101

72 の正の約数について，その逆数の総和を求めよ．

102 階乗，$_nP_r$，$_nC_r$ の計算

(1) 次の計算をせよ．

　(i) $8!-6!$　　(ii) $\dfrac{10!}{7!}$　　(iii) $_7P_3$　　(iv) $_6C_4$

(2) 次の式が成りたつことを示せ．

　(i) $_nC_r = {_nC_{n-r}}$　　(ii) $_nC_r = {_{n-1}C_{r-1}} + {_{n-1}C_r}$

精講

(1) (i), (ii) 記号 $n!$ は「n の階乗」と読みますが，これは，$n\times(n-1)\times\cdots\times 2\times 1$ と n から 1 までをかけることを表す記号です．ただし，**$0!=1$** と約束します．

$n!$ は「異なる n 個のものを並べる方法」の総数を表します．

(iii) $_nP_r$ は「異なる n 個のものから r 個のものを選んで並べる方法」の総数を表す記号で，この総数は

$n\times(n-1)\times\cdots\times(n-r+1)$ と表せるので

$_nP_r = \dfrac{n!}{(n-r)!}$ が成りたちます．

(iv) $_nC_r$ は「異なる n 個のものから r 個のものを選ぶ方法」の総数を表す記号で，r 個のものを並べる方法が $r!$ 通りあることを考えると

$_nC_r = \dfrac{_nP_r}{r!}$，すなわち，$_nC_r = \dfrac{n!}{r!(n-r)!}$ が成りたちます．

(2) (i), (ii)ともに

$_nC_r = \dfrac{n!}{r!(n-r)!}$ を使います．

解答

(1) (i) $8!-6! = 6!(8\cdot 7 - 1) = 720\times 55$
　　　　　　　　　$= 39600$

　◀ $8!$, $6!$ を計算してひくのではなく，$6!$ でくくるのがコツ

　(ii) $\dfrac{10!}{7!} = \dfrac{10\cdot 9\cdot 8\cdot 7!}{7!} = 10\cdot 9\cdot 8 = \mathbf{720}$

　(iii) $_7P_3 = \dfrac{7!}{4!} = 7\cdot 6\cdot 5 = 7\cdot 3\cdot 10 = \mathbf{210}$

　◀ 10 をキープすると計算がラク

　(iv) $_6C_4 = \dfrac{6!}{4!2!} = \dfrac{6\cdot 5}{2} = \mathbf{15}$

171

(2) (i) $_nC_r = \dfrac{n!}{r!(n-r)!}$ より

$$_nC_{n-r} = \dfrac{n!}{(n-r)!\{n-(n-r)\}!} = \dfrac{n!}{(n-r)!r!} = {_nC_r}$$

∴ $_nC_r = {_nC_{n-r}}$

(ii) $_{n-1}C_{r-1} + {_{n-1}C_r}$

$$= \dfrac{(n-1)!}{(r-1)!(n-r)!} + \dfrac{(n-1)!}{r!(n-r-1)!}$$

$$= \dfrac{(n-1)!\{r+(n-r)\}}{r!(n-r)!} = \dfrac{(n-1)!\,n}{r!(n-r)!} = \dfrac{n!}{r!(n-r)!} = {_nC_r}$$

∴ $_nC_r = {_{n-1}C_{r-1}} + {_{n-1}C_r}$

🌙 **ポイント**

$$n! = n \times (n-1) \times \cdots \times 2 \times 1 \qquad 0! = 1$$

$$_nP_r = \dfrac{n!}{(n-r)!} \qquad _nC_r = \dfrac{n!}{r!(n-r)!}$$

注 I (1)(iv)は(2)(i)を使うと，$_6C_2$ を計算すればよいことがわかります.

注 II $_nP_r$ と $_nC_r$ の間には $_nP_r = {_nC_r} \times r!$ の関係式があることがわかります.

📖 **参考** (2)〈(i)の意味〉

　　　$_nC_r$ は n 個のものから r 個のものを選ぶ方法を表しますが，逆に考えると

　　　$(n-r)$ 個の残すものを選ぶことと同じ

です．だから，$_nC_r = {_nC_{n-r}}$ が成りたちます.

〈(ii)の意味〉

　n 人の受験生から r 人の合格者を選ぶことを考えると，$_nC_r$ 通りの方法があります．n 人の中の特定の1人（たとえば自分）に着目すると，合格する場合と不合格の場合しかありません.

　自分が合格する場合は $(n-1)$ 人の受験生から $(r-1)$ 人の合格者を選べばよく，自分が不合格の場合は，$(n-1)$ 人の受験生から r 人の合格者を選べばよく，それぞれ $_{n-1}C_{r-1}$，$_{n-1}C_r$ 通り.

　よって，和の法則より $_nC_r = {_{n-1}C_{r-1}} + {_{n-1}C_r}$ が成りたちます.

第6章

演習問題 102

　　$n \geqq 1$ のとき，$r\,{_nC_r} = n\,{_{n-1}C_{r-1}}$ が成りたつことを示せ.

103 順列（Ⅰ）（場所指定）

equation のすべての文字を用いて，順列をつくる．このとき，次のようなものは何通りあるか．
(1) e, n が両端にあるもの．
(2) q, u, a がとなりあっているもの．
(3) q, u がとなりあっていないもの．
(4) t, i, o, n の順がこのままのもの．
(5) q が a より左にあり，t が a より右にあるもの．

(1) 8種類の文字のうち，2種類の文字に条件がついています（場所指定）．こういう場合は，**条件のついた部分を優先して考えて**いくのが常道です．

(2) **となりあう ⇨ まとめて1つと考えたあと，その中で入れかえを考える．**

(3) この問題では **となりあわない＝全体－となりあう**
と考えてもよいのですが，一般的には**無関係なものを並べ，間に入れ込む**と考えた方がよいでしょう．

(4) **順序指定 ⇨ とりあえず場所指定**

(5) (4)と同じです．とりあえず**場所指定**です．

解答

(1) e, n の入り方は2通り．その他の文字はふつうに並べればよい（右図参照）ので，
$2 \times 6! = 1440$（通り） ◀同時に起こるので積 **100**

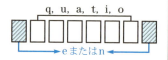

(2) q, u, a をまとめて1つと考えれば（右図参照），全体は6個の文字と考えられる．

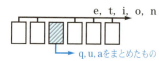

その並べ方は6!通り．そのおのおのに対して，q, u, a の入れかえが3!通りあるので，
$6! \times 3! = 4320$（通り）

(3) q, u 以外の6文字の並
べ方は 6! 通り.

6文字を並べたあとに，
それらの間と両端の7か所
から2か所を選んで，q と u を並べるので，その並べ方は，$_7P_2$ 通り.
∴ $6! \times {}_7P_2 = 6! \times 7 \times 6 = 30240$ (**通り**)

(**別解**) (2)と同様に q と u がとなりあうものは $7! \times 2$ 通り.
よって，となりあわないものは，全体が 8! 通りだから
$8! - 7! \times 2 = 7! \times (8-2) = 7! \times 6 = 30240$ (通り)

(4) t, i, o, n の入る場所の
選び方は $_8C_4$ 通り．その場
所が1つ決まったとき，t,

i, o, n のおき方は1通り．また，残りの4文字の並べ方は 4! 通り.
∴ $_8C_4 \times 1 \times 4! = $ **1680** (**通り**)

(5) q, a, t の入る場所の選
び方は $_8C_3$ 通り．入る場所
が1つ決まったとき，q, a,
t のおき方は1通り．また，残り5文字の並べ方は 5! 通り.
∴ $_8C_3 \times 1 \times 5! = $ **6720** (**通り**)

ポイント
- Ⅰ．条件のきびしいところが優先
- Ⅱ．となりあう ⟹ ひとまとめ
- Ⅲ．となりあわない ⟹ 間に入れる
- Ⅳ．順序指定 ⟹ 場所指定

演習問題 103

JUNPEI の6文字すべてを用いて順列をつくるとき，次のよう
なものは何個あるか.
(1) 子音 (J, N, P) が両端にあるもの.
(2) P, E, I がとなりあっているもの.
(3) J, U, N がどの2つもとなりあっていないもの.
(4) 母音 (U, E, I) がこの順に並んでいるもの.

104 倍数の規則

1 から 6 までの数字が1つずつかかれた6枚のカードがある．これから3枚を選んで並べることにより，3桁の整数をつくる．このとき，次のような整数はいくつあるか．

(1) 2の倍数
(2) 3の倍数
(3) 4の倍数
(4) 6の倍数

ある整数がどんな数の倍数になっているかを調べる方法は以下のようになります．これを知らないと問題が解けません．

- 2の倍数：一の位が偶数
- 3の倍数：各位の数字の和が3の倍数
- 4の倍数：下2桁が4の倍数
- 5の倍数：一の位の数字が0または5
- 6の倍数：一の位が偶数で，各位の数字の和が3の倍数
- 8の倍数：下3桁が8の倍数
- 9の倍数：各位の数字の和が9の倍数
- 10の倍数：一の位の数字が0

(1) 一の位が 2，4，6 のどれかになるので，まず，一の位から考えます．
（⇦条件のついた場所を優先）

(2) 3の倍数になるような3つの数の組が1つ決まると並べ方は 3! 通りあります．

(3) 2桁の数で4の倍数であるものを1つ決めて，その左端にもう1つ数字をおくと考えます．

解 答

(1) 一の位の数字の選び方は 2，4，6 の3通りで，このおのおのに対して百の位，十の位の数字の選び方は

$$_5P_2 = 5 \times 4 = 20 \,(通り)$$

175

$\therefore \quad 3 \times 20 = \mathbf{60}$ （個）

(2) $\boxed{1}$ から $\boxed{6}$ までの数字から 3 つを選んだとき，その和が 3 の倍数になる組合せは，

$(1, \ 2, \ 3), \ (1, \ 2, \ 6), \ (1, \ 3, \ 5),$

$(1, \ 5, \ 6), \ (2, \ 3, \ 4), \ (2, \ 4, \ 6),$

$(3, \ 4, \ 5), \ (4, \ 5, \ 6)$ の 8 通り.

◀右になるほど大きくなるように拾っていく（規則性をもって）

そのおのおのに対して並べ方が 3! 通りずつ.

$\therefore \quad 8 \times 3! = \mathbf{48}$ （個）

(3) $\boxed{1}$ から $\boxed{6}$ までの数字から 2 つを選んで 2 桁の整数をつくるとき，これが 4 の倍数になるのは，

$12, \ 16, \ 24, \ 32, \ 36, \ 52, \ 56, \ 64$ の 8 通り.

そのおのおのに対して，その左端におくことができる数は 4 通りずつ.

$\therefore \quad 8 \times 4 = \mathbf{32}$ （個）

(4) (2)の 8 通りのおのおのについて，一の位が偶数になるように並べる方法を考えればよい.

$(1, \ 2, \ 3), \ (1, \ 5, \ 6), \ (3, \ 4, \ 5)$ は偶数が 1 つしかないので，それぞれ 2 個ずつ.

$(1, \ 2, \ 6), \ (2, \ 3, \ 4), \ (4, \ 5, \ 6)$ は偶数が 2 つあるので，それぞれ，$2 \times 2 \times 1 = 4$ （個）ずつ.

$(2, \ 4, \ 6)$ はすべて偶数なので，$3! = 6$ （個）.

よって，$2 \times 3 + 4 \times 3 + 6 = \mathbf{24}$ （個）

第6章

🌑 **ポイント** ┊ 整数が 2 の倍数, 3 の倍数, 4 の倍数, 5 の倍数,
6 の倍数, 8 の倍数, 9 の倍数, 10 の倍数
になる条件は覚えておく

演習問題 104

6 個の数 0, 1, 2, 3, 4, 5 の中から 4 個の異なる数字を選び，それらを並べて 4 桁の整数をつくるとき，25 の倍数は何個できるか.

105 順列（Ⅱ）（同じものを含む順列）

scienceの7個の文字を横一列に並べるとき，その並べ方は何通りあるか．

 精講

a, a, b, cの並べ方はどのくらいあるか調べると，
aabc, aacb, abac, abca,
acab, acba, baac, baca,
bcaa, caab, caba, cbaa

以上12通りあります．
（この並べ方を「**辞書式に並べる**」といいます）

しかし，文字の種類が増えると数え上げるのが大変になります．そこで，考え方を一般的にしてみましょう．

2つのaが仮に，a, a′ であったとすれば，全体の並べ方は4!通りになります．この4!の並べ方の中には，$\boxed{a, a'}$と$\boxed{a', a}$と並んでいるものがあり，この2つは実際には同じ並べ方なので，まとめて1つと考えなければなりません．ですから，4!÷2=12（通り）と数えられます．

解答

7文字のうち，cとeが2個ずつあるので

$$\frac{7!}{2!2!} = \frac{7\cdot6\cdot5\cdot4\cdot3\cdot2}{2\cdot2} = 1260\,(通り)$$

ポイント 　n個のもののうち，同じものがp個，q個，r個，…あるものの並べ方の総数は

$$\frac{n!}{p!q!r!\cdots} 通りある$$

演習問題 105

105において，sがiより左にあり，nがiより右にあるような並べ方は何通りあるか．

106 順列（Ⅲ）（円順列）

両親とその子供4人が円卓を囲んですわるとき，
(1) すわり方は全部で何通りあるか．
(2) 両親が向かいあってすわる方法は何通りあるか．
(3) 両親がとなりあってすわる方法は何通りあるか．

精講

n 個の異なるものを円状に並べる方法（**円順列**）は $(n-1)!$ 通りありますが，他に条件が付加されると，この公式はあまり便利とはいえません．大切なことは，**1つを固定する**ということです．

解答

(1) 6人が円卓を囲むことになるので，
$5!=120$（通り）

(2) 父親の位置を固定すると， ◀ここがポイント
母親の位置は1つに決まる．
よって，4人の子供のすわり方を考えて，
$1×4!=24$（通り）

(3) 両親をまとめて1人と考えて， ◀103
5人を円卓に並べる方法は，$4!$ 通り．
両親の入れかえが2通りあるので
$4!×2=48$（通り）

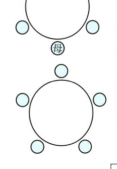

ポイント 円状に並べるとき，1つを固定して，あとは普通の順列と考えればよい

演習問題 106

3人の男子 A, B, C と 3人の女子 a, b, c の 6人が円卓にすわる．
(1) 男と女が交互にすわる方法は何通りあるか．
(2) A と a，B と b，C と c がそれぞれ向かいあってすわる方法は何通りあるか．

107 組合せ（Ⅰ）

A，B2人を含む10人から5人の委員を選ぶとき，
(1) A，Bをともに含む選び方は何通りあるか．
(2) Aは選ばれ，Bは選ばれない選び方は何通りあるか．

精講

大切なことは，次の2つです．
・10人のうち，本当に選ばれる可能性があるのは何人か．
・5人のうち，本当に選ぶ必要があるのは何人か．

解答

(1) 「A，Bをともに含んで5人選ぶ」とは
「A，Bを除いた8人から3人を選ぶ」
ことだから，求める場合の数は，

$$_8C_3 = \frac{8 \cdot 7 \cdot 6}{3 \cdot 2} = 56 \, (通り)$$

(2) 「Aは選ばれ，Bは選ばれない」とは
「A，Bを除いた8人から4人を選ぶ」
ことだから，求める場合の数は，

$$_8C_4 = \frac{8 \cdot 7 \cdot 6 \cdot 5}{4 \cdot 3 \cdot 2} = 70 \, (通り)$$

ポイント n個の異なるものからr個の異なるものを選ぶ方法は

$$_nC_r = \frac{n!}{r!(n-r)!} \, 通り \, ある$$

演習問題 107

男子7人，女子4人の中から3人の選手を選ぶとき，
(1) 3人中男子が2人となる選び方は何通りあるか．
(2) 男子，女子が少なくとも1人は入るような選び方は何通りあるか．

108 組合せ（Ⅱ）

正六角形 ABCDEF の 6 つの頂点から異なる 3 点を選び，それらを結んで三角形を作るとき，
(1) 全部でいくつの三角形ができるか．
(2) 正三角形はいくつできるか．
(3) 直角三角形はいくつできるか．

精講

(1) 「1 つの三角形ができること」と，「異なる 3 点を 1 組選ぶこと」とは同じです．

また，(2)，(3)はいずれも(1)に特別な条件が付加されたものですから，その特別な条件に着目すればよいのです．そして，イメージをつかむために **1 点を固定**してみるとわかりやすくなります．

解 答

(1) 6 つの頂点から，異なる頂点 3 つを選べば三角形が 1 つできる．よって，求める三角形の数は
$${}_6C_3 = 20 \,(個)$$

(2) 右上図より，△ACE と △BDF の **2 個**．

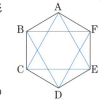

(3) 直角三角形ができるとき，その斜辺は正六角形の中心を通る対角線になる．

対角線 AD に対して，直角三角形は右下図のように 4 個ある．対角線が 3 本あることより，直角三角形は
$$4 \times 3 = 12 \,(個)$$

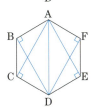

ポイント 場合の数を数えるとき，わかりにくければ具体例を考えて様子を探り，方針をみつける

演習問題 108

108 において，二等辺三角形は何個あるか．

基礎問

180　第6章　順列・組合せ

109 組合せ（Ⅲ）

> 1から7までの自然数の中から異なる3個の数字を選ぶとき，
> (1)　最大数が6以下となるような選び方は何通りあるか．
> (2)　最大数が6となるような選び方は何通りあるか．

精講

(1)　「最大数≦6」を最大数が6の場合，5の場合と分けて考えると大変になります．

(2)　最大数＝6となる3個の数字の選び方は，次の2つの考え方があります．

①　1から5までの数字から2個選び，かつ，6を選ぶ．

②　「最大数≦6」－「最大数≦5」　　　◀（別解）

解　答

(1)　最大数≦6となるのは1から6までの数字から3個選んだとき．

よって，$_6C_3 = 20$（通り）

(2)　最大数＝6となるのは1から5までの数字から2個選び，かつ，6を選んだとき．よって，$_5C_2 = 10$（通り）

（別解）　最大数＝6となるのは「最大数≦6」－「最大数≦5」のとき．

よって，$_6C_3 - {}_5C_3 = 20 - 10 = 10$（通り）

注　特に（別解）の考え方は大切です．（⇨**演習問題109**）

◉ポイント

1からnまでの数字からいくつか選んだときの最大数がkとなるのは

「最大数≦k」－「最大数≦$k-1$」

と考える

演習問題 109

大，中，小の3つのサイコロをふったとき，
(1)　最大の目が4以下となるような目の出方は何通りか．
(2)　最大の目が4となるような目の出方は何通りか．

110 組分け（Ⅰ）

1から5までの整数をかいた5枚のカードのそれぞれに，A，B，Cのスタンプのうち1つを押すことにする．このとき，次の問いに答えよ．
(1) 使わないスタンプがあってもよいとするとき，押し方は何通りあるか．
(2) 使わないスタンプが1つになる押し方は何通りあるか．

(1) どのカードもスタンプの選び方が3通りずつあります．**ポイント**の考え方を使って5つの3をかけることになります．これは，100 と同じ考え方ですが，かける数字がすべて同じもので，このような場合は**重複順列**とよばれます．

(2) 使うスタンプ2つを決めておいて，(1)と同じ考え方をしますが，この中には，使うスタンプが1つの場合が2つ含まれていることに注意します．

解 答

(1) どのカードもスタンプの押し方が3通りずつあるので，
$3 \times 3 \times 3 \times 3 \times 3 = $ **243**（通り）

(2) 使われる2つのスタンプの選び方は $_3C_2 = 3$（通り）
この2つがAとBのスタンプとすると，
どのカードもスタンプの押し方が2通りずつあるが，
この中には，すべてA，すべてBの適さない押し方が2通り
含まれているので，$2^5 - 2$ 通り．
よって，求める押し方は，$3(2^5 - 2) = $ **90**（通り）

> 🔵 **ポイント**　異なる n 個のものから，重複を許して（同じものを何回選んでもよい）r 個のものを並べる方法は，n^r 通り

演習問題 110

110 において，スタンプがA，B，C，Dの4つであるとき，
(1) 使わないスタンプが2つになる押し方は何通りあるか．
(2) 使わないスタンプが1つになる押し方は何通りあるか．

111 組分け（Ⅱ）

9冊の異なる本を次のように分ける方法は，それぞれ何通りあるか．
(1) 4冊，3冊，2冊の3組に分ける．
(2) 3冊ずつ3人の子供に分ける．
(3) 3冊ずつ3組に分ける．
(4) 5冊，2冊，2冊の3組に分ける．
(5) 2冊，2冊，2冊，3冊の4組に分ける．

(1)～(4)までいずれも9冊の本を3分割するという意味では同じ考え方になります．本に番号を①から⑨までつけておき，(2)と(3)では，どのような違いがあるのか調べてみましょう．

(2)の3人の子供をA君，B君，C君とすると，

A君に与える本の選び方は $_9C_3$ 通り
B君に与える本の選び方は $_6C_3$ 通り ⎬ (*)
C君に与える本の選び方は $_3C_3$ 通り

ここで，2つの例を考えてみましょう．

(ア) A君は①～③，B君は④～⑥，C君は⑦～⑨
(イ) A君は④～⑥，B君は⑦～⑨，C君は①～③

この(ア)と(イ)は(2)では異なるものとして数えなければなりません．そして，(*)においては，この2つは異なるものとして数え上げてあります．

しかし，(3)においては，**組に区別がない**ので，(ア)と(イ)は同じものとして数えなければなりません．したがって，(*)の中のいくつかはまとめて1つと数えることになります．それは，(ア)，(イ)のように(2)では違うもので(3)では同じものと考えなければならないものの数で，3!個あります．要するに，(*)の中の3!=6個をまとめて1つと数えれば(3)ということになるのです．

ただし，この3!の「3」は「3冊」の「3」ではなく，「3組」の「3」を指しています．

183

解　答

(1)　4冊，3冊，2冊の3組には区別があるので

$$_9C_2 \cdot {}_7C_3 \cdot {}_4C_4 = \frac{9 \cdot 8}{2} \cdot \frac{7 \cdot 6 \cdot 5}{3 \cdot 2} = 1260 \text{（通り）}$$

◀ $_4C_4 = 1$ であるから省略してもよい

注　$_9C_4 \cdot {}_5C_3 \cdot {}_2C_2$ でもよいですが，少しだけ計算が複雑になります．

(2)　3冊ずつ3人の子供に分けるとき，3組には区別があるので

$$_9C_3 \cdot {}_6C_3 \cdot {}_3C_3 = \frac{9 \cdot 8 \cdot 7}{3 \cdot 2} \cdot \frac{6 \cdot 5 \cdot 4}{3 \cdot 2}$$
$$= 1680 \text{（通り）}$$

◀ ①～③の本をもらったときと，④～⑥の本をもらったときに，「これは違う!!」と認識できる

(3)　3冊ずつ3組に分けるとき，組に区別がないので

$$\frac{_9C_3 \cdot {}_6C_3 \cdot {}_3C_3}{3!} = \frac{1680}{6} = 280 \text{（通り）}$$

(4)　5冊，2冊，2冊の3組に分けるとき，2冊の2組に区別がないので

$$\frac{_9C_2 \cdot {}_7C_2 \cdot {}_5C_5}{2!} = 378 \text{（通り）}$$

(5)　2冊，2冊，2冊，3冊の4組に分けるとき，2冊の3組に区別がないので

$$\frac{_9C_2 \cdot {}_7C_2 \cdot {}_5C_2 \cdot {}_3C_3}{3!} = \frac{9 \cdot 8 \cdot 7 \cdot 6 \cdot 5 \cdot 4}{2 \cdot 2 \cdot 2 \cdot 3!} = 9 \cdot 7 \cdot 5 \cdot 4 = 1260 \text{（通り）}$$

第6章

● ポイント　組分けの問題では，組に区別があるかないかが目のつけどころで，組に区別がなければ，区別のつかない組の数の階乗でわっておけばよい

演習問題 111

　8人の生徒が4つのコートを使ってテニスの試合をする．このとき，次の問いに答えよ．

(1)　コートに区別があるとき，何通りの組合せがあるか．

(2)　コートに区別がないとき，何通りの組合せがあるか．

112 道の数え方

(1) 右図のような道をAからBまで行くことを考える．
　(i) 最短経路の数はいくつあるか．
　(ii) (i)のうち，Cを通るものはいくつあるか．

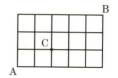

(2) 右図のようにp, qが通れない道をAからBまで行くことを考える．最短経路の数はいくつあるか．

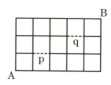

(1) たとえば，右図の色の線で表される道について考えてみましょう．この道をタテ，ヨコで分割して一列に並べると｜，―，―，｜，―，｜，―，―となっています．他の道も「―」

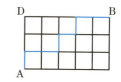

5本と「｜」3本を並べかえたものになります．一例として，A→D→Bと外の辺をまわる道は｜｜｜――――と表せます．よって，**105** で学んだ **同じものを含む順列**で片付けられます．あるいは，8個のワク□□□□□□□□のうち，「｜」を入れる3か所を選ぶ($_8C_3$)と考えれば，組合せでも計算できます．

(2) 道が欠けているとき（通ってはいけない道があるとき）の考え方はいろいろあります．ここでは2つ紹介します．

解答

(1) (i) 「｜」3本，「―」5本を並べると考えて，
$$\frac{8!}{5!3!} = \frac{8\cdot 7\cdot 6}{3\cdot 2} = 56 \,(通り)\quad (_8C_3\text{でもよい})$$

(ii) AからC，およびCからBの最短経路の数を考えて，
$$\frac{3!}{2!1!} \times \frac{5!}{3!2!} = 3\times 10 = 30\,(通り)$$

◀同時に起こる場合は積

100

(2) (**解Ⅰ**) pを通ってAからBまで行く最短経路の総数は

$${}_2C_1 \times {}_5C_2 = 20 \text{ (通り)}$$

qを通ってAからBまで行く道の総数は

$${}_5C_2 \times {}_2C_1 = 20 \text{ (通り)}$$

pとqを通ってAからBまで行く方法は

$${}_2C_1 \times {}_2C_1 \times {}_2C_1 = 8 \text{ (通り)}$$

よって，p，qの少なくとも一方を通って，AからBに行く道の総数は

$$20 + 20 - 8 = 32 \text{ (通り)}$$

よって，pもqも通らないでAからBまで行く方法は

$$56 - 32 = \mathbf{24 \text{ (通り)}}$$

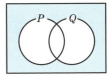

P：pを通る
Q：qを通る

(**解Ⅱ**) 右の上図において，ある点Zに到達する道は，1つ左の点X経由と1つ下の点Y経由の2つがあり，それ以外にはない．よって，点X，点Yに到達する道の数がそれぞれ，x 通り，y 通りあるとき，点Zに到達する道の数は $(x+y)$ 通りある．

よって，求める道の数は右の下図より

24 通り

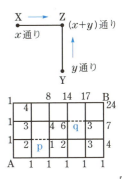

● ポイント　最短経路の数は，縦棒と横棒の並べかえと考える

演習問題 112

右図のような道をAからBまで行くことを考える．

(1) 最短経路の数はいくつあるか．
(2) (1)のうち，Pを通らないものはいくつあるか．

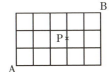

113 重複組合せ

区別のつかない球5個を A，B，C 3つの箱に入れる．
(1) どの箱にも少なくとも1個の球が入る方法は何通りあるか．
(2) 1個も入っていない箱があってもよいとすれば，何通りの方法があるか．

精講

1万円札が5枚あるとき（これらは区別がつきません），どの1万円札がほしいという人はいません．何枚ほしいというはずです．だから，区別がつかない球のときは個数で考えます．

A，B，C の箱に，それぞれ x 個，y 個，z 個入るとすると，(1)，(2)は，それぞれ，次の方程式の解 (x, y, z) の組の数を求めることと同じになります．

(1) $x+y+z=5$ $(x\geqq 1,\ y\geqq 1,\ z\geqq 1)$
(2) $x+y+z=5$ $(x\geqq 0,\ y\geqq 0,\ z\geqq 0)$

解答では，まず拾い上げてみて，あとで計算による解法を考えてみましょう．

解答

A，B，C の箱にそれぞれ，x 個，y 個，z 個入るとする．

(1) $x+y+z=5$ $(x\geqq 1,\ y\geqq 1,\ z\geqq 1)$

$x=1,\ 2,\ 3$ だから，$(x,\ y,\ z)$ の組は次表のようになる．

x	1	1	1	2	2	3
y	1	2	3	1	2	1
z	3	2	1	2	1	1

よって，**6通り** ◀ 98 基準をもって数え上げる

(2) $x+y+z=5$ $(x\geqq 0,\ y\geqq 0,\ z\geqq 0)$

x	0	0	0	0	0	0	1	1	1	1	1	2	2	2	2	3	3	3	4	4	5
y	0	1	2	3	4	5	0	1	2	3	4	0	1	2	3	0	1	2	0	1	0
z	5	4	3	2	1	0	4	3	2	1	0	3	2	1	0	2	1	0	1	0	0

よって，**21通り**

注 この問題のように，変数に関して条件が同じ（このことを $x,\ y,\ z$ は**対称性がある**といいます）であれば，次のように大小を仮定して数えて，あとで並べ方を考える方がラクです．

x	0	0	0	1	1
y	0	1	2	1	2
z	5	4	3	3	2
並べかえの数	3	6	6	3	3

$x \leqq y \leqq z$ と仮定すると，左表のようになる．

よって，

$$3 \times 3 + 6 \times 2 = 21 \text{（通り）}$$

（別解） (1) $x+y+z=5$ $(x \geqq 1, y \geqq 1, z \geqq 1)$ をみたす (x, y, z) の組の数を求める．下の図のように，5個の◎を並べ，4か所のすきまから2か所を選び，タテ棒 | を入れると考えれば，◎と | の1つの並べ方に対して (x, y, z) を1組定めることができる．たとえば，

◎ ◎ | ◎ | ◎ ◎ という並べ方に $x=2, y=1, z=2$ が対応する．
　　 x 　　 y 　　 z

よって，求める場合の数は，$_4C_2 = 6 \text{（通り）}$

(2) $x+y+z=5$ $(x \geqq 0, y \geqq 0, z \geqq 0)$ をみたす (x, y, z) の組の数を求める．下の図のように，5個の◎と2本のタテ棒 | を適当に並べると考えれば，1つの並べ方に対して1組の (x, y, z) が定まる．たとえば，

◎ ◎ | | ◎ ◎ ◎ という並べ方に $x=2, y=0, z=3$ が対応する．

よって，求める場合の数は，$\dfrac{7!}{5!2!} = 21 \text{（通り）}$

注 (2)において，$x=x'-1, y=y'-1, z=z'-1$ とおけば，

$x'+y'+z'=8$ $(x' \geqq 1, y' \geqq 1, z' \geqq 1)$ となり，(1)と同様に

$_7C_2 = 21 \text{（通り）}$ と考えることもできます．

　(1)において，$x=x'+1, y=y'+1, z=z'+1$ とおけば，

$x'+y'+z'=2$ $(x' \geqq 0, y' \geqq 0, z' \geqq 0)$ となり，(2)と同様に

$\dfrac{4!}{2!2!} = 6 \text{（通り）}$ と考えることもできます．

第6章

ポイント

$x+y+z=n$ $(x \geqq 0, y \geqq 0, z \geqq 0)$ をみたす
整数 (x, y, z) の個数は，◎と | の並べかえ
と考える

演習問題 113

赤，青，黄のカードがある．（ただし，どのカードも5枚以上ある．）この3種類のカードから5枚を選ぶとき，その選び方は何通りあるか．

第7章 確率

114 同様な確からしさ（Ⅰ）

> 2枚のコインを同時に投げるとき，次の問いに答えよ．
> (1) 2枚とも表になる確率を求めよ．
> (2) 1枚が表で，1枚が裏になる確率を求めよ．

2枚のコインを投げるとき，2枚とも表，2枚とも裏，1枚が表で1枚は裏，の3通りの場合があります．

したがって，「だから，表が2枚でる確率は $\dfrac{1}{3}$」というのは**ウソ!!**　確率を考えるとき，「全体が N 通りで，起こる場合の数が n 通りだからその確率を $\dfrac{n}{N}$」としたければ，N 通りの1つ1つの場合が**同様に確からしく**ないといけません．

たとえば，飛行機は「落ちる場合」と「落ちない場合」の2つがあるから，「飛行機の落ちる確率は $\dfrac{1}{2}$ である」とは，どう考えてもおかしいでしょう？

解答

1枚のコインには表と裏の2通りがあるので，
2枚のコインは（表，表），（表，裏），（裏，表），（裏，裏）
の4つの場合があり，それらは同様に確からしい．

(1) 2枚とも表になる確率は　$\dfrac{1}{4}$

(2) 1枚が表，1枚が裏になる確率は　$\dfrac{2}{4}=\dfrac{1}{2}$

> **ポイント**　全体が N 通りあり，その1つ1つが同様に確からしい
> $\implies$ 確率 $=\dfrac{\text{起こる場合の数}}{N}$

演習問題 114

3枚のコインを同時に投げたとき，同じ面だけがでる確率を求めよ．

115 同様な確からしさ（Ⅱ）

1から10までの数がそれぞれ1つずつかいてあるカードを裏がえしにしておいて2枚めくる．このとき，次の問いに答えよ．
(1) 一方が他方の2倍になる確率を求めよ．
(2) 一方が他方の3倍以上になる確率を求めよ．

114 で学んだように，全体の場合の数を考えるとき，その1つ1つは**同様に確からしく**なければなりません．ここでは10枚から2枚選ぶわけですから，全体は $_{10}C_2$ がよいのか，めくる順番も考えて $_{10}P_2$ がよいのか，どちらでしょうか？ 結果的にはどちらでも正解ですが，「分母が組合せで分子が順列」などというのはいけません．「**分母と分子が同じ考え方**」であればよいのです．**解答**は計算量を考えて，Cを使います．

解 答

10枚から2枚選ぶので，全体は $_{10}C_2 = 45$（通り）

(1) 一方が他方の2倍になる組合せは
$(1, 2), (2, 4), (3, 6), (4, 8), (5, 10)$
の5通り．
よって，求める確率は $\dfrac{5}{45} = \dfrac{1}{9}$

◀ ダブリを防ぐために**左<右**として数えてある

(2) 一方が他方の3倍以上になる組合せは
$(1, 3) \sim (1, 10)$ の 8通り ⎫
$(2, 6) \sim (2, 10)$ の 5通り ⎬ 計15通り
$(3, 9), (3, 10)$ の 2通り ⎭
よって，求める確率は $\dfrac{15}{45} = \dfrac{1}{3}$

◀ 3倍以上は3倍も含む

ポイント

分母が組合せ ⟹ 分子も組合せ
分母が順列 ⟹ 分子も順列

演習問題 115

115 において，2つの数が互いに素となる確率を求めよ．

190 第7章 確　率

基礎問

116 同様な確からしさ（Ⅲ）

1, 2, 3, 4, 5 の数字を 1 つずつかいたカードが 1 枚ずつ計 5 枚ある. この中から, 無作為に 4 枚選んで横 1 列に並べるとき, 次の問いに答えよ.

(1) 全部でいくつの数ができるか.

(2) 2300 以上の数ができる確率を求めよ.

精講

(2) たとえば, 3□□□型の数は, □に何がきても 2300 以上となりますが, 2□□□型はそうはいきません. しかし, 24□□型なら, 大丈夫です.

ところで, 2300 以上の数とそうでない数はどちらが多いのでしょうか？

解　答
---

(1) $_5P_4 = 5 \cdot 4 \cdot 3 \cdot 2 = \mathbf{120}$ （個）

(2) 2300 より小さい数の個数を調べる.　　　　◀小さい方が少なそう

ⅰ) 1□□□型の個数は, $_4P_3 = 4 \cdot 3 \cdot 2 = 24$

ⅱ) 21□□型の個数は, $_3P_2 = 3 \cdot 2 = 6$　　◀同じ数字が 2 つ並ぶ

よって, $24 + 6 = 30$ （個）　　　　　　　　ことはないので,

だから, 2300 より大きい数は,　　　　　　22□□型はありえ

$120 - 30 = 90$ （個）　　　　　　　　　ない

よって, 求める確率は $\dfrac{90}{120} = \dfrac{3}{4}$

● ポイント　特定の数より大きい (小さい) 数を考えるときは,
上の位から順に, 固定して考える

演習問題 116

0, 1, 2, 3, 4 の数字を 1 つずつかいたカードが 1 枚ずつ計 5 枚ある. この中から, 無作為に 4 枚選んで 4 桁の整数をつくるとき, 3 の倍数となる確率を求めよ.

117 排反事象

> 赤玉3個,白玉4個が入っている袋から同時に2個の玉をとりだすとき2個とも同じ色である確率を求めよ.

まず,玉のとりだし方は $_7C_2$ 通りあります.

次に,2個とも同じ色とは,次の2つの場合です.

　① 2個とも赤玉　　② 2個とも白玉

この2つは**同時に起こりません**.

このような事象を**排反事象**といいますが,このようなときは,**2つの確率をたせばよい**のです.

解答

ⅰ) 2個とも赤玉である確率は

$$\frac{_3C_2}{_7C_2} = \frac{3 \cdot 2}{7 \cdot 6} = \frac{1}{7}$$

◀ $_7C_2$ と $_3C_2$ を別々に計算すると損をする

ⅱ) 2個とも白玉である確率は

$$\frac{_4C_2}{_7C_2} = \frac{4 \cdot 3}{7 \cdot 6} = \frac{2}{7}$$

ⅰ),ⅱ)は排反だから,求める確率は

$$\frac{1}{7} + \frac{2}{7} = \frac{3}{7}$$

ポイント

2つの事象 A, B が排反のとき
$$P(A \cup B) = P(A) + P(B)$$

注 $P(A)$ とは事象 A が起こる確率を表す記号です.

演習問題 117

> 赤玉2個,白玉3個,青玉4個が入っている袋から,同時に2個の玉をとりだすとき,2個とも同色である確率を求めよ.

118 余事象

8個の製品の中に3個の不良品が入っている．この中から，3個の製品をとりだすとき，少なくとも1個の不良品が入っている確率を求めよ．

精講

まず，製品のとりだし方は全部で $_8C_3$ 通りです．
次に3個の製品をとりだすとき，次の4つの場合があります．

　ⅰ) 3個とも良品　　ⅱ) 1個だけ不良品
　ⅲ) 2個だけ不良品　ⅳ) 3個とも不良品

問題ではⅱ)，ⅲ)，ⅳ)をあわせた部分が対象になっていますが，確率は全体の和が1ですから，「1－ⅰ)の確率」とした方が計算がラクになります．

解答

8個の製品から3個をとりだす方法は
　$_8C_3$ 通り
5個の良品から3個をとりだす方法は
　$_5C_3$ 通り
よって，求める確率は
$$1-\frac{_5C_3}{_8C_3}=1-\frac{5\times 4\times 3}{8\times 7\times 6}$$
$$=1-\frac{5}{28}=\frac{23}{28}$$

ポイント 「少なくとも」とあったら，余事象を考え，1から引けばよい

演習問題 118

1個のサイコロを3回投げて，出た目を順に a, b, c とする．このとき，積 abc が偶数である確率を求めよ．

119 独立試行

1つのサイコロを続けて4回投げるとき，次の問いに答えよ．
(1) 4回連続して奇数の目がでる確率を求めよ．
(2) 4回目にはじめて1の目がでる確率を求めよ．

精講 1つのサイコロを続けて何回か投げるとき，たとえば1回目に2の目がでたからといって，2回目に2がでてはいけないわけではありません．やはり，2の目がでる確率は $\frac{1}{6}$ で1回目と同じです．このように，**各回が前回の影響を受けないとき**，その試行を

　　　　独立試行

といい，それぞれの確率をかければ確率が求められます．

解答

(1) 1回サイコロを投げるとき奇数の目のでる確率は $\frac{3}{6} = \frac{1}{2}$

よって，4回連続して奇数の目のでる確率は

$$\left(\frac{1}{2}\right)^4 = \frac{1}{16}$$

(2) 1回サイコロを投げるとき，

1の目のでる確率は $\frac{1}{6}$，その他の目のでる確率は $\frac{5}{6}$

よって，4回目にはじめて1の目がでる確率は

$$\frac{5}{6} \times \frac{5}{6} \times \frac{5}{6} \times \frac{1}{6} = \frac{125}{1296}$$

ポイント 同時に起こる確率は，それぞれの確率をかける

演習問題 119

黒石1個と白石2個の入った袋から，1個をとりだし，色を確認して袋にもどす．これを4回くりかえすとき，次の問いに答えよ．
(1) 4回目にはじめて黒石がでる確率を求めよ．
(2) 白石と黒石が交互にでる確率を求めよ．

120 反復試行

> 黒球が6個，白球が4個入っている袋の中から，1個ずつ3回球をとりだす．ただし，球はそのつど，袋の中にもどすものとする．このとき，次の問いに答えよ．
> (1) 3個の球が同じ色である確率を求めよ．
> (2) 2個が黒球，1個が白球である確率を求めよ．

 この試行では，袋の中の状態（黒球6個，白球4個）は，何回目の試行であっても同じですから，いつでも，黒球のでる確率は $\frac{6}{10}$，白球のでる確率は $\frac{4}{10}$ と一定です．

このような **同じ試行を何回かくりかえし行う試行は**
  反復試行
とよばれます．反復試行でよく見かける誤りは，(2)で
$$\left(\frac{6}{10}\right)^2 \left(\frac{4}{10}\right)^1 = \frac{18}{125}$$
とやってしまうことです．

ここで，右表を見てもらうとわかりますが，白球が何回目にでてくるかを考えると3通りの場合があり，上で求めた確率は，そのうちの1つにしかすぎません．ですから，上の確率に $_3C_1$（3回のうち1回が白），すなわち，3をかけておかなければなりません．では，(1)は何もかけなくてよいのでしょうか？

1回目	2回目	3回目
白	黒	黒
黒	白	黒
黒	黒	白

たとえば，すべて黒球ならば，$\left(\frac{6}{10}\right)^3 = \frac{27}{125}$ でよいのでしょうか？

結果は「OK」ですが，(2)と同様に考えると実は，

   $_3C_3$（3回のうちの3回黒），または
   $_3C_0$（3回のうち0回白）

がかけてあります．つまり，$_3C_3 = {_3C_0} = 1$ だから，「OK」となるのです．

195

解 答

(1)　3個の球が同じ色となるのは

　　　ⅰ）　3個とも黒

　　　ⅱ）　3個とも白

　の2つの場合がある.

◀ **117**
排反事象

ⅰ）　3個とも黒球である

　確率は

$$_3C_3\left(\frac{6}{10}\right)^3=\frac{27}{125}$$

ⅱ）　3個とも白球である

　確率は

$$_3C_3\left(\frac{4}{10}\right)^3=\frac{8}{125}$$

ⅰ），ⅱ）は排反だから，求める確率はこれらの和で

$$\frac{27}{125}+\frac{8}{125}=\frac{35}{125}=\frac{7}{25}$$

◀ **117**
排反事象

(2)　白球が何回目にでるかを考えると，求める確率は

$$_3C_1\left(\frac{6}{10}\right)^2\left(\frac{4}{10}\right)^1=3\cdot\frac{3^2\cdot2}{5^3}$$

$$=\frac{54}{125}$$

💿 **ポイント**

試行 T において，A という事象が確率 p で起こるとき，T を n 回くりかえして，A が k 回起こる確率は

$$_nC_kp^k(1-p)^{n-k}$$

第7章

演習問題 120

　　　○×式の問題が8題ある試験で，でたらめに○，×をつける．このとき，次の問いに答えよ．

① 　6題正解する確率を求めよ．

② 　6題以上正解のときに合格とするとき，合格する確率を求めよ．

121 非復元抽出

10本中2本の当たりが入っているくじがある．この中から，AとBがこの順に1本ずつくじをひく．ただし，Aはひいたくじをもとにもどさないものとする．このとき，次の確率を求めよ．

(1) Aが当たる確率 P_A　　(2) Bが当たる確率 P_B

精講

(2) Aが当たりをひいた場合と，はずれくじをひいた場合で残りの当たりくじの数が違います．こういうときはどのように考えてBの当たる確率を求めるのでしょうか？

解答

(1) 10本のくじの中から1本をとりだす場合は全部で10通りあり，これらが同様に確からしいので，$P_A = \dfrac{2}{10} = \dfrac{1}{5}$

(2) 当たりくじを○，はずれくじを×で表し，2つの○と8つの×のすべてを区別して考えると，根元事象は $_{10}P_2 = 10 \cdot 9$ (通り) ある．

　このうち，Bが当たるのは○○，×○とひいた2つの場合で，それぞれ $_2P_2 = 2 \cdot 1 = 2$ (通り)，$_8P_1 \cdot _2P_1 = 8 \cdot 2 = 16$ (通り)．これらは排反だから

$$P_B = \dfrac{2+16}{10 \cdot 9} = \dfrac{1}{5}$$

注 Ⅰ　A，Bとひく順番があるので，○×と×○は事象として異なります．だから，根元事象は $_{10}C_2$ 通りではなく，$_{10}P_2$ 通りです．また，同様に確からしくなるためには○と×すべてに区別をつける必要があります．だから，○○となる場合は1通りではなく，**2通り**です．

Ⅱ　「ひいたくじを左から順番に並べていく」と考えると，逆に「並べてあるくじを左から順にひく」と考えることができ，次の別解が存在します．

(別解Ⅰ)　2つの○と8つの×に区別をつけると，並べ方の総数は10!通り．そのうち，Bが当たるのは，(斜線部分は何でもよい)．

　斜線部への○のおき方は，9・2通り，×のおき方は8!通り．

よって，$P_B = \dfrac{(9 \times 2) \times 8!}{10!} = \dfrac{2 \times 9!}{10 \times 9!} = \dfrac{1}{5}$

それでは，○と×に区別をつけないとどうなるのでしょうか？

分母は $10!$ が $\dfrac{10!}{8!2!}$ に，分子は $(9 \times 2) \times 8!$ が $\dfrac{9!}{8!} = \dfrac{(9 \times 2) \times 8!}{8! \times 2!}$ になります．これは，分子，分母とも $8!2!$ でわったものですから，やはり分数の値（＝確率）は同じです．

よって，次のような別解ができます．

(**別解Ⅱ**)　2つの○と8つの×に区別をつけないで考えると，

それらの並べ方の総数は $\dfrac{10!}{8!2!} = 5 \cdot 9$（通り）

Bが当たるのは，左から2つ目が○で，その他は何でもよい．

その並べ方の総数は，$\dfrac{9!}{8!} = 9$（通り）

∴　$P_B = \dfrac{9}{5 \cdot 9} = \dfrac{1}{5}$

参考　**129** の乗法定理を使って解くこともできます．どちらの考え方も使えるようにしましょう．

ポイント
- くじはひく順番に関係しない
- くじの考え方は次の2つがある
  ① ひく　　② 並べる

演習問題 121

10本中2本の当たりが入ったくじを，A，B，Cがこの順に1本ずつひく．ただし，ひいたくじはもとにもどさない．このとき，Cが当たる確率を求めよ．

122 最大数・最小数の確率

> 1つのサイコロを4回ふって，出た目のうち最大のものをXとする．
> (1) $X \leq 4$ となる確率 $P(X \leq 4)$ を求めよ．
> (2) $X = 4$ となる確率 $P(X = 4)$ を求めよ．

精講

の確率版です．との違いは，本問が反復試行であることです．具体的には，同じ数字が何回も出てくることです．

たとえば，出た目の最大値が4のとき，たくさんの場合を考えないといけないので**ポイント**の考え方を使います．イメージは右図です．

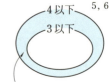

4が必ず1つは含まれていて5,6は含まれていない

解 答

(1) $X \leq 4$ となるとき，出る目は4回とも1から4の目のどれかだから

$$P(X \leq 4) = \left(\frac{4}{6}\right)^4 = \left(\frac{2}{3}\right)^4 = \frac{16}{81}$$

(2) $P(X=4) = P(X \leq 4) - P(X \leq 3)$

$$= \left(\frac{4}{6}\right)^4 - \left(\frac{3}{6}\right)^4 = \frac{4^4 - 3^4}{6^4} = \frac{(4+3)(4-3)(4^2+3^2)}{6^4} = \frac{175}{1296}$$

ポイント　1つのサイコロをn回ふったとき，出た目の最大値をX，最小値をYとすると
$P(X=k) = P(X \leq k) - P(X \leq k-1)$
$P(Y=k) = P(Y \geq k) - P(Y \geq k+1)$

演習問題 122

122 において，最小値をYとするとき，$Y=3$ となる確率 $P(Y=3)$ を求めよ．

123 点の移動

点Pが数直線上の原点を出発して，次の規則で動いている．
(規則)　1枚の硬貨を投げて，表がでれば正方向に1，
　　　　裏がでれば負方向に1動く．
硬貨を10回投げるとき，次の問いに答えよ．
(1) 10回中表が x 回でたとして，Pの座標を x で表せ．
(2) Pが座標2にいる確率を求めよ．

精講　(2)は 120 で勉強したように，仮に表が3回でるとわかったとしても，何回目に表がでるか，ということも考えておかないといけません．

解答

(1)　$1 \cdot x + (-1)(10-x) = \mathbf{2x - 10}$

(2)　$2x - 10 = 2$ より，$x = 6$
よって，10回中6回表がでればよい．したがって，求める確率は
$$_{10}C_6 \left(\frac{1}{2}\right)^6 \left(\frac{1}{2}\right)^4 = \frac{10 \cdot 9 \cdot 8 \cdot 7}{4 \cdot 3 \cdot 2 \cdot 2^{10}} = \frac{105}{512}$$
◀ 120

◉ポイント　点の移動は，規則に従って，一般に成りたつ式を用意する

演習問題 123

点Pが座標平面を次の規則に従って動く．ただし，出発点は原点である．
(規則)　1枚の硬貨を投げて，表がでれば x 軸の正方向に1，裏
　　　　がでれば y 軸の正方向に1動く
硬貨を10回投げるとき，次の問いに答えよ．
(1) 表が k 回でているとき，点Pの座標を k で表せ．
(2) 点Pが $(6, 4)$ にいる確率を求めよ．
(3) 点Pの x 座標が6以上となる確率を求めよ．

124 カードの確率

赤, 青, 黄, 緑の4色のカードが5枚ずつあり, 各色のカードに1から5までの数字が1つずつかいてある. これら20枚のカードから3枚を同時にとりだすとき, 次の問いに答えよ.

(1) とりだし方の総数をNとするとき, Nを求めよ.
(2) 3枚とも同じ番号になる確率P_1を求めよ.
(3) 3枚のカードのうち, 赤いカードが1枚だけになる確率P_2を求めよ.
(4) 3枚とも色も数字も異なる確率P_3を求めよ.

1枚のカードは色と数字の2つの役割をもっていますが, (2)では番号だけ, (3)では色だけがテーマになっています.

だから, (2)では,「1, 2, 3, 4, 5とかいたカードがそれぞれ4枚ずつある」と読みかえて, (3)では「赤が5枚, 赤以外が15枚ある」と読みかえます. もちろん, (4)では, 色と数字を両方考えますが, 一度に2つのことを考えにくければ,

①まず, 色を選ぶ
②色が決まったところで, その色に数字を割りあてる

と2段階で考えればよいでしょう.

解 答

(1) 20枚の中から3枚をとりだすので,
$$N = {}_{20}C_3 = \frac{20 \cdot 19 \cdot 18}{3 \cdot 2} = 20 \cdot 19 \cdot 3 = \mathbf{1140}$$

(2) 1, 2, 3, 4, 5とかいたカードが4枚ずつあるので3枚とも同じ番号になるのは, $5 \times {}_4C_3 = 20$ (通り)

∴ $P_1 = \dfrac{20}{N} = \dfrac{1}{57}$

◀数字1を3枚選ぶ方法は${}_4C_3$通り

(3) 5枚の赤から1枚, 15枚の赤以外から2枚選ぶ方法は
$${}_5C_1 \cdot {}_{15}C_2 = 5 \times \frac{15 \times 14}{2} = 5 \cdot 15 \cdot 7$$

$$\therefore\ P_2 = \frac{5 \cdot 15 \cdot 7}{20 \cdot 19 \cdot 3} = \frac{35}{76}$$

(4)

3種類の色の選び方が $_4C_3 = 4$ (通り)

このおのおのに対して,番号を3つ選ぶ方法が
$_5C_3 = 10$ (通り) あり,3つ選んだ番号の並べ方
が $3!$ 通りあるので,$4 \times 10 \times 3! = 4! \times 10$ (通り)

◀ $_5P_3 = 5 \cdot 4 \cdot 3$ でもよい

$$\therefore\ P_3 = \frac{4! \times 10}{20 \cdot 19 \cdot 3} = \frac{4}{19}$$

(別解) (129 の考え方で)

もとにもどさないで1枚ずつ
とりだすと考える.1回目にと
りだしたカードを①で,2回目
にとりだしたカードを②で表す
と,右図より

◀ 1回目終了時
点で2回目に
とりだせるカ
ードが12枚

1回目にとりだせるのは,20枚中20枚
2回目にとりだせるのは,19枚中12枚
3回目にとりだせるのは,18枚中 6枚

$$\therefore\ 1 \times \frac{12}{19} \times \frac{6}{18} = \frac{4}{19}$$

> **ポイント** 色や番号のように問題文の中で区別がつけてあっても
> 各設問において区別すべきかどうかは別問題
> 各設問の中でそれぞれ判断する

演習問題 124

10枚のカード①,②,③,…,⑨,⑩から2枚同時に選ぶとき,
次の問いに答えよ.

(1) 2枚とも偶数になる確率を求めよ.

(2) 2枚とも素数になる確率を求めよ.

(3) 一方が偶数,他方が奇数となる確率を求めよ.

125 一般の加法定理

2つのサイコロを同時に投げる試行において，A，B 2つの事象を次のように定める．

　　A：少なくとも1つは1の目がでる　　B：目の和が偶数

このとき，次の問いに答えよ．ただし，$P(X)$ は事象 X が起こる確率を表す．

(1) $P(A)$，$P(A\cap B)$，$P(A\cup B)$ を求めよ．
(2) A，B どちらか一方だけ起こる確率を求めよ．

(1) $P(A\cap B)$ と $P(A\cup B)$ を考えるとき，$A\cap B$ や $A\cup B$ が，どんな事象を表しているかをはっきりさせることが大切です．

　　特に「サイコロ2つ」の場合は表をかくことをおすすめします．

(2) $A\cup B$ から $A\cap B$ を除いた部分が題意に適する部分です．これはベン図（⇨ 21 ）をかいてみるとよくわかります．

解答

(1) ⅰ) $P(A)$

　$\overline{A}$：2つのサイコロとも2から6までのどれかの目

　（⇨ 118：余事象）

　∴ $P(\overline{A})=\left(\dfrac{5}{6}\right)^2=\dfrac{25}{36}$

　よって，$P(A)=1-P(\overline{A})=\dfrac{11}{36}$

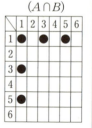

ⅱ) $P(A\cap B)$

　$A\cap B$ は右上表の●印のところを意味する．

　よって，求める確率は

　　$\dfrac{5}{36}$

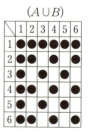

ⅲ) $P(A\cup B)$

　$A\cup B$ は右表の●印のところを意味する．

よって，求める確率は

$$\frac{24}{36}=\frac{2}{3}$$

注 余事象を考えて，$1-\frac{12}{36}=\frac{2}{3}$ でもかまいません．

(別解) ⅱ) もし，表を使わないで解答するならば，拾い上げていくのが1つの方法です．

(1, 1), (1, 3), (1, 5), (3, 1), (5, 1)　5通り

ⅲ) も同様ですが，「少なくとも」や「∪」から考えて余事象で攻める方がよいでしょう．

すなわち，$\overline{A\cup B}=\overline{A}\cap\overline{B}$ ですから，　◀ド・モルガンの法則

$\overline{A\cup B}$：2つの目は1以外で，その和は奇数

(2, 3), (2, 5), (3, 2), (3, 4), (3, 6),
(4, 3), (4, 5), (5, 2), (5, 4), (5, 6),
(6, 3), (6, 5)　　　　　　以上12通り

(別解) ⅲ) $P(B)=\frac{1}{2}$ だから

$$P(A\cup B)=P(A)+P(B)-P(A\cap B)$$
$$=\frac{11+18-5}{36}=\frac{2}{3}$$

◀下のベン図参照

(2) 右のベン図より，求める確率は

$$P(A\cup B)-P(A\cap B)=\frac{24}{36}-\frac{5}{36}$$
$$=\frac{19}{36}$$

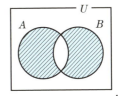

● **ポイント**　サイコロ2つのときは表をかく

演習問題 125

2つのサイコロを同時に投げる試行において，A, B 2つの事象を次のように定める．ただし，$P(X)$ は事象 X が起こる確率を表す．

A：少なくとも1つは偶数　　B：目の和が3の倍数

このとき，$P(A)$, $P(B)$, $P(A\cap B)$, $P(A\cup B)$ を求めよ．

126 道の確率

右図のような道があり，PからQまで最短経路で すすむことを考える．このとき，次の問いに答えよ．

(1) 最短経路である1つの道を選ぶことが同様に確からしいとして，Rを通る確率を求めよ．
(2) 各交差点で，上へ行くか右へ行くかが同様に確からしいときRを通る確率を求めよ．

(1) 題意は「仮にPからQまで道が5本あったとしたら，1つの道を選ぶ確率は $\frac{1}{5}$」ということです．

(2) 題意は「ある交差点にきたとき，上または右を選ぶ確率がそれぞれ $\frac{1}{2}$」ということです．

解答

(1) PからQまで行く最短経路は

$$\frac{4!}{3!1!}=4 \text{(通り)} \quad (_4C_1 \text{でもよい})$$

◀ 112

また，PからRまで行く最短経路は

$$\frac{3!}{2!1!}=3 \text{(通り)} \quad (_3C_1 \text{でもよい})$$

RからQまで行く最短経路は1通りだから
PからRを通りQまで行く最短経路は $3 \times 1 = 3$(通り)

よって，求める確率は $\dfrac{3}{4}$

(2) (1)より題意をみたす経路は3本しかないことがわかる．

ここで，A，B，C，Dを右図のように定める．

i) P→A→B→R とすすむ場合，
進路が2つある交差点はPのみ．

よって，i)である確率は $\dfrac{1}{2}$

ii) P→C→B→Rとすすむ場合,

進路が2つある交差点は,PとCの2点.

よって,ii)である確率は $\left(\dfrac{1}{2}\right)^2=\dfrac{1}{4}$

iii) P→C→D→Rとすすむ場合,

進路が2つある交差点は,P,C,Dの3点.

よって,iii)である確率は $\left(\dfrac{1}{2}\right)^3=\dfrac{1}{8}$

i),ii),iii)は排反だから,求める確率は

$\dfrac{1}{2}+\dfrac{1}{4}+\dfrac{1}{8}=\dfrac{7}{8}$

注 上の(1),(2)を比べると答が違います.もちろん,どちらとも正解です.確率を考えるとき「同様に確からしいのは何か?」ということが,**結果に影響を与えます**.

また,(1)と(2)でもう1つ大きな違いがあります.それは,(1)では「Qにつくまで」考えなければならないのに対して,(2)では「Rについたら,それ以後を考える必要がない」点です.

ポイント 道の問題では,次のどちらが同様に確からしいかの判断をまちがわないこと

Ⅰ.1つの最短経路の選び方
Ⅱ.交差点で1つの方向の選び方

演習問題 126

右図のような道があり,PからQまで最短経路ですすむことを考える.このとき,次の問いに答えよ.

(1) 最短経路である1つの道を選ぶことが同様に確からしいとして,Rを通る確率を求めよ.

(2) 各交差点で,上へ行くか右へ行くかが同様に確からしいとして,Rを通る確率を求めよ.

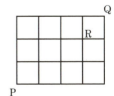

127 確率の最大値

白玉 5 個，赤玉 n 個の入っている袋がある．この袋の中から，2 個の玉を同時にとりだすとき，白玉 1 個，赤玉 1 個である確率を p_n で表すことにする．このとき，次の問いに答えよ．ただし，$n \geqq 1$ とする．

(1) p_n を求めよ．
(2) p_n を最大にする n を求めよ．

精講

条件に文字定数 n が入っていると，確率は n の値によって変化するので，最大値が存在する可能性があります．確率の最大値の求め方は一般に，関数の最大値の求め方とは違う考え方をします．それは，変数が自然数の値をとることと確率 $\geqq 0$ であることが理由です．この考え方は，パターンとして頭に入れておかなければなりません．

その考え方とは次のようなものです．いま，すべての自然数に対して $p_n > 0$ のとき，ある自然数 N で，

$$n \leqq N-1 \text{ のとき,} \quad \frac{p_{n+1}}{p_n} > 1$$

$$n \geqq N \text{ のとき,} \quad \frac{p_{n+1}}{p_n} < 1$$

が成りたてば，n で表されている確率 p_n は，

$$p_1 < p_2 < \cdots\cdots < p_N > p_{N+1} > \cdots\cdots$$

が成りたちます．だから $n=N$ で最大とわかります．

すなわち，$\dfrac{p_{n+1}}{p_n}$ と 1 の大小を比較すればよいのです．ここで，

$$\frac{p_{n+1}}{p_n} > 1 \iff p_{n+1} - p_n > 0$$

ですから，$p_{n+1} - p_n$ と 0 の大小を比較してもよいのですが，確率の式というのは，ふつう積の形をしていますので，わった方が式が簡単になるのです．

解　答

(1) $p_n = \dfrac{{}_5C_1 \cdot {}_nC_1}{{}_{n+5}C_2} = \dfrac{2 \cdot 5 \cdot n}{(n+5)(n+4)}$

　　　　$= \dfrac{10n}{(n+5)(n+4)}$

◀ ${}_nC_r = \dfrac{n!}{r!(n-r)!}$

(2) $\dfrac{p_{n+1}}{p_n} = \dfrac{10(n+1)}{(n+6)(n+5)} \times \dfrac{(n+5)(n+4)}{10n}$

　　　$= \dfrac{(n+1)(n+4)}{n(n+6)} = 1 + \dfrac{4-n}{n(n+6)}$

◀ $\dfrac{p_{n+1}}{p_n}$ の形で1と大小を比較

$\therefore \quad \dfrac{p_{n+1}}{p_n} - 1 = \dfrac{4-n}{n(n+6)}$

よって，$n<4$ のとき，$\dfrac{p_{n+1}}{p_n} > 1$

　　　　$n=4$ のとき，$p_5 = p_4$

　　　　$n \geqq 5$ のとき，$\dfrac{p_{n+1}}{p_n} < 1$

◀ $n(n+6)>0$ だから符号を調べるには分子を調べればよい

$\therefore \quad p_1 < p_2 < p_3 < p_4 = p_5 > p_6 > p_7 > \cdots\cdots$

よって，p_n を最大にする n は，$4, 5$

◀ この式をかく方がわかりやすい

🌙 ポイント
確率の最大値は，わって1との大小比較

参考　この考え方は確率以外でも
　　① 定義域が自然数　　② 値域 >0
をみたす関数であれば利用できます．

たとえば，$f(n) = \dfrac{n(n+3)}{2^n}$ などです．この関数は $n=2$ で最大になりますので，各自やってみましょう．

ある袋の中に，n 個の白玉が入っていて，そのうち5個に赤い印がついている．その袋から，5個の玉を同時にとりだしたとき，2個の玉に赤い印がついている確率を p_n とおく．ただし，$n \geqq 8$ とする．このとき，次の問いに答えよ．

(1) p_n を n で表せ．　(2) p_n を最大にする n を求めよ．

128 条件付確率（I）

1組のカップルがいる．最初に男性の方がサイコロをふり，そのあとで，女性の方がサイコロをふる．その結果が，右表の○印の部分に該当したら，旅行が当たるというゲームを行う．このとき，次の問いに答えよ．

(1) このゲームで，旅行が当たる確率を求めよ．
(2) 男性の方が ⚃ をだしたという条件の下で，旅行が当たる条件付確率を求めよ．

精講

(1) 全体が36通りあって，そのうちの12通りが旅行に行けます．
(2) 男性の方がすでに ⚃ をだしてしまっているので，全体は36通りではなく，**6通り**です．そのうち，女性が ⚃ か ⚅ をだせばよいと考えます．

解答

(1) サイコロを2回ふるので，全体は36通りある．
　　○印は12個あるので，求める確率は
　　$$\frac{12}{36} = \frac{1}{3}$$
　　◀114

(2) 男性が ⚃ の目をだしているので，全体は6通りある．この中に，○印は2個あるので，求める条件付確率は
　　$$\frac{2}{6} = \frac{1}{3}$$
　　◀114

（条件付確率の意味）

条件付確率は通常
　　「A が起こったという条件の下で」あるいは「A が起こったとき」
という表現を伴っています．だから，確率を考える分母は全体ではなく，A が起こった場合に制限しなければなりません．

209

(2)では，全体の 36 通りが分母ではなく，6 通りが分母になります．

これを，数式で表現すると次のようになります．

2 つの事象 A，B は，右表のような場合の数で起こるとします．1 つ 1 つの場合が同様に確からしいとき，A が起こるという条件の下で B が起こる条件付確率 $P_A(B)$ は

	A	$\overline{A}$
B	a 通り	b 通り
$\overline{B}$	c 通り	d 通り

$$P_A(B)=\frac{a}{a+c} \ \text{で表されます．}$$

同じように考えると，

$$P_B(A)=\frac{a}{a+b}, \ \ P_{\overline{A}}(B)=\frac{b}{b+d}, \ \ P_{\overline{B}}(A)=\frac{c}{c+d} \ \ \text{などとなります．}$$

> **●ポイント**
>
> A が起こったという条件の下で確率を考えるときは，全体（＝確率の分母）を A が起こった場合にのみ制限する

注 確率はいつでも **114** の形 $\left(=\dfrac{n}{N}\right)$ で考えるわけではありません．

（⇨ **120** 反復試行）

だから，この**基礎問**で扱った考え方は，条件付確率のイメージをつかんでもらうためのもので，一般性はありません．次の **129** で一般的な条件付確率の定義を学びます．

第7章

演習問題 128

4 枚のカード ①，②，③，④ があり，この中から 1 枚ずつ 3 枚のカードをとりだす．ただし，とりだしたカードは元に戻さない．このとき，3 枚のカードの数字の合計が 3 の倍数になっているという条件の下で，1 枚目のカードが ① である条件付確率を求めよ．

129 条件付確率（Ⅱ）

A，B，Cの3つの袋があり，Aの袋には白玉3個，赤玉2個，Bの袋には白玉2個，赤玉3個，Cの袋には白玉1個，赤玉4個が入っている．いま，サイコロを投げて1の目がでたら袋Aを選び，2，3の目がでたら袋Bを選び，4，5，6の目がでたら袋Cを選んで，袋の中から1個の玉をとりだす．このとき，次の問いに答えよ．
(1) とりだされた玉が白玉である確率を求めよ．
(2) とりだされた玉が白玉であるとき，それが袋Cからとりだされた玉である確率を求めよ．

一般に，ある事象Xが起こったという条件の下で，ある事象Yが起こる**条件付確率** $P_X(Y)$ は次の定義に基づいて計算します．

$$P_X(Y) = \frac{P(X \cap Y)}{P(X)}$$

これは結局，$P(X \cap Y)$ と $P(X)$ を求めればよいことになります．

また，上式を変形した $P(X \cap Y) = P(X)P_X(Y)$ を**乗法定理**とよんでいます．

たとえば，X：袋Aをえらぶ
　　　　　Y：白玉をとりだす

と定めると，袋Aから白玉をとりだす確率は $P(X \cap Y)$ と表され，$P(X) = \dfrac{1}{6}$, $P_X(Y) = \dfrac{3}{5}$ より，袋Aから白玉をとりだす確率は $\dfrac{1}{6} \times \dfrac{3}{5}$ で表されます．これが解答の1行目の意味です．

解　答

(1) (i) 袋Aから白玉がとりだされるとき，

袋Aが選ばれる確率は $\dfrac{1}{6}$

そのとき，白玉がとりだされる確率は $\dfrac{3}{5}$

よって，乗法定理より

$$\frac{1}{6} \times \frac{3}{5} = \frac{3}{30}$$

◀あとで加えるので約分しないでおく

211

(ii) 袋Bから白玉がとりだされるとき，(i)と同様に考えて

$$\frac{2}{6} \times \frac{2}{5} = \frac{4}{30}$$

(iii) 袋Cから白玉がとりだされるとき，(i)と同様に考えて

$$\frac{3}{6} \times \frac{1}{5} = \frac{3}{30}$$

(i)～(iii) より，白玉がとりだされる確率を $P(W)$ とおくと

$$P(W) = \frac{3}{30} + \frac{4}{30} + \frac{3}{30} = \frac{1}{3}$$

◀排反事象

(2) 袋Cを選ぶという事象を C とおくと

$$P(W \cap C) = \frac{3}{30} = \frac{1}{10}$$

◀ $W \cap C$ とは(1)の(iii) のこと

$$\therefore \quad P_W(C) = \frac{P(W \cap C)}{P(W)} = \frac{1}{10} \div \frac{1}{3} = \frac{3}{10}$$

◀条件付確率

◯ポイント

事象Xが起こったという条件の下で，事象Yが起こる条件付確率 $P_X(Y)$ は

$$P_X(Y) = \frac{P(X \cap Y)}{P(X)}$$

演習問題 129

第7章

3つの箱 A，B，C がある．はじめ箱Aの中には赤玉が3個，白玉が2個，箱Bの中には赤玉が3個，白玉が4個入っていて，箱Cには玉が入っていない．いま，A，Bからそれぞれ，1個ずつ玉をとりだし，色を確かめずに箱Cに入れた．このとき，次の問いに答えよ．

(1) 箱Cに赤玉が含まれる確率を求めよ．

(2) 箱Cから，1つの玉をとりだしたとき，それが赤玉である確率を求めよ．

(3) 箱Cから，1つの玉をとりだしたとき，それが赤玉であったとする．このとき，この赤玉が箱Aに入っていた赤玉である確率を求めよ．

第8章 データの分析

130 度数分布表とヒストグラム

次のデータは，あるクラス30人に行った100点満点の数学のテストの得点である．

64, 32, 81, 59, 47, 53, 55, 42, 77, 78, 89, 63, 33, 68, 61, 59, 48, 76, 63, 77, 83, 95, 56, 62, 68, 76, 66, 70, 44, 65

(1) 階級の幅を10点として，度数分布表をつくれ．ただし，階級は30点から区切り始めるものとする．
(2) (1)の度数分布表をもとにして，ヒストグラムをかけ．

テストの点数や，人の身長・体重，あるいは50m走のような運動の記録のように，ある特性を表す数量を**変量**といい，ある変量の測定値を集めたものを**データ**といいます．

このデータをいくつかの幅で区切って階級を定め，各階級に属するデータの個数を対応させた表を**度数分布表**といい，各階級の中央の値を**階級値**といいます（たとえば，この度数分布表では，階級値は小さい方から，35, 45, 55, 65, 75, 85, 95 である）．

また，度数分布表を柱状のグラフで表したものを**ヒストグラム**といいます．（このようにグラフにすることによって，データを視覚的にとらえることができる）

ヒストグラム(histogram)という用語は，histo+gram で，histo が「織り物」，gram が「表現されたもの(=文書，図表)」というギリシャ語から来ています．さしずめ，「データ(数値)を織り込んだ図」という意味になるのでしょう．また，これとは逆に日本語になっている数学用語で漢字からは意味が想像つかないものもあります．皆さん方が中学で学んだ「座標」などもそうでしょう．これは，英語で「coordinate」といいますが，ファッションの世界で「上下のコーディネートが良くない」などと使いますね．

213

なぞかけ風にいうと「座標とかけて，ファッションと解く．そのココロはどちらも組み合わせます」という感じでしょうか？　座標は数字を，ファッションは洋服を組み合わせるわけです．

こんな角度から数学をながめるのもおもしろいかもしれません．普通の英和辞典などでも，[数]などの記号付きで訳が載っています．興味ある人は，「数学英和・和英辞典」などを入手する手もありでしょう．

解　答

(1)

階　級 (点)	度数
30 ～ 40	2
40 ～ 50	4
50 ～ 60	5
60 ～ 70	9
70 ～ 80	6
80 ～ 90	3
90 ～ 100	1
計	30

(2)

🌙 **ポイント**　度数分布表をつくるときは，まず階級の幅を決め，それぞれの階級に属するデータを数え上げて表にする

演習問題 130

次のデータは，ある弁当屋のある月の1日毎の弁当の売り上げ個数である．

127,　116,　182,　188,　171,　133,　139,　162,　179,　154,　128,
144,　166,　150,　155,　141,　156,　148,　147,　159,　137,　123,
161,　123,　176,　125,　147,　113,　191,　186

(1) 階級の幅を10個として，度数分布表をつくれ．ただし，階級は110個から区切り始めるものとする．

(2) (1)の度数分布表をもとにして，ヒストグラムをかけ．

第8章

基礎問

214 第8章 データの分析

131 データの代表値（平均値・メジアン・モード）

右表は100点満点の数学のテストの結果を度数分布表にしたものである．この表をもとにして，以下の問いに答えよ．

(1) 最頻値を求めよ．

(2) 階級値を用いて平均値を求めよ．

(3) 得点が40点以上60点未満の階級に含まれる8人の得点は，以下のようになっていた．

得　点（点）	度数
以上　　　　　未満 0　～　20	2
20　～　40	11
40　～　60	8
60　～　80	15
80　～　100	4
計	40

41, 56, 50, 42, 51, 59, 41, 50

このとき，この階級における中央値と平均値を求めよ．

精　講　データが度数分布表の形で表されているとき，そのデータの特徴を示す値を**代表値**といいます．代表値として我々が日頃耳にするのは，最高，最低，平均などですが，数学では，**平均値**，**最頻値**（モード），**中央値**（メジアン）の3つがよく用いられます．まず，それぞれの定義をはっきりさせておきましょう．

①**平均値**：変量 x のデータの値が，x_1, x_2, x_3, …, x_n のとき，平均値 $\bar{x}$ は，

$$\bar{x} = \frac{1}{n}(x_1 + x_2 + \cdots + x_n)$$ で表される．

　　この問題のように個々のデータがなく，度数分布表でデータが与えられているときは，個々のデータはすべて階級値（⇨ **130**）とみなして，平均値を求める（⇨**解答**(2)）.

②**最頻値**（モード）：データにおいて最も多い値．度数分布表では，最も度数の多い階級の階級値．

③**中央値**（メジアン）：データを大きい順（または小さい順）に並べたとき，その中央にくる値．データの個数が偶数のときは，中央の2つの値の平均．

215

解　答

(1) データの最も度数の多い階級は 60 点以上 80 点未満だから，最頻値
（モード）は，この階級の階級値で　$\dfrac{60+80}{2}=\mathbf{70}\,(\mathbf{点})$

(2) 各階級の階級値は，小さい順に 10 点，30 点，50 点，70 点，90 点で，
それぞれに対応する度数は，2 人，11 人，8 人，15 人，4 人だから，平
均値は，

$$\frac{1}{40}(10\times2+30\times11+50\times8+70\times15+90\times4)=\frac{216}{4}=\mathbf{54}\,(\mathbf{点})$$

(3) データを小さい順に並べると，41，41，42，50，50，51，56，59

よって，中央値は，$\dfrac{50+50}{2}=\mathbf{50}\,(\mathbf{点})$

平均値は，$\dfrac{1}{8}(41+41+42+50+50+51+56+59)=\dfrac{390}{8}=\mathbf{48.75}\,(\mathbf{点})$

🌑 **ポイント**　代表値（平均値・最頻値・中央値）を求めるときは，定
義にしたがって計算する

注　度数分布表でデータが与えられているときの平均値は，階級値を使って
いるので**正確とはいいきれません**．しかし，平均値に幅をもたせて，平均値
がどんな範囲にあるかは調べることができます．このときは，階級値ではな
く，階級のとりうる値を利用して計算します（⇨**演習問題 131**）．

演習問題 131

右表はあるクラスの 50 m 走の度
数分布表である．

(1) 最頻値を求めよ．

(2) 階級値を用いて平均値を求めよ．

(3) 階級値を用いないで，平均値を
求めたとき，平均値のとりうる値
の範囲を求めよ．

タイム（秒）			度　数
以上 6.0	～	未満 6.5	2
6.5	～	7.0	2
7.0	～	7.5	6
7.5	～	8.0	8
8.0	～	8.5	2
計			20

第8章

132 四分位数

次のデータはA君, B君の数学のテストの得点である.
A君：64, 32, 81, 59, 47, 53, 55, 42, 77, 78, 89, 63, 33, 68, 61
B君：58, 48, 76, 63, 77, 83, 95, 56, 62, 68, 76, 66, 70, 44, 65

(1) A君, B君のそれぞれのデータについて, 四分位数, 四分位範囲, 四分位偏差を求めよ.
(2) A君とB君のデータについて, 四分位範囲を比べることによって, データの散らばり度合いを比較せよ.

精講　データの散らばりの度合いを比べる1つのものさしとして**四分位範囲**というものがあります. これを求めるためには, まず**四分位数**という数値を求める必要があります. これは次の手順で求めます.

① データを小さい順に並べる. このときの中央値 (メジアン) を求める.
　これを**第2四分位数** $(=Q_2)$ といいます.

② Q_2 を境にしてデータを前半と後半に分け, 前半部分の中央値を求める. これを**第1四分位数** $(=Q_1)$ といいます.
　次に, 後半部分の中央値を求める. これを**第3四分位数** $(=Q_3)$ といいます.

③ Q_3-Q_1 を**四分位範囲**, $\dfrac{Q_3-Q_1}{2}$ を**四分位偏差**といいます.

注　データの大きさが奇数のときは, Q_2 はデータの数値そのもので, データを2等分するときに Q_2 は含まず (⇨図Ⅰ), データの大きさが偶数のときは, Q_2 はデータそのものではなく, 中央の2つの値の平均です (⇨図Ⅱ). Q_1, Q_3 を求めるときも同じです.

また,「四分位数を求めよ」といわれたら, 特に指定がない限り, 第1四分位数, 第2四分位数, 第3四分位数をすべて答えます.

(図Ⅰ) データの大きさが奇数　　(図Ⅱ) データの大きさが偶数

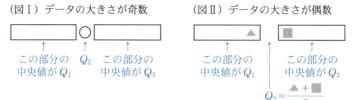

217

解　答

⑴　A君，B君のデータを小さい順に並べると次のようになる.

A君：32，33，42，47，53，55，59，61，63，64，68，77，78，81，89

B君：44，48，56，58，62，63，65，66，68，70，76，76，77，83，95

（A君について）

第2四分位数は **61点**，第1四分位数は **47点**，第3四分位数は **77点** より，

四分位範囲は　$77-47=\mathbf{30}$（**点**），四分位偏差は　$30\div2=\mathbf{15}$（**点**）

（B君について）

第2四分位数は **66点**，第1四分位数は **58点**，第3四分位数は **76点** より，

四分位範囲は　$76-58=\mathbf{18}$（**点**），四分位偏差は　$18\div2=\mathbf{9}$（**点**）

⑵　A君の四分位範囲の方がB君の四分位範囲より大きいので，A君の方がデータの散らばり度合いが大きい.

> **注**　12個のデータを小さい順に並べたとき，次のようになっていると
>
> $\underline{x_1,\ x_2,\ x_3,\ x_4,\ x_5,\ x_6,}\ \underline{x_7,\ x_8,\ x_9,\ x_{10},\ x_{11},\ x_{12}}$
>
> $Q_2=\dfrac{x_6+x_7}{2}$，　$Q_1=\dfrac{x_3+x_4}{2}$，　$Q_3=\dfrac{x_9+x_{10}}{2}$　になります.

● ポイント

四分位数の求め方

①データを小さい順に並べて

②中央値を考えて，第2四分位数を決定

③中央値より小さいデータの中央値を考えて第1四分位数を，中央値より大きいデータの中央値を考えて第3四分位数を求める

演習問題 132

次のデータは，A君，B君2人の生徒の10点満点のテストの結果である.

A君：1，2，2，5，6，10，5，6，2，1

B君：5，5，7，8，1，10，10，8，9，4

⑴　A君，B君それぞれについて，四分位数，四分位範囲を求めよ.

⑵　四分位範囲を比べることによって，データの散らばり度合いを比較せよ.

第8章

133 ヒストグラムと四分位数

ある高校3年生1クラスの生徒43人について，10点満点のテスト4回分の合計点のデータを取った．右の図は，このデータのヒストグラムである．

ただし，階級 $a \sim b$ に属するとは得点が a 点以上 b 点未満であることを表し，テストの得点は整数値をとるものとする．

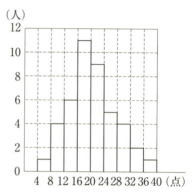

この43人のデータから，第1四分位数 Q_1，第2四分位数 Q_2（中央値），第3四分位数 Q_3 が含まれる階級の階級値を求めよ．

精講

132 によると，43人のデータの場合の各四分位数はデータを小さい方から並べたとき，**11人目，22人目，33人目**になります．

そこで，まず，ヒストグラムで小さい方から何人目かがわかるように順位の番号をつけておきます．(⇨解答の図を参照)

これで，各四分位数が属する階級がわかります．

また，階級値は 130 によると，各階級の中央の値です．

解答

右図のように，ヒストグラムに順位の番号をつけておく．43人のデータを小さい順に並べたとき，Q_1, Q_2, Q_3 はそれぞれ，11人目，22人目，33人目であるから，

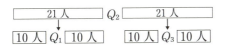

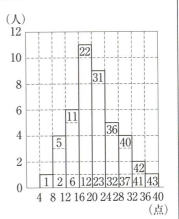

Q_1, Q_2, Q_3 はそれぞれ，12点〜16点，16点〜20点，24点〜28点の階級に含まれているので，求める階級値は，それぞれ，**14点**，**18点**，**26点**である．

> **ポイント**　データの各代表値の定義をしっかり覚えることが第一歩

演習問題 133

33人の生徒に対して，100点満点の試験をして，その結果をヒストグラムにすると，右の図のようになった．

このデータの第1四分位数，第2四分位数，第3四分位数が存在する階級の階級値をそれぞれ求めよ．

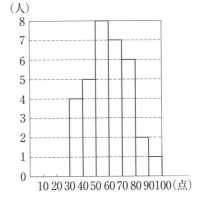

220　第8章　データの分析

134 箱ひげ図

次の2つのデータは，JRのK線とI線の駅間の距離を並べたものである．ただし，単位はkmとする．

K線：4.0, 1.5, 0.8, 3.5, 1.9, 2.8, 1.1, 2.7, 2.2, 3.0, 2.1, 5.1, 2.1, 5.1, 5.2

I線：2.2, 1.3, 1.4, 2.5, 1.8, 3.1, 3.4, 2.6, 4.2, 4.6, 2.9, 2.8, 2.7, 2.3, 4.3

(1) K線，I線それぞれについて箱ひげ図をかけ．
(2) 駅間距離の散らばり度合いはどちらが大きいといえるか．

精講

(1) 箱ひげ図とは，あるデータの最大値をM，最小値をm，第1四分位数をQ_1，第2四分位数をQ_2，第3四分位数をQ_3とするとき，これら5つの値に対して，

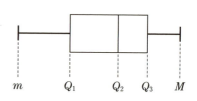

右のような図のことをいいます．したがって，まず，この5つの値を定義に従って求められることが必要です (⇒ 132).

　箱ひげ図はヒストグラム (⇒ 130) ほどデータの様子を詳しく表しているわけではありませんが，度数分布表をつくる必要もないので，そのおおまかな様子は簡単に知ることができます．

(2) 散らばり度合いは**四分位範囲** Q_3-Q_1 か**四分位偏差** $\dfrac{Q_3-Q_1}{2}$ の大小で比べるので，箱ひげ図の**長方形の横の辺の長さ**でわかります．

―――――― 解　答 ――――――

(1) (**K線について**)

データを小さい順に並べかえると，

0.8, 1.1, 1.5, 1.9, 2.1, 2.1, 2.2, 2.7, 2.8, 3.0, 3.5, 4.0, 5.1, 5.1, 5.2
　↑　　　　　↑　　　　　　　　↑　　　　　　　　↑　　　　　　　↑
　m　　　　Q_1　　　　　　　Q_2　　　　　　　Q_3　　　　　　M

よって，$m=0.8$,　$M=5.2$,　$Q_1=1.9$,　$Q_2=2.7$,　$Q_3=4.0$

（I 線について）

データを小さい順に並べかえると，

$$1.3,\ 1.4,\ 1.8,\ 2.2,\ 2.3,\ 2.5,\ 2.6,\ 2.7,\ 2.8,\ 2.9,\ 3.1,\ 3.4,\ 4.2,\ 4.3,\ 4.6$$

対応： m, Q_1, Q_2, Q_3, M

よって，$m=1.3$，$M=4.6$，$Q_1=2.2$，$Q_2=2.7$，$Q_3=3.4$

これより，K 線と I 線の箱ひげ図は，図のようになる．

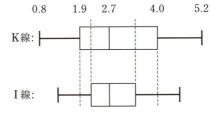

(2) K 線について，$Q_3-Q_1=2.1$　　I 線について，$Q_3-Q_1=1.2$

よって，**K 線**の方が駅間距離の散らばり度合いが大きいといえる．

注　箱ひげ図に，平均値をかき込むことがあります．

このときは，記号「＋」を使います．

たとえば，K 線の平均値は小数第 3 位を四捨五入すると 2.87 になります．
だから，以下のような箱ひげ図になります．

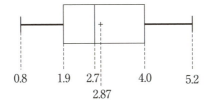

ポイント

箱ひげ図は，データの次の 5 つの値を求める
① 最大値　② 最小値　③ 第 1 四分位数
④ 第 2 四分位数　⑤ 第 3 四分位数

演習問題 134

132 のデータを使ってA君，B君それぞれについて箱ひげ図をかけ．

135 ヒストグラムと箱ひげ図

ある高校3年生1クラスの生徒40人について，ハンドボール投げの飛距離のデータを取った．右の図は，このクラスで最初に取ったデータのヒストグラムである．

(1) このデータを箱ひげ図にまとめたとき，右図のヒストグラムと矛盾するものはどれか．理由を述べて，すべて求めよ．

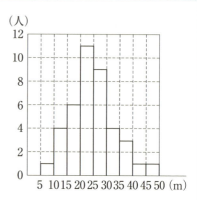

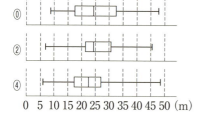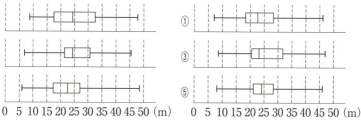

(2) 後日，このクラスでハンドボール投げの記録を取り直した．次に示したA～Dは，最初に取った記録から今回の記録への変化の分析結果を記述したものである．a～dの各々が今回取り直したデータの箱ひげ図となる場合に，⓪～③の組合せのうち分析結果と箱ひげ図が矛盾するものはどれか．理由を述べて，すべて求めよ．

⓪ A－a   ① B－b
② C－c   ③ D－d

A：どの生徒の記録も下がった．
B：どの生徒の記録も伸びた．
C：最初に取ったデータで上位 $\dfrac{1}{3}$ に入るすべての生徒の記録が伸びた．

D：最初に取ったデータで上位 $\frac{1}{3}$ に入るすべての生徒の記録は伸び，下位 $\frac{1}{3}$ に入るすべての生徒の記録は下がった．

(1) 箱ひげ図に現れる代表値は，134にあるように，最小値 m，第1四分位数 Q_1，第2四分位数 Q_2，第3四分位数 Q_3，最大値 M の5つですが，ヒストグラムでは個々のデータがわからないので，この5つの値を正確に知ることはできません．しかし，**ある程度の幅をもって知ることはできます**（⇨ 131）．たとえば，「m は5点から10点の間」というように．

よって，ヒストグラムから m，Q_1，Q_2，Q_3，M の属する階級を読みとり，箱ひげ図と比べていくことになりますが，このような選択式の問題では，ヒストグラムと⓪，ヒストグラムと①，…と比べていくのではなく，まず，m について，⓪〜⑤を比べて，不適切なものを答から外し，以下，M について，Q_1 について，…と考えていく方が**時間をムダにしないで答を選べる**ことも知っておきましょう．

(2) ⓪〜③まで，「すべての生徒」に対する記述になっています．(1)でも述べたように，箱ひげ図では個々のデータが正確にはわからないので，分析と箱ひげ図が矛盾していない可能性があるが，断定できない場合があります．

ここで注意したいのは，矛盾していない（≒正しい）と断定できなくても，必ずしも矛盾しているわけではないことです．

解答

(1) （m について）

m は 5 m 〜 10 m の階級にあるので，すべて適する．

（M について）

M は 45 m 〜 50 m の階級にあるので，すべて適する．

（Q_1 について）

Q_1 は 10 人目と 11 人目が属する階級．

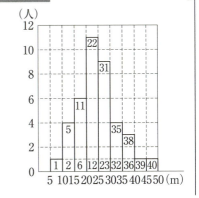

224 第8章 データの分析

基礎問

すなわち，15 m 〜 20 m の階級にある．

よって，②，③，⑤がヒストグラムと矛盾する．

（Q_2 について）

　Q_2 は，20 人目と 21 人目が属する階級．

　すなわち，20 m 〜 25 m の階級にある．よって，すべて適する．

（Q_3 について）

　Q_3 は，30 人目と 31 人目が属する階級．

　すなわち，25 m 〜 30 m の階級にある．

よって，⓪，②，③がヒストグラムと矛盾する．

以上のことより，⓪，②，③，⑤がヒストグラムと矛盾する．

注　マーク形式では，もう少し時間が節約できる．最初に，5 つの代表値の各々について，すべての箱ひげ図で同じ階級に存在するものは調べる対象からはずしてよい．

だから，本問の場合，m，M，Q_2 についてはチェック不要で，消費時間を $\dfrac{2}{5}$ に節約できる．

(2)　（**A−a** について）

　前のデータでは，第 1 四分位数は 15 m 〜 20 m の階級にあるが，新しいデータでは，第 1 四分位数が 20 m 〜 25 m の階級にある．

よって，下位 11 人の生徒の中に記録が伸びた生徒がいる．

∴　矛盾する

（**B−b** について）

　前と後のデータでは，最小値，第 1 四分位数，第 2 四分位数，第 3 四分位数，最大値のすべてが属する階級が上がっている．これだけでは，すべての生徒の記録が伸びたかどうか判断できないが，矛盾しているとはいえない．

（**C−c** について）

　前と後のデータでは，最大値の属する階級が下がっているので，上位 $\dfrac{1}{3}$ に入る生徒の少なくとも 1 人は記録が下がっている．

∴　矛盾する

（**D−d** について）

　前と後のデータでは，最小値と第 1 四分位数の属する階級は下がり，

最大値と第3四分位数の属する階級は上がっている．これだけでは，上位 $\frac{1}{3}$ に入るすべての生徒の記録が伸び，下位 $\frac{1}{3}$ の生徒の記録が下がったかどうか判断できないが，矛盾しているとはいえない．

よって，矛盾するのは⓪と②である．

演習問題 135

20人の生徒が10点満点のテストを受けた．そのデータを棒グラフで表すと右図のようになった．

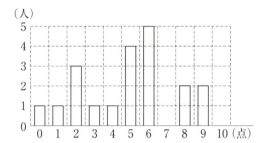

(1) このテストの得点の箱ひげ図は下のどれか．理由を述べて答えよ．

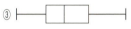

(2) 後日，このテストのデータが間違っていることがわかり，再集計し，箱ひげ図を作り直したら，右図のようになった．

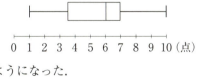

修正前と修正後の箱ひげ図を比較して，分析結果としてつねに正しいものは次のどれか．理由をつけて答えよ．

⓪ 得点の修正後の平均値は修正前の平均値より上がった．

① 得点の修正前と比較すると，少なくとも2人の得点が変化した．

② 得点の修正後のデータのばらつきは修正前に比べて大きくなった．

③ ⓪〜②の中につねに正しいといえるものはない．

136 分散・標準偏差

次のデータはA君，B君2人の10回分のテストの結果である．

回	1	2	3	4	5	6	7	8	9	10
A君（点）	1	3	2	1	6	9	2	1	7	8
B君（点）	6	7	8	10	6	9	8	7	9	10

(1) A君，B君それぞれの平均値，分散，標準偏差を求めよ．
(2) (1)の結果から得点がより安定しているのはどちらといえるか．

(1) 132 でデータの散らばり度合いを判断する指標として四分位偏差を学びましたが，より正確な散らばり度合いを示す指標として，**分散**と**標準偏差**という数値を考えます．

(**分散**) n個のデータ $x_1, x_2, \cdots, x_n$ について，その平均値を $\overline{x}$ とするとき，
$$\frac{1}{n}\{(x_1-\overline{x})^2+(x_2-\overline{x})^2+\cdots+(x_n-\overline{x})^2\}$$ で表される値を**分散**といい，s^2 で表す．

(**標準偏差**) 分散 s^2 の正の平方根 s を**標準偏差**という．

注 分散も標準偏差もデータの散らばり度合いを表していますが，分散はデータを2乗するので単位が変わり，演算に不都合が生じます．このため標準偏差を考えるのです．

(2) 得点が安定しているとは，散らばり度合いが小さい，すなわち，**分散**（**標準偏差でもよい**）が小さいことを指します．

解答

(1) A君の平均値，分散，標準偏差をそれぞれ，$\overline{x}_a, s_a^2, s_a$
B君も同様に，$\overline{x}_b, s_b^2, s_b$ とおく．

$$\overline{x}_a=\frac{1}{10}(1+3+2+1+6+9+2+1+7+8)=\frac{40}{10}=4 \text{(点)}$$

$$s_a^2=\frac{1}{10}\{(4-1)^2+(4-3)^2+(4-2)^2+(4-1)^2+(4-6)^2+(4-9)^2$$
$$+(4-2)^2+(4-1)^2+(4-7)^2+(4-8)^2\}$$

$$=\frac{1}{10}(9+1+4+9+4+25+4+9+9+16)=\frac{90}{10}=9$$

$$\therefore \quad s_a=3 \text{ (点)}$$

$$\overline{x}_b=\frac{1}{10}(6+7+8+10+6+9+8+7+9+10)=\frac{80}{10}=8 \text{ (点)}$$

$$s_b{}^2=\frac{1}{10}\{(8-6)^2+(8-7)^2+(8-8)^2+(8-10)^2+(8-6)^2+(8-9)^2$$

$$+(8-8)^2+(8-7)^2+(8-9)^2+(8-10)^2\}$$

$$=\frac{1}{10}(4+1+4+4+1+1+1+4)=\frac{20}{10}=2$$

$$\therefore \quad s_b=\sqrt{2} \text{ (点)}$$

(2)　$s_a>s_b$ だから，B君の方が安定している.

注　度数分布表から，標準偏差 s を求めるときは階級
値（⇨ 130）をデータと考えて，次の式で求めます.

（⇨**演習問題 136**）

$$s=\sqrt{\frac{1}{n}\{(x_1-\overline{x})^2 f_1+(x_2-\overline{x})^2 f_2+\cdots+(x_n-\overline{x})^2 f_n\}}$$

階級値	度　数
x_1	f_1
x_2	f_2
⋮	⋮
x_n	f_n
計	n

◑ ポイント

n 個のデータ $x_1,\ x_2,\ \cdots,\ x_n$ に対して，標準偏差 s は，

$$s=\sqrt{\frac{1}{n}\{(x_1-\overline{x})^2+(x_2-\overline{x})^2+\cdots+(x_n-\overline{x})^2\}}$$

で表される

注　偏差値については 142 を参照してください.

演習問題 136

　　　右表は，A，B 2 クラスの身長について
の度数分布表である.

　　　それぞれのクラスについて平均値，分散，
標準偏差を求め，身長の散らばり度合いは
どちらが大きいか答えよ.

身長 (cm)	A	B
145以上155未満	5	1
155～165	6	4
165～175	4	12
175～185	4	2
185～195	1	1
計	20	20

第8章

137 計算の工夫

次のデータは 5 人のハンドボール投げの記録である．
　28, a, 24, b, c　（単位は m）
このデータでは，次の 4 つの性質が成りたっている。
(ア)　$24 < a < 28 < b < c$
(イ)　第 3 四分位数は 33 m
(ウ)　平均値は 29 m
(エ)　分散は 14
このとき，a, b, c の値を求めよ．

文字が 3 つありますので，第 3 四分位数，平均値，分散の定義に従って等式を 3 つつくり，連立方程式を解けばよいだけですが，数値が大きいので，計算まちがいが心配です．

そこで，平均値がわかっているので，すべてのデータから 29 m を引いた新しいデータを考えることで，**計算量を減らす工夫**を学びます．

解答

与えられたデータから 29 m を引いた数を新しいデータとして考える．

すなわち，小さい順に，
　-5, $a-29$, -1, $b-29$, $c-29$
を考える．

　$a' = a-29$, $b' = b-29$, $c' = c-29$ とおく．

(イ)より，$\dfrac{b+c}{2} = 33$ だから，$b+c = 66$

　∴　$b' + c' = 8$　……①

(ウ)より，$24 + a + 28 + b + c = 29 \cdot 5$

　∴　$a + b + c = 29 \cdot 5 - 52$

よって，$a' + b' + c' + 29 \cdot 3 = 29 \cdot 5 - 52$

　∴　$a' + b' + c' = 29 \cdot 2 - 52$

　∴　$a' + b' + c' = 6$　……②

(エ)より，$(24-29)^2+(a-29)^2+(28-29)^2+(b-29)^2+(c-29)^2=14\cdot5$

∴ $a'^2+b'^2+c'^2=44$ ……③

①，②より，$a'=-2$，$c'=8-b'$

③に代入して，$4+b'^2+(8-b')^2=44$

∴ $2b'^2-16b'+64-40=0$

$b'^2-8b'+12=0$

$(b'-2)(b'-6)=0$

∴ $b'=2$ または 6

$b'=2$ のとき，$c'=6$

$b'=6$ のとき，$c'=2$ であるが，

$b<c$ より，$b'<c'$ だから不適．

よって，$b'=2$，$c'=6$

以上のことより，$a=27$，$b=31$，$c=35$

注 もし，元のデータのまま解答をつくると，でき上がる連立方程式は $b+c=66$，$a+b+c=93$，$(a-29)^2+(b-29)^2+(c-29)^2=44$ となります．定数項を比べてみると一目瞭然ですね．

参考 視力検査の数値のように，小数点以下を含むデータのときの工夫の仕方は，141 で学びます．

次のデータは5人の体重測定の結果である．

　57, 64, a, b, c　（単位は kg）

このデータに対して，次の4つの性質が成りたっている．

(ア) $57<a<b<64<c$

(イ) データの範囲は 10 kg

(ウ) データの平均値は 62 kg

(エ) データの分散は 11.6

このとき，a, b, c の値を求めよ．

138 もう1つの分散の求め方

(1) n 個のデータを $x_1, x_2, \cdots, x_n$ とし、このデータの平均値を $\overline{x}$、分散を $s_x{}^2$ で表すとき、分散
$$s_x{}^2 = \frac{1}{n}\{(x_1-\overline{x})^2+(x_2-\overline{x})^2+\cdots+(x_n-\overline{x})^2\}$$ は、
$$s_x{}^2 = \frac{1}{n}(x_1{}^2+x_2{}^2+\cdots+x_n{}^2)-(\overline{x})^2$$ と表せることを示せ.

(2) 6個のデータ, $x_1, x_2, x_3, x_4, x_5, x_6$ がある. このデータの平均値を $\overline{x}$、分散を $s_x{}^2$ とするとき, $\overline{x}=2$, $s_x{}^2=5$ であった.
　このとき, 新しいデータ, $x_1{}^2, x_2{}^2, x_3{}^2, x_4{}^2, x_5{}^2, x_6{}^2$ の平均値を求めよ.

(1) $(a-b)^2=a^2-2ab+b^2$ を考えると、
$x_1{}^2+x_2{}^2+\cdots+x_n{}^2$, $-2x_1\overline{x}-2x_2\overline{x}-\cdots-2x_n\overline{x}$, $n(\overline{x})^2$
の登場が想像できます.

ポイントは $-2x_1\overline{x}-2x_2\overline{x}-\cdots-2x_n\overline{x}$ の処理にあります.

(2) ほしいものは, $\dfrac{x_1{}^2+x_2{}^2+x_3{}^2+x_4{}^2+x_5{}^2+x_6{}^2}{6}$,

すなわち, $x_1{}^2+x_2{}^2+x_3{}^2+x_4{}^2+x_5{}^2+x_6{}^2$.

わかっているものは, $\overline{x}\left(=\dfrac{x_1+x_2+x_3+x_4+x_5+x_6}{6}\right)$ と $s_x{}^2$ ですから,

$\overline{x}$ と $s_x{}^2$ と $x_1{}^2+x_2{}^2+x_3{}^2+x_4{}^2+x_5{}^2+x_6{}^2$ をつなぐ

ことを考えます.

解答

(1) $s_x{}^2 = \dfrac{1}{n}\{(x_1-\overline{x})^2+(x_2-\overline{x})^2+\cdots+(x_n-\overline{x})^2\}$

$= \dfrac{1}{n}\{(x_1{}^2+x_2{}^2+\cdots+x_n{}^2)-2\overline{x}(x_1+x_2+\cdots+x_n)+n(\overline{x})^2\}$

$= \dfrac{1}{n}(x_1{}^2+x_2{}^2+\cdots+x_n{}^2)-2\overline{x}\cdot\dfrac{x_1+x_2+\cdots+x_n}{n}+(\overline{x})^2$

$= \dfrac{1}{n}(x_1{}^2+x_2{}^2+\cdots+x_n{}^2)-2(\overline{x})^2+(\overline{x})^2$

$$\therefore \quad s_x{}^2 = \frac{1}{n}(x_1{}^2 + x_2{}^2 + \cdots + x_n{}^2) - (\overline{x})^2$$

(2) $s_x{}^2 = \dfrac{1}{6}(x_1{}^2 + x_2{}^2 + x_3{}^2 + x_4{}^2 + x_5{}^2 + x_6{}^2) - (\overline{x})^2$ だから

$$\frac{x_1{}^2 + x_2{}^2 + x_3{}^2 + x_4{}^2 + x_5{}^2 + x_6{}^2}{6} = s_x{}^2 + (\overline{x})^2$$

$$= 5 + 2^2 = 9$$

よって，$x_1{}^2$，$x_2{}^2$，$x_3{}^2$，$x_4{}^2$，$x_5{}^2$，$x_6{}^2$ の平均値は **9**

注 2つの分散の公式はどんな違いがあるのでしょうか？

扱うデータが具体的な数値の場合，各データ x_1，x_2，$\cdots$，x_n が正の値であることが普通ですから

$(x_1 - \overline{x})^2$ を $x_1{}^2$ と比べると，$(x_1 - \overline{x})^2 < x_1{}^2$

が成りたち，前者の公式の方が負担が軽くなります．

ところが，各データ x_1，x_2，$\cdots$，x_n が整数であっても，$\overline{x}$ は小数になるのが普通です．そうすると，

$x_1 - \overline{x}$，$x_2 - \overline{x}$，$\cdots$，$x_n - \overline{x}$ は小数で，

前者は小数の平方を n 回することになり，

後者は $(\overline{x})^2$ の部分 1 回だけで済みます．

どちらも大切で，使い分けできることが必要です．

🌙 **ポイント**

n 個のデータ x_1，x_2，$\cdots$，x_n の分散 $s_x{}^2$ を求める公式は，$\overline{x}$ を平均値として

$$s_x{}^2 = \frac{1}{n}\{(x_1 - \overline{x})^2 + (x_2 - \overline{x})^2 + \cdots + (x_n - \overline{x})^2\} \quad \text{と}$$

$$s_x{}^2 = \frac{1}{n}(x_1{}^2 + x_2{}^2 + \cdots + x_n{}^2) - (\overline{x})^2$$

の 2 つがある

第8章

演習問題 138

8 個の正方形 C_1，C_2，$\cdots$，C_8 があり，その 1 辺の長さの平均は 3 で分散は 4 である．このとき，8 個の正方形の面積の平均を求めよ．

139 代表値の変化（データの合算）

2つのグループ A, B に対して, 10点満点のテストを実施した. A グループは5人で, B グループは10人である.

A グループの平均を $\overline{a}$, 分散を $s_a{}^2$, B グループの平均を $\overline{b}$, 分散を $s_b{}^2$ とするとき, $\overline{a}=8.2$, $s_a{}^2=1.36$, $\overline{b}=7.9$, $s_b{}^2=2.29$ であった. この15人の成績を合わせたときの平均を $\overline{x}$, 分散を $s_x{}^2$ とする. ただし, これらの値はすべて正確な値であり, 四捨五入されていないものとする.

(1) A グループの得点を $a_1, a_2, \cdots, a_5$, B グループの得点を $b_1, b_2, \cdots, b_{10}$ とするとき, $a_1+a_2+\cdots+a_5$, $b_1+b_2+\cdots+b_{10}$ の値を求め, $\overline{x}$ を求めよ.

(2) $a_1{}^2+a_2{}^2+\cdots+a_5{}^2$, $b_1{}^2+b_2{}^2+\cdots+b_{10}{}^2$ の値を求め, $s_x{}^2$ を求めよ.

(1) $\overline{x}=\dfrac{a_1+a_2+\cdots+a_5+b_1+b_2+\cdots+b_{10}}{15}$ と表されますので

$a_1+a_2+\cdots+a_5$ と $b_1+b_2+\cdots+b_{10}$ の値が必要になります.

(2) 分散の定義によれば

$$s_x{}^2=\dfrac{(a_1-\overline{x})^2+(a_2-\overline{x})^2+\cdots+(a_5-\overline{x})^2+(b_1-\overline{x})^2+(b_2-\overline{x})^2+\cdots+(b_{10}-\overline{x})^2}{15}$$

と表されますが, 誘導されているのは,

$a_1{}^2+a_2{}^2+\cdots+a_5{}^2$ と $b_1{}^2+b_2{}^2+\cdots+b_{10}{}^2$ の値

で, これらは, $s_x{}^2$ の右辺を展開すると確かにその一部として登場します.

しかし, まともに展開すると, 45もの項が出てくるので, 何か上手に手段を考えたい. そのためには, 分散のもう1つの求め方 (⇒138) を知っておく必要があります.

すなわち, 言葉でいうと, **分散=(2乗の平均)−(平均)²** で, 式で表すと,

$$s_x{}^2=\dfrac{1}{15}(a_1{}^2+a_2{}^2+\cdots+a_5{}^2+b_1{}^2+b_2{}^2+\cdots+b_{10}{}^2)-(\overline{x})^2$$

です.

233

解　答

(1) $a_1+a_2+\cdots+a_5=\overline{a}\times5$

$\therefore\quad a_1+a_2+\cdots+a_5=8.2\times5=\mathbf{41}$

$b_1+b_2+\cdots+b_{10}=\overline{b}\times10$

$\therefore\quad b_1+b_2+\cdots+b_{10}=7.9\times10=\mathbf{79}$

よって,

$$\overline{x}=\frac{(a_1+a_2+\cdots+a_5)+(b_1+b_2+\cdots+b_{10})}{15}=\frac{41+79}{15}=\frac{120}{15}=8$$

$\therefore\quad \overline{x}=\mathbf{8}$

(2) $s_a{}^2=\dfrac{1}{5}(a_1{}^2+a_2{}^2+\cdots+a_5{}^2)-(\overline{a})^2$　だから

$a_1{}^2+a_2{}^2+\cdots+a_5{}^2=5\{s_a{}^2+(\overline{a})^2\}=5(1.36+67.24)=\mathbf{343}$

$b_1{}^2+b_2{}^2+\cdots+b_{10}{}^2=10\{s_b{}^2+(\overline{b})^2\}=10(2.29+62.41)=\mathbf{647}$

よって,　$s_x{}^2=\dfrac{1}{15}(a_1{}^2+a_2{}^2+\cdots+a_5{}^2+b_1{}^2+b_2{}^2+\cdots+b_{10}{}^2)-(\overline{x})^2$

$$=\frac{990}{15}-64=\mathbf{2}$$

ポイント

n 個のデータ $x_1,\ x_2,\ \cdots,\ x_n$ の平均を $\overline{x}$, 分散を $s_x{}^2$ とするとき,

$$s_x{}^2=\frac{1}{n}\{(x_1-\overline{x})^2+(x_2-\overline{x})^2+\cdots+(x_n-\overline{x})^2\}$$

$$s_x{}^2=\frac{1}{n}(x_1{}^2+x_2{}^2+\cdots+x_n{}^2)-(\overline{x})^2$$

演習問題 139

4人のグループAと6人のグループBがあって, 合計10人がテストを受けた.

Aグループの平均を $\overline{a}$, 分散を $s_a{}^2$, Bグループの平均を $\overline{b}$, 分散を $s_b{}^2$ とするとき, $\overline{a}=8.0$, $s_a{}^2=4.0$, $\overline{b}=7.0$, $s_b{}^2=5.0$ であった.

このとき, 10人全体の平均 $\overline{x}$ と分散 $s_x{}^2$ を求めよ.

140 代表値の変化（データの追加）

10人の生徒が10点満点のテストを受けた．

得点の低い順に並べたデータを $x_1, x_2, \cdots, x_{10}$ とする．

最低点の生徒は合格点に達しなかったので，翌日追試を受けて合格点をとった．追試前の平均，分散をそれぞれ $\bar{x}, s_x^2$，追試後の平均，分散をそれぞれ，$\bar{y}, s_y^2$ とするとき，次の問いに答えよ．

(1) $\bar{x}$ と $\bar{y}$ の大小を判断せよ．

(2) $\bar{x}=7, s_x^2=3.4$ とする．

追試を受けた生徒の得点が3点から5点になったとき $\bar{y}$ と s_y^2 の値を求めよ．

精講

データに変更があると，代表値など（平均，分散，四分位数など）も変化するのが普通ですが，変化の様子を(1)のように，大きくなる，小さくなる，という観点で判断する場合と，(2)のように，値の変化で判断する場合の2つがあります．どちらも大切な判断法です．

(1)では，箱ひげ図や，定義の式のイメージが有効で，

(2)では，定義に従ってキチンと計算することが必要です．

解答

(1) 最低点だった生徒の得点が増えているので，10人分の得点の総和は増える．

よって，平均点は追試後の方が高くなる． ◀定義の式で分母が不変だから分子の増減を考えている．

∴ $\bar{x} < \bar{y}$

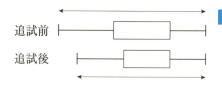

注　各四分位数の変化や，分散の変化は，これだけの情報では判断できません．

(2) 追試を受けた生徒の得点が x_1' のとき，$x_1'=x_1+2$

∴ $\bar{y}=\dfrac{x_1'+x_2+\cdots+x_{10}}{10}=\dfrac{x_1+x_2+\cdots+x_{10}+2}{10}=\bar{x}+0.2=\mathbf{7.2}$

$$s_y{}^2=\frac{1}{10}(x_1'^2+x_2{}^2+\cdots+x_{10}{}^2)-(\overline{y})^2 \quad \blacktriangleleft \boxed{138}$$

$$=\frac{1}{10}\{(x_1+2)^2+x_2{}^2+\cdots+x_{10}{}^2\}-(\overline{y})^2$$

$$=\frac{1}{10}(x_1{}^2+x_2{}^2+\cdots+x_{10}{}^2+4x_1+4)-(\overline{y})^2$$

$$=\frac{1}{10}(x_1{}^2+x_2{}^2+\cdots+x_{10}{}^2)-(\overline{x})^2+(\overline{x})^2-(\overline{y})^2+\frac{2(x_1+1)}{5}$$

$$=s_x{}^2+(\overline{x}+\overline{y})(\overline{x}-\overline{y})+\frac{2}{5}(3+1)$$

$$=s_x{}^2-14.2\times0.2+1.6$$

$$=s_x{}^2-2.84+1.6=3.4-1.24=\textbf{2.16}$$

🌀 **ポイント**

データが変化したときの代表値などの変化は，

・性質から判断する

・値を求めて判断する

の2つの場合があり，前者は箱ひげ図や定義の式のイメージから判断する

演習問題 140

9人の生徒が10点満点のテストを受けた．

このテストの得点を x_1, x_2, $\cdots$, x_9 とする．

翌日，1人欠席の生徒がテストを受け，得点は9点であった．

最初の9人分の平均，分散をそれぞれ $\overline{x}$, $s_x{}^2$ とすると

$\overline{x}=6$, $s_x{}^2=4$ であった．10人分の平均 $\overline{y}$ と分散 $s_y{}^2$ を求めよ．

基礎問

141 代表値の変化（変量変換）

(1) 平均が $\overline{x}$，分散が $s_x{}^2$ である n 個のデータ x_1, x_2, $\cdots$, x_n と平均が $\overline{y}$，分散が $s_y{}^2$ である n 個のデータ y_1, y_2, $\cdots$, y_n があり，2つの変量の間には，a, b を定数として $y_i = ax_i + b$ $(i=1, 2, 3, \cdots, n)$ の関係があるとする.

　このとき，次の問いに答えよ.

(ア) $\overline{y} = a\overline{x} + b$ が成りたつことを示せ.

(イ) $s_y{}^2 = a^2 s_x{}^2$ が成りたつことを示せ.

(2) 次のデータは5人の通学距離の測定結果である.

　　2.6, 1.4, 1.8, 0.7, 3.0 （単位は km）

　このデータの平均 $\overline{x}$ と分散 $s_x{}^2$ を $y = 10x - 20$ を利用して求めよ.

精講 この考え方は，**137**で話した内容を一般化したものです．厳密には数学Bの範囲ですが，これを知っておくと，大きなデータ，小さなデータを扱うときの計算ミスの確率が下がります．マーク形式のような**答だけでよい問題**では，特に有効です.

解答

(1) (ア) $\displaystyle \overline{y} = \frac{1}{n}(y_1 + y_2 + \cdots + y_n)$

$\displaystyle \qquad = \frac{1}{n}\{(ax_1 + b) + (ax_2 + b) + \cdots + (ax_n + b)\}$

$\displaystyle \qquad = \frac{1}{n}\{a(x_1 + x_2 + \cdots + x_n) + nb\}$

$\displaystyle \qquad = \frac{1}{n}(a \cdot n\overline{x} + nb) \qquad\qquad \blacktriangleleft \overline{x} = \frac{x_1 + x_2 + \cdots + x_n}{n}$

$\displaystyle \qquad = a\overline{x} + b$

(イ) $\displaystyle s_y{}^2 = \frac{1}{n}(y_1{}^2 + y_2{}^2 + \cdots + y_n{}^2) - (\overline{y})^2 \qquad \blacktriangleleft \mathbf{138}$

$\displaystyle \qquad = \frac{1}{n}\{(ax_1 + b)^2 + (ax_2 + b)^2 + \cdots + (ax_n + b)^2\} - (a\overline{x} + b)^2$

$$= \frac{1}{n}\{a^2(x_1{}^2+x_2{}^2+\cdots+x_n{}^2)+2ab(x_1+x_2+\cdots+x_n)+nb^2\}$$
$$\quad -\{a^2(\bar{x})^2+2ab\bar{x}+b^2\}$$
$$= a^2\cdot\frac{1}{n}(x_1{}^2+x_2{}^2+\cdots+x_n{}^2)+\frac{1}{n}\cdot 2ab\cdot n\bar{x}+b^2-a^2(\bar{x})^2$$
$$\quad -2ab\bar{x}-b^2$$
$$= a^2\cdot\frac{1}{n}(x_1{}^2+x_2{}^2+\cdots+x_n{}^2)+2ab\bar{x}+b^2-a^2(\bar{x})^2-2ab\bar{x}-b^2$$
$$= a^2\left\{\frac{1}{n}(x_1{}^2+x_2{}^2+\cdots+x_n{}^2)-(\bar{x})^2\right\}=a^2s_x{}^2$$

よって，$s_y{}^2=a^2s_x{}^2$

(2) 5つのデータを順に x_1, x_2, x_3, x_4, x_5 とし，

$y_i=10x_i-20\ (i=1,\ 2,\ 3,\ 4,\ 5)$ で変換すると

$$y_1=6,\ y_2=-6,\ y_3=-2,\ y_4=-13,\ y_5=10$$

よって，$\bar{y}=\dfrac{6+(-6)+(-2)+(-13)+10}{5}=-1$ ◀この計算がラク

になる

$$\therefore\ -1=10\bar{x}-20\ \text{より，}\ \bar{x}=\mathbf{1.9}\ \textbf{(km)}$$

また，$s_y{}^2=\dfrac{1}{5}\{6^2+(-6)^2+(-2)^2+(-13)^2+10^2\}-(\bar{y})^2$

$$=\frac{1}{5}(36+36+4+169+100)-(-1)^2=68\ \text{だから}$$

$$68=10^2s_x{}^2\qquad \therefore\ \ s_x{}^2=\mathbf{0.68}$$

🌑 **ポイント**

平均が $\bar{x}$，分散 $s_x{}^2$ のデータを $y=ax+b$ で変換する
と，y の平均 $\bar{y}$，分散 $s_y{}^2$ はそれぞれ
$$\bar{y}=a\bar{x}+b,\ \ s_y{}^2=a^2s_x{}^2$$
で表される

第8章

演習問題 141

次のデータは5人の身長の測定結果である．

166, 158, 177, 187, 162 （単位は cm）

このデータの平均 $\bar{x}$ と分散 $s_x{}^2$ を $y=x-167$ を利用して
変量を変換して求めよ．

142 偏差値

ある会社の入社試験で，国語と数学の試験が行われた．
国語の平均を $\bar{x}$，標準偏差を s_x，数学の平均を $\bar{y}$，標準偏差を s_y とするとき，$\bar{x}=62$, $s_x=15$, $\bar{y}=55$, $s_y=20$ であった．

(1) 受験者Aは，国語，数学ともに80点をとった．それぞれの科目の偏差値を求めよ．
　　ただし，平均が m，標準偏差が σ のデータに対して，変量 x の偏差値は $\dfrac{x-m}{\sigma}\times 10+50$ で求められる値である．

(2) 2人の受験者A，Bに対して，得点は右表のようになった．科目間の難易度を反映させるために，得点の合計ではなく，偏差値の合計で合否を決めることになった．
　　合格しやすいのはA，Bのどちらか．

	A	B
国語	80	74
数学	80	87
合計	160	161

受験生には，切っても切れない数値である偏差値がテーマです．
受験生でない人でも，この単語を聞いたことがないという人はいないと思いますが，どうやって求めているのか，どんな意味をもっているのかを知らないで，「偏差値が65だから…」などという会話を耳にします．

また，世間では，偏差値は悪者のようにいわれているという側面も否定できません．入試ではこの問題のように定義の式が与えられるので，覚えておく必要はありませんが，せめて異質な2つの数値に対する評価方法の1つであることは知っておいてほしいものです．

定義の式から得られる偏差値のイメージは下図のようなものです．

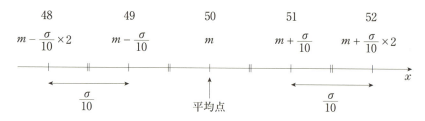

239

解　答

(1) 国語の偏差値は

$$\frac{80-62}{15} \times 10 + 50 = \frac{18}{15} \times 10 + 50 = \mathbf{62}$$

数学の偏差値は

$$\frac{80-55}{20} \times 10 + 50 = \frac{25}{20} \times 10 + 50 = \mathbf{62.5}$$

(2) (1)より，Aの偏差値の合計は $62+62.5=124.5$

次に，Bの国語の偏差値は

$$\frac{74-62}{15} \times 10 + 50 = 58$$

Bの数学の偏差値は

$$\frac{87-55}{20} \times 10 + 50 = 66$$

よって，Bの偏差値の合計は $58+66=124$

以上のことより，**A**の方がより合格に近い．

　(2)では，得点の合計ではBの方が勝っているのに，偏差値では，Aの方が勝っています．これは，**標準偏差の小さい方が高偏差値になりやすいからです**．精講の図によると，数直線上で，$\frac{\sigma}{10}$ が小さい方が，偏差値を1上げるのに必要な得点が少なくてすむということです．

演習問題 142

2科目入試の大学をA，Bの2人が受験した．
科目X，科目Yの得点は右表のようであった．
Xの平均を $\overline{x}$，標準偏差を s_x，
Yの平均を $\overline{y}$，標準偏差を s_y とするとき，
$\overline{x}=72$，$s_x=16$，$\overline{y}=84$，$s_y=24$ であった．

2科目の偏差値の合計で順位が決まるとき，A，Bのどちらが上位の成績といえるか．

143 散布図と相関

次の表は 12 人の生徒に行った 10 点満点で 2 回ずつ実施した A, B 2 科目のテストの結果である．

番号		1	2	3	4	5	6	7	8	9	10	11	12
1回目	A	1	9	9	2	7	4	6	2	8	8	6	4
	B	3	5	7	1	8	6	7	6	10	9	5	4
2回目	A	3	9	5	2	7	4	6	1	7	2	5	3
	B	3	8	3	2	7	5	5	3	8	4	7	5

(1) 1回目，2回目それぞれについて，AとBの散布図をかけ．
(2) (1)の散布図を利用して，1回目，2回目のどちらの相関が強いか判断せよ．

精講

(1) 2つのデータの間に関連性があるかどうかを調べるとき，散布図をかくとその雰囲気がつかめます．散布図のかき方は**座標の考え方と同じ**で，たとえば，1回目の1番の人の場合，座標平面上の点 (1, 4) に印をつけます．散布図が下図①のようなとき，**正の相関関係がある**，③のようなとき，**負の相関関係がある**，②のようなとき，**相関関係がない**とそれぞれいいます．

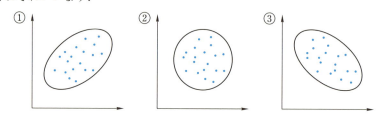

また，下図の④と⑤の散布図を比べると，④の方が，⑤より点が密集している感じがします．このようなとき，④の方が⑤より**相関が強い**といいます．

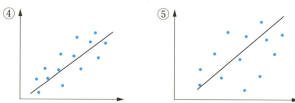

241

(1)　　（1回目の散布図）　　　　（2回目の散布図）

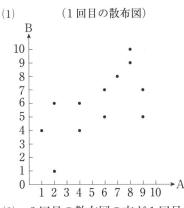

(2)　2回目の散布図の方が1回目の散布図に比べて点の密集感があるので，**2回目**のテストの方が相関が強いといえる．

これはフンイキですから，密集度合を数値で表すとキチンと相関の強弱が数学らしく求められます．これについては **145** の相関係数で学びます．

ポイント　散布図を用いると，正確さはともかく，短時間で相関の強弱を知ることができる

演習問題 143

次の表は10人の生徒に行った10点満点で2回ずつ実施したA，B2科目のテストの結果である．

番号	1	2	3	4	5	6	7	8	9	10
1回目 A	5	6	2	6	1	4	2	4	3	2
1回目 B	5	7	1	6	3	5	2	4	3	4
2回目 A	3	7	1	4	4	5	2	4	3	5
2回目 B	5	6	2	6	3	8	3	2	1	4

(1)　1回目，2回目それぞれについて，AとBの散布図をかけ．

(2)　(1)の散布図を利用して，1回目，2回目のどちらの相関が強いか判断せよ．

144 散布図（読みとり）

次の4つの散布図は，2003年から2012年までの120か月の東京の月別データをまとめたものである．それぞれ，1日の最高気温の月平均（以下，平均最高気温），1日あたり平均降水量，平均湿度，最高気温25℃以上の日数の割合を横軸にとり，各世帯の1日あたりアイスクリーム平均購入額（以下，購入額）を縦軸としてある．

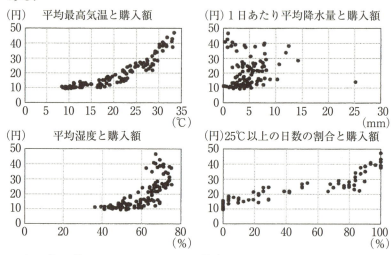

次の⓪〜④について，これらの散布図から正しいと読みとれるかどうか理由を付けて述べよ．

⓪ 平均最高気温が高くなるほど購入額は増加する傾向がある．

① 1日あたり平均降水量が多くなるほど購入額は増加する傾向がある．

② 平均湿度が高くなるほど購入額の散らばりは小さくなる傾向がある．

③ 25℃以上の日数の割合が80%未満の月は，購入額が30円を超えていない．

④ この中で正の相関があるのは，平均湿度と購入額の間のみである．

243

　散布図というのは，2つのデータを座標のように点で表して，座標平面上にかき込んだものです（⇨ 143）．

　だから，平均値や分散のようなデータの値を知ることはできません．しかし，様々な傾向を読みとることはできます．

　実際の入試問題では，出題形式はこの問題の形になると思われます．カンで答えるのではなく，**根拠をもって**（＝理由をつけて）答えられるようになってください．

―― 解　　答 ――

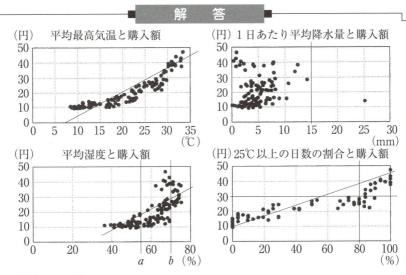

（⓪について）

　左上図によると，点は右上がりの直線に沿って並んでいるので，正しいといえる．

（①について）

　右上図によると，平均降水量が15 mmを超えても，アイスクリームはほとんど購入されていない．また，15 mmより小さいところでは，どの降水量に対しても，点は上から下までまんべんなく並んでいる．

　よって，平均降水量が多くなったからといって，アイスクリームの平均購入額が増えるとはいえない．

　よって，正しいとはいえない．

（②について）

　左下図によると，2つの平均湿度 a % と b %（$a<b$）のところで縦

線をひいてみると，a の線上よりも b の線上の方が点の存在する範囲が長い傾向がある．

したがって，平均湿度が高くなるとアイスクリームの平均購入額の散らばりは大きくなる．

よって，正しいとはいえない．

（③について）

右下図によると，80％のところで縦線をひいて，購入額が30円のところに横線をひく．縦線より左側の領域で，この横線より上側に点は存在しない．

よって，正しいといえる．

（④について）

右上の散布図を除き，傾き正の直線上に沿って点が集まっている傾向があるので，正しいとはいえない．

> **ポイント** 散布図から傾向を読みとる問題では，文章の表現に注意する
> ・〜となる傾向がある　・〜である　・〜でない
> ・〜のみ　・少なくとも〜　・つねに〜

演習問題 144

次の4つの散布図は，242ページの散布図『平均最高気温と購入額』のデータを季節ごとにまとめたもので，その下にある4つの箱ひげ図は，購入額のデータを季節ごとにまとめたものである．

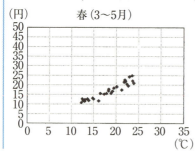

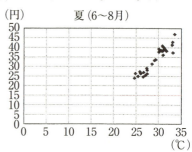

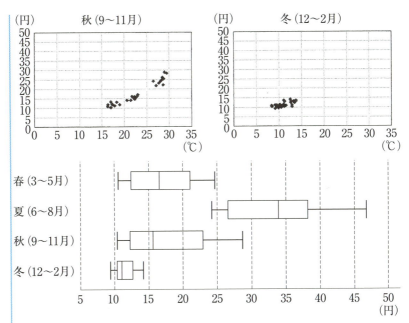

次の ア , イ に当てはまるものを，下の ⓪〜⑧ のうちから 1 つずつ選べ．ただし，解答の順序は問わない．

季節ごとの平均最高気温と購入額について，これらの図から読みとれることとして正しいものは， ア と イ である．

⓪ 夏の購入額は，すべて 25 円を上回っている．
① 秋には平均最高気温が 20 ℃ 以下で購入額が 15 円を上回っている月がある．
② 購入額の範囲が最も大きいのは秋である．
③ 春よりも秋の方が，購入額の最大値は小さい．
④ 春よりも秋の方が，購入額の第 3 四分位数は大きい．
⑤ 春よりも秋の方が，購入額の中央値は大きい．
⑥ 平均最高気温が 25 ℃ を上回っている月があるのは夏だけである．
⑦ 購入額の四分位範囲が最も小さいのは春である．
⑧ 購入額が 35 円を下回っている月は，すべて平均最高気温が 30 ℃ 未満である．

145 共分散・相関係数

下の表は 10 人が参加した試合の 1 回戦と 2 回戦の各人の得点である．

番　号	1	2	3	4	5	6	7	8	9	10
1 回戦 (x)	33	30	44	38	29	43	33	34	36	30
2 回戦 (y)	37	34	44	35	30	41	33	38	41	37

(1) 1 回戦，2 回戦の平均値をそれぞれ $\bar{x}$, $\bar{y}$，分散を $s_x{}^2$, $s_y{}^2$ とする．$\bar{x}$, $\bar{y}$, $s_x{}^2$, $s_y{}^2$ を求めよ．

(2) 共分散 s_{xy} を求め，相関係数 r を求めよ．ただし，小数第 3 位を四捨五入せよ．

(1) 平均値と分散は 136 で学んだ定義通り計算します．

(2) n 個のデータの組 (x_1, y_1), (x_2, y_2), $\cdots$, (x_n, y_n) に対して $(x_i-\bar{x})(y_i-\bar{y})$ の平均値，すなわち

$$\frac{1}{n}\{(x_1-\bar{x})(y_1-\bar{y})+(x_2-\bar{x})(y_2-\bar{y})+\cdots+(x_n-\bar{x})(y_n-\bar{y})\}$$

を x と y の**共分散**といい，記号 s_{xy} で表します．

また，s_x, s_y, s_{xy} に対して $r=\dfrac{s_{xy}}{s_x s_y}$ を x と y の変量の**相関係数**といいます．

相関係数 r は $-1 \leqq r \leqq 1$ が成りたち，r が 1 に近づくほど**強い正の相関がある**といい，-1 に近づくほど**強い負の相関がある**といいます．

143 で学んだ散布図では，2 つのデータの相関を雰囲気で判断しましたが，これを数値化したものが相関係数です．

解　答

(1) $\bar{x}=\dfrac{1}{10}(33+30+44+38+29+43+33+34+36+30)=\mathbf{35}$ （点）

$s_x{}^2=\dfrac{1}{10}\{(-2)^2+(-5)^2+9^2+3^2+(-6)^2+8^2+(-2)^2+(-1)^2+1^2+(-5)^2\}$

$=25$　　∴　$s_x{}^2=\mathbf{25}$

$\bar{y}=\dfrac{1}{10}(37+34+44+35+30+41+33+38+41+37)=\mathbf{37}$ （点）

$$s_y{}^2 = \frac{1}{10}\{0^2 + (-3)^2 + 7^2 + (-2)^2 + (-7)^2 + 4^2 + (-4)^2 + 1^2 + 4^2 + 0^2\} = 16$$

$$\therefore \quad s_y{}^2 = \mathbf{16}$$

(2) $\quad s_{xy} = \frac{1}{10}\{(-2)\cdot 0 + (-5)(-3) + 9\cdot 7 + 3\cdot(-2) + (-6)(-7) + 8\cdot 4$

$\qquad + (-2)(-4) + (-1)\cdot 1 + 1\cdot 4 + (-5)\cdot 0\} = \mathbf{15.7}$

よって，$r = \dfrac{s_{xy}}{s_x s_y} = \dfrac{15.7}{5 \times 4} = 0.785$

小数第 3 位を四捨五入して，$r = \mathbf{0.79}$

注 1 つ 1 つのデータが大きいので，$\overline{x}$，$\overline{y}$ を求めるとき計算まちがいが心配です．このようなとき，次のような操作をすると，少し計算の負担が軽くなります（この考え方を**仮平均**といいます）．

10 個の y のデータをみると，35 点以上のデータが 7 個，35 点より小さいデータが 3 個あるので，35 点が 0 点になるような新しいデータ y' を考えます（⇨ 137 ，141 ）．

y	37	34	44	35	30	41	33	38	41	37
y'	$+2$	-1	$+9$	0	-5	$+6$	-2	$+3$	$+6$	$+2$

y' の平均 $\overline{y'}$ は

$$\overline{y'} = \frac{1}{10}(2 - 1 + 9 - 5 + 6 - 2 + 3 + 6 + 2) = \frac{9 + 3 + 6 + 2}{10} = 2$$

よって，y の平均は $35 + 2 = 37$（点）

ポイント

n 個のデータの組 $(x_1, \ y_1)$，$(x_2, \ y_2)$，$\cdots$，$(x_n, \ y_n)$ について，x の平均を $\overline{x}$，y の平均を $\overline{y}$ とすると，共分散 s_{xy} は

$$s_{xy} = \frac{1}{n}\{(x_1 - \overline{x})(y_1 - \overline{y}) + (x_2 - \overline{x})(y_2 - \overline{y}) + \cdots + (x_n - \overline{x})(y_n - \overline{y})\}$$

で表され，x の分散を $s_x{}^2$，y の分散を $s_y{}^2$ で表すとき，相関係数 r は，$r = \dfrac{s_{xy}}{s_x s_y}$ で表される．このとき，$-1 \leqq r \leqq 1$ が成りたつ

⇨**演習問題 145** は 248 ページ

248 第8章 データの分析

基礎問

演習問題 145

次のデータは10人の右手 (x) と左手 (y) の各人の握力の測定結果である.

番 号	1	2	3	4	5	6	7	8	9	10	
右手 (x)	50	52	46	42	43	35	48	47	50	37	(kg)
左手 (y)	31	33	48	42	51	49	39	45	45	47	

(1) x と y の平均 $\overline{x}$, $\overline{y}$ と分散 $s_x{}^2$, $s_y{}^2$ を求めよ.

(2) 共分散 s_{xy} を求め,相関係数 r を求めよ.ただし,小数第3位を四捨五入せよ.

memo

第9章 補充問題

146 共通部分の面積の変化

座標平面上に図のような直角二等辺三角形 O'PQ と長方形 OABC がある．

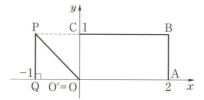

長方形は固定されていて，直角二等辺三角形は x 軸の正方向に動いている．

最初，原点にあった直角二等辺三角形上の点 O' が，点 $(x, 0)$ に到達したときの，三角形と長方形の共通部分の面積を $S(x)$ とおく．ただし，$0 \leqq x \leqq 3$ とする．

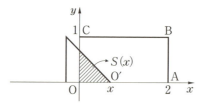

このとき，次の問いに答えよ．

(1) $S(x)$ が一定の値をとるとき，$\boxed{ア} \leqq x \leqq \boxed{イ}$ である．

(2) $0 \leqq x \leqq \boxed{ア}$ のとき，$S(x) = \boxed{ウ}$
   $\boxed{ア} \leqq x \leqq \boxed{イ}$ のとき，$S(x) = \boxed{エ}$
   $\boxed{イ} \leqq x \leqq 3$ のとき，$S(x) = \boxed{オ}$

ただし，$\boxed{ウ}\ \boxed{エ}\ \boxed{オ}$ は次の中から適するものを選べ．

⓪ $\dfrac{1}{2}$ ① 1 ② x^2 ③ $\dfrac{1}{2}x^2$

④ $\frac{1}{2}(-x^2+4x+3)$ ⑤ $\frac{1}{2}(-x^2+4x-3)$

⑥ $\frac{1}{2}(-x^2+3x+2)$ ⑦ $\frac{1}{2}(x^2-3x-2)$

⑧ $\frac{1}{2}(x^2-6x+9)$

(3) $y=S(x)$ のグラフの概形を(あ)の座標平面上に描け．

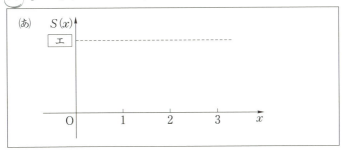

(あ)

(4) $y=S(x)$ のグラフと直線 $x=\boxed{ア}$ と x 軸で囲まれた部分の面積と $y=S(x)$ のグラフと直線 $x=3$ と $y=\boxed{エ}$ で囲まれた部分の面積は等しいことを，「平行移動」「対称移動」の2つの言葉を用いて次の(い)の枠内に説明せよ．

(い)

(1) （ア・イ）

$S(x)$ が一定となるのは，点 Q が $(0, 0)$ と一致したときから，$(1, 0)$ に一致するときまでだから，$1 \leqq x \leqq 2$ である． （ア：**1** イ：**2**）

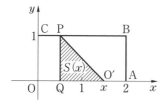

(2) ［$0 \leqq x \leqq 1$ のとき］

$S(x)$ は，直角をはさむ 2 辺の長さが x の直角二等辺三角形の面積であるから

$$S(x) = \frac{1}{2}x^2 \qquad (ウ：③)$$

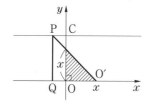

［$1 \leqq x \leqq 2$ のとき］

$S(x)$ は $\triangle \text{O}'\text{PQ}$ の面積であるから

$$S(x) = \frac{1}{2} \qquad (エ：⓪)$$

［$2 \leqq x \leqq 3$ のとき］

$S(x)$ は，$\triangle \text{O}'\text{PQ}$ の面積から，直角をはさむ 2 辺の長さが $x-2$ の直角二等辺三角形の面積を引いた面積であるから

$$S(x) = \frac{1}{2} - \frac{1}{2}(x-2)^2$$
$$= \frac{1}{2}(-x^2+4x-3) \quad (オ：⑤)$$

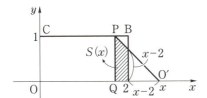

(3)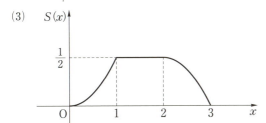

(4) $y = \frac{1}{2}x^2$ を x 軸の正方向へ 2 だけ平行移動し，　◀「放物線の平行移動」

x 軸に関し対称移動して，y 軸の正方向に $\frac{1}{2}$ だけ　◀「放物線の対称移動」

平行移動することを考える．この 3 つの移動で，頂点は

$$(0,\ 0) \longrightarrow (2,\ 0) \longrightarrow (2,\ 0) \longrightarrow \left(2,\ \frac{1}{2}\right)$$

と変化し，下に凸の放物線が上に凸になるので，x^2 の係数は $-\frac{1}{2}$

よって，移動後の放物線は

$$y = -\frac{1}{2}(x-2)^2 + \frac{1}{2} = \frac{1}{2}(-x^2+4x-3)$$

となり，下図の 2 つの斜線部分の面積は等しい．

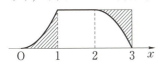

基礎問

254 第9章 補充問題

147 検査の優劣の判定

あるウイルスVに感染しているかどうかを調べる2つの検査Ⅰ，Ⅱがある．この2つの検査について，次の①，②，③の事柄がわかっているとする．

① ウイルスVに感染している人は全体の20%である．

② 2つの事象 X, Y を次のように定める．

X：ウイルスVに感染している．

Y：検査でウイルスVに感染していると判定される．

③ 検査Ⅰ，検査Ⅱに対する確率を P, Q と表すことにするとき，次の確率がわかっている．

$$P(X)=Q(X)=\frac{\boxed{ア}}{\boxed{イ}} \qquad P(X\cap Y)=\frac{9}{50} \qquad P(\overline{X}\cap\overline{Y})=\frac{3}{4}$$

$$Q(\overline{X}\cap Y)=\frac{1}{10} \qquad Q(X\cap\overline{Y})=\frac{1}{100}$$

(1) 検査Ⅰにおける条件付確率 $P_X(Y)$, $P_X(\overline{Y})$, $P_{\overline{X}}(Y)$, $P_{\overline{X}}(\overline{Y})$, 検査Ⅱにおける条件付確率 $Q_X(Y)$, $Q_X(\overline{Y})$, $Q_{\overline{X}}(Y)$, $Q_{\overline{X}}(\overline{Y})$ を求めると，それぞれ，次のようになる．

$$P_X(Y)=\frac{\boxed{ウ}}{\boxed{エオ}} \qquad P_X(\overline{Y})=\frac{\boxed{カ}}{\boxed{キク}}$$

$$P_{\overline{X}}(Y)=\frac{\boxed{ケ}}{\boxed{コサ}} \qquad P_{\overline{X}}(\overline{Y})=\frac{\boxed{シス}}{\boxed{セソ}}$$

$$Q_X(Y)=\frac{\boxed{タチ}}{\boxed{ツテ}} \qquad Q_X(\overline{Y})=\frac{\boxed{ト}}{\boxed{ナニ}}$$

$$Q_{\overline{X}}(Y)=\frac{\boxed{ヌ}}{\boxed{ネ}} \qquad Q_{\overline{X}}(\overline{Y})=\frac{\boxed{ノ}}{\boxed{ハ}}$$

(2) 2つの検査Ⅰ，Ⅱについて，次の2つの基準A，Bで優劣を判定することになった．

（基準A） ウイルスVに感染している人をよりたくさん見逃さない方が優れている．

（基準B） ウイルスVの感染の有無にかかわらず，よりたくさんの人に正しい判定をする方が優れている.

このとき，（基準A）では，ヒ ことがいえる.
その理由を次の㋐の枠内に，確率を示すことによって述べよ.
ただし，ヒ，下の フ は次の中から適するものを選べ.

⓪ 検査Ⅰが優れている ① 検査Ⅱが優れている
② 検査Ⅰ，Ⅱに優劣はない

㋐

また，（基準B）では，フ ことがいえる.
その理由を次の㋑の枠内に，確率を示すことによって述べよ.

㋑

256 第9章 補充問題

基礎問

解　答

（ア・イ）

①より，$P(X) = Q(X) = \dfrac{20}{100} = \dfrac{1}{5}$

（ア：**1**）　（イ：**5**）

(1)　（ウ〜オ）

$$P_X(Y) = \frac{P(X \cap Y)}{P(X)} = \frac{9}{50} \times 5 = \frac{9}{10}$$

◀「条件付確率（Ⅱ）」

（ウ：**9**）　（エオ：**10**）

（カ〜ク）

$P_X(\overline{Y}) = \dfrac{P(X \cap \overline{Y})}{P(X)}$ において，

$$P(X \cap \overline{Y}) = P(X) - P(X \cap Y) = \frac{1}{5} - \frac{9}{50} = \frac{1}{50}$$

だから

$$P_X(\overline{Y}) = \frac{1}{50} \times 5 = \frac{1}{10} \quad （カ：\mathbf{1}）\quad （キク：\mathbf{10}）$$

（ケ〜サ）

$P_{\overline{X}}(Y) = \dfrac{P(\overline{X} \cap Y)}{P(\overline{X})}$ において，

	Y	$\overline{Y}$
X	$X \cap Y$	$X \cap \overline{Y}$
$\overline{X}$	$\overline{X} \cap Y$	$\overline{X} \cap \overline{Y}$

$$P(\overline{X}) = 1 - \frac{1}{5} = \frac{4}{5}$$

$$P(\overline{X} \cap Y) = P(\overline{X}) - P(\overline{X} \cap \overline{Y}) = \frac{4}{5} - \frac{3}{4} = \frac{1}{20}$$

よって，$P_{\overline{X}}(Y) = \dfrac{1}{20} \times \dfrac{5}{4} = \dfrac{1}{16}$

（ケ：**1**）　（コサ：**16**）

（シ〜ソ）

$$P_{\overline{X}}(\overline{Y}) = \frac{P(\overline{X} \cap \overline{Y})}{P(\overline{X})} = \frac{3}{4} \times \frac{5}{4} = \frac{15}{16}$$

（シス：**15**）　（セソ：**16**）

（タ〜テ）

$Q_X(Y) = \dfrac{Q(X \cap Y)}{Q(X)}$ において，

$$Q(X \cap Y) = Q(X) - Q(X \cap \overline{Y}) = \frac{1}{5} - \frac{1}{100} = \frac{19}{100}$$

257

だから

$$Q_X(Y) = \frac{19}{100} \times 5 = \frac{19}{20}$$

（タチ：**19**）　（ツテ：**20**）

（ト～ニ）

$$Q_X(\overline{Y}) = \frac{Q(X \cap \overline{Y})}{Q(X)} = \frac{1}{100} \times 5 = \frac{1}{20}$$

（ト：**1**）　（ナニ：**20**）

（ヌ・ネ）

$$Q_{\overline{X}}(Y) = \frac{Q(\overline{X} \cap Y)}{Q(\overline{X})} = \frac{1}{10} \times \frac{5}{4} = \frac{1}{8}$$

（ヌ：**1**）　（ネ：**8**）

（ノ・ハ）

$$Q_{\overline{X}}(\overline{Y}) = \frac{Q(\overline{X} \cap \overline{Y})}{Q(\overline{X})}$$ において

$$Q(\overline{X} \cap \overline{Y}) = Q(\overline{X}) - Q(\overline{X} \cap Y) = \frac{4}{5} - \frac{1}{10} = \frac{7}{10}$$

よって，$Q_{\overline{X}}(\overline{Y}) = \frac{7}{10} \times \frac{5}{4} = \frac{7}{8}$

（ノ：**7**）　（ハ：**8**）

(2)　(あ)

$$P_X(Y) = \frac{9}{10} = \frac{18}{20}, \quad Q_X(Y) = \frac{19}{20}$$

$P_X(Y) < Q_X(Y)$ だから，検査Ⅱの方が優れている．　（ヒ：**⓪**）

(い)

$$P(X \cap Y) + P(\overline{X} \cap \overline{Y}) = \frac{9}{50} + \frac{3}{4} = \frac{93}{100}$$

$$Q(X \cap Y) + Q(\overline{X} \cap \overline{Y}) = \frac{19}{100} + \frac{7}{10} = \frac{89}{100}$$

$$P(X \cap Y) + P(\overline{X} \cap \overline{Y}) > Q(X \cap Y) + Q(\overline{X} \cap \overline{Y})$$

だから，検査Ⅰの方が優れている．　（フ：**⓪**）

第9章

基礎問

258 第9章 補充問題

148 チケットの買い方

高校生の太郎さんと花子さんはともに歴史研究部の部員である.
この部で, 次の日曜日に博物館に行くことになった.

幹事である太郎さんと花子さんは, どんな入場チケットの買い方を
すれば, 1人あたりの負担額が一番少なくなるか相談している.

ただし, 博物館の入場チケットは, 次の3種類がある.

    ⓐ 1人券Aは250円   (これをチケットAと呼ぶ)

    ⓑ 3枚セットBは650円   (これをチケットBと呼ぶ)

    ⓒ 7枚セットCは1450円 (これをチケットCと呼ぶ)

(1) チケットが余らないように買う(あ)ことにして相談している.
    次の ア ～ オ を正しくうめよ.

太郎:チケットAを使わない方が安くてすむ(い)はずだから, チケット
     Bを x セット, チケットCを y セット使うとすると

           ア $x+$ イ y（人分）

     のチケットが買えるね（x, y は0以上の整数）.

花子:でも, その買い方でいつでもピッタリ人数分のチケットが買
     えるのかしら?

太郎:じゃあ, 考えてみよう.

     ア $x+$ イ y において, x が1だけ増加すると, この式全体
    の値は ア だけ増加するので, x, y にいろいろな値を代入し
    て, ア $x+$ イ y によって連続する ウ 個の自然数を表すこ
    とができれば, これらのうちの最小
    のものを n として, n 以上の自然数
    はすべて表せるはず.

花子:じゃあ, 右のような表を使って調べ
     てみよう.

     なるほど, エオ 人以上はAを使う必
     要はないね.

〈 ア $x+$ イ y の値〉

x＼y	0	1	2	3	4
0					
1					
2					
3					
4					

259

(2) ここで，花子さんが㋐，㋑の考え方に疑問をもった．

花子：だけど，そもそも歴史研究部の部員は $\boxed{エオ}-1$（人）しかいないし…．チケットが余っても，総額が少なくなるのかな．

太郎：じゃあ，$\boxed{エオ}-1$（人）のときに限定して考えてみよう．

チケットCは高々1セットしか使わない㋒から，$y=0$ と $y=1$ のときに分けて考えよう．

ⅰ）$y=0$ のとき

$x=\boxed{カ}$，$\boxed{キ}$ の2つの場合を考えれば十分で，

$x=\boxed{カ}$ のときの最安値は $\boxed{ク}$ 円

$x=\boxed{キ}$ のときの最安値は $\boxed{ケ}$ 円

だね．ただし，$\boxed{カ}<\boxed{キ}$ とする．

ⅱ）$y=1$ のとき

$x=\boxed{コ}$，$\boxed{サ}$ の2つの場合を考えれば十分で，

$x=\boxed{コ}$ のときの最安値は $\boxed{シ}$ 円

$x=\boxed{サ}$ のときの最安値は $\boxed{ス}$ 円

だね．ただし，$\boxed{コ}<\boxed{サ}$ とする．

$\boxed{ク}$ $\boxed{ケ}$ $\boxed{シ}$ $\boxed{ス}$ は下の中から適するものを選べ．

⓪ 2300 ① 2350 ② 2400 ③ 2450 ④ 2500

⑤ 2550 ⑥ 2600 ⑦ 2650 ⑧ 2700 ⑨ 2750

㋒の理由を，次の枠内に説明せよ．

基礎問

260　第9章　補充問題

解　答

(1)　(ア・イ)

　　Bは3枚セット，Cは7枚セットだから，

$3x+7y$（人分）のチケットが買える（x, yは0以

上の整数）．　　　　　　　　　　（ア：3　イ：7）

　　（ウ〜オ）

　　$3x+7y$において，xが1だけ増えると，こ

の式全体の値も3だけ増加するので，x, yに

いろいろな値を代入したとき，$3x+7y$が連

続する3個の自然数を表せれば，その連続す

る自然数をn, $n+1$, $n+2$とすれば，n以上

の自然数はすべて表せる．

x＼y	0	1	2	3	4
0	0	7	⑭	21	28
1	3	10	17	24	31
2	6	⑬	20	27	34
3	9	16	23	30	37
4	⑫	19	26	33	40

　　よって，右表より，12人以上は1人券Aを

使う必要はない．　　　　（ウ：3　エオ：12）

(2)　[(う)の理由]

　　チケットCは2セット以上買うと，かかる費用

は，$1450×2＝2900$（円）以上．

　　ところが，11人分をチケットAでそろえると，

$250×11＝2750$（円）ですむ．

　　よって，1人あたりの負担を最小にするには，

チケットCは高々1セットまでしか使わない．

　　（カ〜ケ）

　ⅰ）$y＝0$のとき

　　　チケットBは3人券だから，11人の場合，

　　3セットと4セットの2つの場合だけ考えれ

　　ば十分．

　　　　∴　$x＝3$または4

　　　$x＝3$のとき，チケットAを2人分買うの

　　で，$650×3＋250×2＝2450$（円）

　　　$x＝4$のとき，すでに12人分あるので，チ

　　ケットAは0セット．

261

$$\therefore \quad 650 \times 4 = 2600 \,(\text{円})$$

（カ：3　キ：4　ク：③　ケ：⑥）

（コ～ス）

ⅱ） $y=1$ のとき

　　残り4人分を用意するので，チケットBは1セットと2セットの2つの場合を考えれば十分で，

　　$x=1$ のとき，チケットAが1人分必要なので，$1450+650+250=2350\,(\text{円})$

　　$x=2$ のとき，チケットAは使わないので，$1450+650 \times 2 = 2750\,(\text{円})$

（コ：1　サ：2　シ：①　ス：⑨）

第9章

149 図形の性質

(1) 先生：太郎さんに問題です．

右図のような台形 PQRS において，SR+RQ>PQ が成り立つことを示してください．

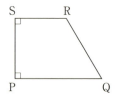

太郎：どう見ても SR+RQ の方が PQ より長いから，当たり前です．

先生：当たり前は証明ではありません．ヒントをあげましょう．線分 SR を線分 PQ 上に移動させます．

次の空欄(あ)に，この不等式の証明を書いてください．

(あ)

(2) 先生：右図のような長方形の土地 OACB について考えます．辺 BC 上に点 D，OACB の内部に点 E をとり，線分 OD，OE が ∠AOB を 3 等分しているとします．

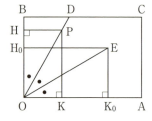

今から，点 O を出発して線分 OD 上にある点 P (≠D) まで歩き，P に到達したら，E まで直進するとします．

ただし，線分 OD 上は毎分 a (>1)，それ以外のところでは毎分 1 で動くものとします．このとき，O から E に到着するまでの所要時間を T (分) とすると，

$$T = \frac{\mathrm{OP}}{\boxed{\mathcal{ア}}} + \mathrm{PE}$$

と表せますね.

$\boxed{ア}$ は,次の選択肢の中から適するものを選びなさい.

⓪ $\dfrac{a}{2}$ ① $\dfrac{\sqrt{3}\,a}{2}$ ② a ③ $\dfrac{2a}{\sqrt{3}}$

④ $\sqrt{3}\,a$ ⑤ $2a$

(3) 先生:まず,$a=2$ として考えてみましょう.

Pから OA,OB に垂線を下ろし,その交点をそれぞれ K,H とします.

$\dfrac{\mathrm{OP}}{\boxed{ア}}$ を時間ではなく,線分の長さと考えると,線分 $\boxed{イ}$ の長さに等しくなります.

$\boxed{イ}$ は,次の選択肢の中から適するものを選びなさい.

⓪ OP ① PH ② PK ③ PB

(4) 先生:次に,E から OA,OB に垂線を下ろし,それぞれの交点を K_0,H_0 とします.$T=\boxed{イ}+\mathrm{PE}$ だから,折れ線 $\boxed{イ}+\mathrm{PE}$ の長さが最小のとき,T は最小になります.

よって,T の最小値は線分 $\boxed{ウ}$ の長さと一致します.

$\boxed{ウ}$ は,次の選択肢の中から適するものを選び,その証明を空欄(い)に書いてください.

⓪ $\mathrm{EH_0}$ ① EO ② $\mathrm{EK_0}$

(い)

(1)(あ)

(証明Ⅰ)

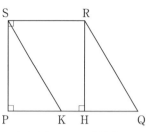

Rから辺PQに垂線を下ろし，その交点をHとすると，
　SR＝PH
だから
　SR＋RQ＝PH＋RQ
△QRHは，QRを斜辺とする直角三角形だから
　RQ＞QH
　∴　SR＋RQ＝PH＋RQ＞PH＋QH＝PQ
よって，
　SR＋RQ＞PQ

(証明Ⅱ)　Sを通り，RQに平行な直線と辺PQの交点をKとすると，四角形QRSKは平行四辺形．
　∴　SR＋RQ＝SK＋KQ
△SPKはSKを斜辺とする直角三角形だから
　SK＞PK
　∴　SR＋RQ＝SK＋KQ＞PK＋KQ＝PQ
よって，
　SR＋RQ＞PQ

(2)　$T = \dfrac{\mathrm{OP}}{a} + \mathrm{PE}$ 　　　　　　　　　　(ア：②)

(3) $\dfrac{\text{OP}}{2} = \text{OP}\sin 30° = \text{PH}$ (イ：①)

(4)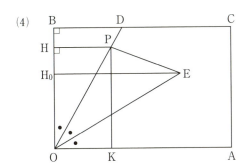

(3)より，
$$T = \text{PH} + \text{PE}$$
だから，T が最小のとき，折れ線 PH+PE の長さが最小．

(い) (あ)より，
$$\text{PH} + \text{PE} \geqq \text{EH}_0 \text{ (一定)}$$
等号は，3 点 E，P，H_0 が一直線上にあるとき成立する．

よって，折れ線 PH+PE の最小値は，線分 EH_0 の長さと一致する． (ウ：⓪)

266 演習問題の解答 （①〜⑩）

基礎問

演習問題の解答

1

$$
\begin{aligned}
与式 &= (-1)^{2+3} \cdot 2 \cdot (x^2)^2 y^2 \cdot xy^2 \cdot (xy)^3 \\
&= (-1)^5 \cdot 2 \cdot x^4 y^2 \cdot xy^2 \cdot x^3 y^3 \\
&= (-1) \cdot 2 \cdot x^{4+1+3} y^{2+2+3} \\
&= -2x^8 y^7
\end{aligned}
$$

2

$$
\begin{aligned}
&2A-B \\
&= 2(x^2-2x+3)-(2x^2+4x-2) \\
&= (2x^2-2x^2)+(-4x-4x)+(6+2) \\
&= -8x+8 \\
&A-2B \\
&= (x^2-2x+3)-2(2x^2+4x-2) \\
&= (x^2-4x^2)+(-2x-8x)+(3+4) \\
&= -3x^2-10x+7
\end{aligned}
$$

3

(1) $s=x-y, \ t=z-w$ とおくと
$$
\begin{aligned}
&(x-y-z+w)(x-y+z-w) \\
&= (s-t)(s+t)=s^2-t^2 \\
&= (x-y)^2-(z-w)^2 \\
&= (x^2-2xy+y^2)-(z^2-2zw+w^2) \\
&= x^2-2xy+y^2-z^2+2zw-w^2
\end{aligned}
$$

(2)
$$
\begin{aligned}
&(x-1)(x-2)(x-3)(x-6) \\
&= \{(x-1)(x-6)\}\{(x-2)(x-3)\} \\
&= (x^2-7x+6)(x^2-5x+6) \\
&= \{(x^2+6)-7x\}\{(x^2+6)-5x\} \\
&= (x^2+6)^2-12x(x^2+6)+35x^2 \\
&= x^4-12x^3+47x^2-72x+36
\end{aligned}
$$

(3)
$$
\begin{aligned}
&(x-1)(x+1)(x^2+1)(x^4+1) \\
&= (x^2-1)(x^2+1)(x^4+1) \\
&= (x^4-1)(x^4+1)=x^8-1
\end{aligned}
$$

4

(1)
$$
\begin{aligned}
&ab-bc-b^2+ca \\
&= a(b+c)-b(b+c) \\
&= (a-b)(b+c)
\end{aligned}
$$

(2)
$$
\begin{aligned}
&x^2-y^2+x+5y-6 \\
&= x^2+x-(y^2-5y+6) \\
&= x^2+x-(y-2)(y-3) \\
&= \{x+(y-2)\}\{x-(y-3)\} \\
&= (x+y-2)(x-y+3)
\end{aligned}
$$

(3)
$$
\begin{aligned}
&a^2(b-c)+b^2(c-a)+c^2(a-b) \\
&= (b-c)a^2-(b^2-c^2)a+b^2c-c^2b \\
&= (b-c)a^2-(b-c)(b+c)a \\
&\quad +bc(b-c) \\
&= (b-c)\{a^2-(b+c)a+bc\} \\
&= -(a-b)(b-c)(c-a)
\end{aligned}
$$

(4)
$$
\begin{aligned}
&(x+1)(x+2)(x+3)(x+4)-24 \\
&= \{(x+1)(x+4)\}\{(x+2)(x+3)\}-24 \\
&= (x^2+5x+4)(x^2+5x+6)-24 \\
&= (x^2+5x)^2+10(x^2+5x) \\
&= (x^2+5x)(x^2+5x+10) \\
&= x(x+5)(x^2+5x+10)
\end{aligned}
$$

(5)
$$
\begin{aligned}
&x^4+2x^2+9 \\
&= (x^4+6x^2+9)-4x^2 \\
&= (x^2+3)^2-(2x)^2 \\
&= (x^2+3-2x)(x^2+3+2x) \\
&= (x^2-2x+3)(x^2+2x+3)
\end{aligned}
$$

5

(1)
$$
\begin{aligned}
&x+y=3-\sqrt{2}+3+\sqrt{2}=6 \\
&xy=(3-\sqrt{2})\cdot(3+\sqrt{2})=9-2=7 \\
&x^2+y^2=(x+y)^2-2xy \\
&\qquad =6^2-2\cdot7=22 \\
&x^3+y^3=(x+y)^3-3xy(x+y) \\
&\qquad =6^3-3\cdot7\cdot6=90
\end{aligned}
$$

(2)
$$
\begin{aligned}
&t^3+\frac{1}{t^3}=\left(t+\frac{1}{t}\right)^3-3\cdot t\cdot\frac{1}{t}\left(t+\frac{1}{t}\right) \\
&\qquad =3^3-3\cdot3=18 \\
&\left(t-\frac{1}{t}\right)^2=t^2-2+\frac{1}{t^2} \\
&\qquad =\left(t^2+2+\frac{1}{t^2}\right)-4 \\
&\qquad =\left(t+\frac{1}{t}\right)^2-4=3^2-4=5
\end{aligned}
$$

ここで，$t>1$ より $t>\dfrac{1}{t}$

$\therefore \quad t-\dfrac{1}{t}>0$

よって　$t-\dfrac{1}{t}=\sqrt{5}$

$\therefore \quad t^2-\dfrac{1}{t^2}=\left(t+\dfrac{1}{t}\right)\left(t-\dfrac{1}{t}\right)=3\sqrt{5}$

6

```
        0.7692307
13)10.0
        9 1
        ───
         90
         78
        ───
        120
        117
        ───
         30
         26
        ───
         40
         39
        ───
        100
         91
        ───
          9
```

上のわり算より $\dfrac{10}{13}=0.7\dot{6}923\dot{0}$

よって，小数点以下は

7，6，9，2，3，0 のくりかえし．

　　$200\div6=33$ 余り 2

より，小数点以下 200 位の数字は **6**

7

(1) $\dfrac{3+\sqrt{2}}{3-\sqrt{2}}=\dfrac{(3+\sqrt{2})^2}{(3-\sqrt{2})(3+\sqrt{2})}$

$=\dfrac{9+6\sqrt{2}+2}{9-2}=\dfrac{\mathbf{11+6\sqrt{2}}}{\mathbf{7}}$

(2) $\dfrac{1}{\sqrt{2}+\sqrt{3}+\sqrt{5}}$

$=\dfrac{\sqrt{2}+\sqrt{3}-\sqrt{5}}{(\sqrt{2}+\sqrt{3}+\sqrt{5})(\sqrt{2}+\sqrt{3}-\sqrt{5})}$

$=\dfrac{\sqrt{2}+\sqrt{3}-\sqrt{5}}{(\sqrt{2}+\sqrt{3})^2-5}=\dfrac{\sqrt{2}+\sqrt{3}-\sqrt{5}}{5+2\sqrt{6}-5}$

$=\dfrac{\sqrt{2}+\sqrt{3}-\sqrt{5}}{2\sqrt{6}}=\dfrac{2\sqrt{3}+3\sqrt{2}-\sqrt{30}}{12}$

8

$a=\sqrt{2}-1$ より　$a+1=\sqrt{2}$

両辺を平方すると，$a^2+2a-1=0$

これより $a^2=1-2a$

a^3+6a^2-3a+1

$=a(1-2a)+6(1-2a)-3a+1$

$=-2a^2-14a+7$

$=-2(1-2a)-14a+7$

$=-10a+5$

$=-10(\sqrt{2}-1)+5=\mathbf{15-10\sqrt{2}}$

9

(1) $A^2=(2+\sqrt{14})^2=18+4\sqrt{14}$

$\qquad\quad=18+2\sqrt{56}$

$B^2=(1+\sqrt{17})^2=18+2\sqrt{17}$

$\sqrt{17}<\sqrt{56}$ だから，$A^2>B^2$

$A>0$，$B>0$ だから，$A>B$

(2) $3.7^2=13.69$，$3.8^2=14.44$

だから $3.7^2<14<3.8^2$

$\qquad \therefore \quad 3.7<\sqrt{14}<3.8$

$4.1^2=16.81$，$4.2^2=17.64$

だから $4.1^2<17<4.2^2$

$\qquad \therefore \quad 4.1<\sqrt{17}<4.2$

よって，$A=2+\sqrt{14}>2+3.7=5.7$

また，$B=1+\sqrt{17}<1+4.2=5.2$

$\qquad \therefore \quad B<5.2<5.7<A$

よって，$B<A$

10

$1<\sqrt{3}<2$ より，$6<5+\sqrt{3}<7$

よって，$a=6$，$b=\sqrt{3}-1$

$\therefore \quad \dfrac{1}{a+b+1}+\dfrac{1}{a-b-1}$

$=\dfrac{1}{a+b+1}+\dfrac{1}{a-(b+1)}$

$=\dfrac{2a}{a^2-(b+1)^2}=\dfrac{12}{36-3}=\dfrac{\mathbf{4}}{\mathbf{11}}$

268 演習問題の解答 (⑪〜⑰)

11

(1)　ⅰ)　$x<1$ のとき
$|x-1|=-(x-1)$, $|x-2|=-(x-2)$,
$|x-3|=-(x-3)$
$\therefore$　$P=(-x+1)+(-x+2)$
$\qquad +(-x+3)$
$\qquad =-3x+6$

ⅱ)　$1\leqq x\leqq 2$ のとき
$|x-1|=x-1$, $|x-2|=-(x-2)$,
$|x-3|=-(x-3)$
$\therefore$　$P=(x-1)+(-x+2)+(-x+3)$
$\qquad =-x+4$

ⅲ)　$2<x<3$ のとき
$|x-1|=x-1$, $|x-2|=x-2$,
$|x-3|=-(x-3)$
$\therefore$　$P=(x-1)+(x-2)+(-x+3)$
$\qquad =x$

ⅳ)　$3\leqq x$ のとき
$|x-1|=x-1$, $|x-2|=x-2$,
$|x-3|=x-3$
$\therefore$　$P=(x-1)+(x-2)+(x-3)$
$\qquad =3x-6$

以上のことより
$$P=\begin{cases} -3x+6 & (x<1) \\ -x+4 & (1\leqq x\leqq 2) \\ x & (2<x<3) \\ 3x-6 & (3\leqq x) \end{cases}$$

(2)　ⅰ)　$x<1$ のとき
$\quad |x-1|=-(x-1)$,
$\quad |x-2|=-(x-2)$
$\therefore$　$Q=|(-x+1)-(-x+2)|$
$\qquad =|-1|=1$

ⅱ)　$1\leqq x\leqq 2$ のとき
$\quad |x-1|=x-1$,
$\quad |x-2|=-(x-2)$
$\therefore$　$Q=|(x-1)-(-x+2)|=|2x-3|$
$$=\begin{cases} 2x-3 & \left(\dfrac{3}{2}\leqq x\leqq 2\right) \\ -2x+3 & \left(1\leqq x\leqq \dfrac{3}{2}\right) \end{cases}$$

ⅲ)　$2<x$ のとき
$|x-1|=x-1$,
$|x-2|=x-2$
$\therefore$　$Q=|(x-1)-(x-2)|=|1|=1$

ⅰ)〜ⅲ)より
$$Q=\begin{cases} 1 & (x<1,\ 2<x) \\ -2x+3 & \left(1\leqq x\leqq \dfrac{3}{2}\right) \\ 2x-3 & \left(\dfrac{3}{2}\leqq x\leqq 2\right) \end{cases}$$

12

(1)　$A=\sqrt{x^2-8a}$ とおくと,
$\quad A=\sqrt{(2a+1)^2-8a}=\sqrt{(2a-1)^2}$
$\qquad =|2a-1|$
より

ⅰ)　$2a-1\geqq 0$ すなわち,
$\quad a\geqq\dfrac{1}{2}$ のとき, $A=2a-1$

ⅱ)　$2a-1<0$ すなわち,
$\quad a<\dfrac{1}{2}$ のとき,
$\quad A=-(2a-1)=-2a+1$

(2)　$B=\sqrt{a^2+x}$ とおくと,
$\quad B=\sqrt{a^2+(2a+1)}=\sqrt{(a+1)^2}$
$\qquad =|a+1|$
より

ⅰ)　$a+1\geqq 0$ すなわち,
$\quad a\geqq -1$ のとき, $B=a+1$

ⅱ)　$a+1<0$ すなわち,
$\quad a<-1$ のとき,
$\quad B=-(a+1)=-a-1$

(3)　$C=\sqrt{x^2-8a}+\sqrt{a^2+x}$ とおくと,
$\quad$(1), (2)より,
$\qquad C=A+B=|2a-1|+|a+1|$

ⅰ)　$a<-1$ のとき,
$\quad C=-(2a-1)-(a+1)=-3a$

ⅱ)　$-1\leqq a<\dfrac{1}{2}$ のとき,
$\quad C=-(2a-1)+(a+1)=-a+2$

ⅲ)　$a\geqq\dfrac{1}{2}$ のとき,

$$C=(2a-1)+(a+1)=3a$$

13

(1) $\sqrt{28-\sqrt{768}}$
$=\sqrt{28-\sqrt{4\cdot192}}=\sqrt{28-2\sqrt{192}}$
$=\sqrt{(16+12)-2\sqrt{16\cdot12}}=\sqrt{16}-\sqrt{12}$
$=4-2\sqrt{3}$
よって，
$\dfrac{\sqrt{28-\sqrt{768}}}{2-\sqrt{3}}=\dfrac{4-2\sqrt{3}}{2-\sqrt{3}}=\dfrac{2(2-\sqrt{3})}{2-\sqrt{3}}=\mathbf{2}$

(2) $\sqrt{6-\sqrt{27}}=\sqrt{\dfrac{12-2\sqrt{27}}{2}}$
$=\dfrac{\sqrt{(9+3)-2\sqrt{9\cdot3}}}{\sqrt{2}}=\dfrac{\sqrt{9}-\sqrt{3}}{\sqrt{2}}$
$=\dfrac{3-\sqrt{3}}{\sqrt{2}}$　より
$\dfrac{2\sqrt{3}}{\sqrt{6-\sqrt{27}}}=2\sqrt{3}\cdot\dfrac{\sqrt{2}}{3-\sqrt{3}}$
$=2\sqrt{3}\cdot\dfrac{\sqrt{2}}{\sqrt{3}(\sqrt{3}-1)}=\dfrac{2\sqrt{2}(\sqrt{3}+1)}{3-1}$
$=\sqrt{2}(\sqrt{3}+1)=\sqrt{6}+\sqrt{2}$
また，
$\sqrt{8+\sqrt{48}}=\sqrt{8+2\sqrt{12}}$
$=\sqrt{(6+2)+2\sqrt{6\cdot2}}=\sqrt{6}+\sqrt{2}$　より
$\dfrac{4\sqrt{3}}{\sqrt{8+\sqrt{48}}}=\dfrac{4\sqrt{3}}{\sqrt{6}+\sqrt{2}}$
$=\dfrac{4\sqrt{3}(\sqrt{6}-\sqrt{2})}{6-2}=\sqrt{3}(\sqrt{6}-\sqrt{2})$
$=3\sqrt{2}-\sqrt{6}$
よって，
$（与式）=(\sqrt{6}+\sqrt{2})-(3\sqrt{2}-\sqrt{6})$
$\qquad\qquad=\mathbf{2\sqrt{6}-2\sqrt{2}}$

(3) $\sqrt{17-12\sqrt{2}}=\sqrt{17-2\cdot6\sqrt{2}}$
$=\sqrt{17-2\sqrt{6^2\cdot2}}=\sqrt{17-2\sqrt{72}}$
$=\sqrt{(9+8)-2\sqrt{9\cdot8}}=\sqrt{9}-\sqrt{8}$
$=3-2\sqrt{2}$　より
$（与式）=\sqrt{3-2\sqrt{2}}=\sqrt{(2+1)-2\sqrt{2\cdot1}}$
$\qquad\qquad=\mathbf{\sqrt{2}-1}$

14

$a\neq\pm1$ のとき，
$x=\dfrac{(a+1)^2}{a^2-1}=\dfrac{(a+1)^2}{(a-1)(a+1)}=\dfrac{a+1}{a-1}$
$a=1$ のとき，
$0\cdot x=2^2$ すなわち，$0\cdot x=4$ より解なし．
$a=-1$ のとき，
$0\cdot x=0$ よりすべての数．
よって，求める解は

$\quad$ $a\neq\pm1$ のとき，$x=\dfrac{a+1}{a-1}$

$\quad$ $a=1$ のとき，解なし

$\quad$ $a=-1$ のとき，すべての数

15

(1) $3(x-1)\leqq2(2x-1)+3$ より
$\qquad 3x-3\leqq4x-2+3$
$\qquad \therefore\quad \mathbf{x\geqq-4}$

(2) $\dfrac{1}{3}x+\dfrac{3}{4}>\dfrac{1}{2}x+\dfrac{1}{6}$ より
$\qquad 4x+9>6x+2$
$\qquad \therefore\quad 2x<7\qquad \therefore\quad \mathbf{x<\dfrac{7}{2}}$

16

$\qquad \dfrac{1}{2}-\dfrac{1}{6}x<\dfrac{1}{3}x$　……①

$\qquad x\leqq\dfrac{1}{3}x+\dfrac{3}{2}$　……②

$\qquad 1-x<x-2$　……③

①より，$3-x<2x$　$\therefore\quad x>1$

②より，$6x\leqq2x+9$　$\therefore\quad x\leqq\dfrac{9}{4}$

③より，$2x>3$　$\therefore\quad x>\dfrac{3}{2}$

$\quad \therefore\quad \mathbf{\dfrac{3}{2}<x\leqq\dfrac{9}{4}}$

17

$a(1-x)>1+x$ より
$\qquad (a+1)x<a-1$　……①

270 演習問題の解答 (⑱〜㉕)

（ i ） $a+1>0$ すなわち, $a>-1$ のとき
$$x<\frac{a-1}{a+1}$$

（ ii ） $a+1<0$ すなわち, $a<-1$ のとき
$$x>\frac{a-1}{a+1}$$

（ iii ） $a+1=0$ すなわち, $a=-1$ のとき
①は $0\cdot x<-2$ となり, これをみ
たす x はない.

以上より,

$a>-1$ のとき, $x<\dfrac{a-1}{a+1}$

$a<-1$ のとき, $x>\dfrac{a-1}{a+1}$

$a=-1$ のとき, 解なし

18

(1) $|x-1|=|2x-3|-2$ ……①

　 i ） $x<1$ のとき
$x-1<0,\ 2x-3<0$ だから,
①より $-(x-1)=-(2x-3)-2$
$$\therefore\quad x=0$$
これは $x<1$ をみたす.

　 ii ） $1\leqq x\leqq\dfrac{3}{2}$ のとき
$x-1\geqq0,\ 2x-3\leqq0$ だから,
①より $x-1=-(2x-3)-2$
$$\therefore\quad x=\frac{2}{3}$$
これは, $1\leqq x\leqq\dfrac{3}{2}$ をみたさない.

　 iii ） $\dfrac{3}{2}<x$ のとき
$x-1>0,\ 2x-3>0$ だから,
①より $x-1=2x-3-2$
$$\therefore\quad x=4$$
これは, $\dfrac{3}{2}<x$ をみたす.

　 i ）〜iii）より, $x=0,\ 4$

(2) $||x|-1|=3$ より, $|x|-1=\pm3$
$$\therefore\quad |x|=4,\ -2$$
$|x|\geqq0$ だから, $|x|=4$

$$\therefore\quad x=\pm4$$

19

(1) 　 i ） $x<1$ のとき
$|x-1|=-(x-1),$
$|2x-3|=-(2x-3)$
$\therefore\quad -x+1<-2x+3-2$ $\quad\therefore\quad x<0$
$x<1$ より, $x<0$

　 ii ） $1\leqq x\leqq\dfrac{3}{2}$ のとき
$|x-1|=x-1,\ |2x-3|=-(2x-3)$
$\therefore\quad x-1<-2x+3-2$ $\quad\therefore\quad x<\dfrac{2}{3}$
これは不適.

　 iii ） $\dfrac{3}{2}<x$ のとき
$|x-1|=x-1,\ |2x-3|=2x-3$
$\therefore\quad x-1<2x-3-2$ $\quad\therefore\quad x>4$
$\dfrac{3}{2}<x$ より, $4<x$

　 i ）〜iii）より, $x<0,\ 4<x$

(2) $||x|-1|<3$ より,
$$-3<|x|-1<3$$
$\therefore\quad -2<|x|<4$
$|x|\geqq0$ より, $0\leqq|x|<4$
よって, $-4<x<4$

20

求める分数は $\dfrac{m}{m+20}$（m は自然数で,
m と $m+20$ は互いに素）と表せる.

このとき, $0.25\leqq\dfrac{m}{m+20}<0.35$ が成り

たつ.

$$\therefore\quad \frac{1}{4}\leqq\frac{m}{m+20}<\frac{7}{20}$$
$$\frac{20}{7}<\frac{m+20}{m}\leqq4$$
$$\frac{20}{7}<1+\frac{20}{m}\leqq4$$
$$\frac{13}{7}<\frac{20}{m}\leqq3$$

$$\frac{1}{3} \leqq \frac{m}{20} < \frac{7}{13}$$
$$\frac{20}{3} \leqq m < \frac{140}{13}$$
この不等式をみたすmは 7, 8, 9, 10
このうち, m と $m+20$ が互いに素となるのは $m=7$, 9
よって, 求める分数は $\dfrac{7}{27}$, $\dfrac{9}{29}$

21

(1) $A=\{2, 3, 5, 7\}$,
 $B=\{3, 6, 9\}$
(2) $A \cap B = \{3\}$,
 $A \cup B = \{2, 3, 5, 6, 7, 9\}$,
 $\overline{A} = \{1, 4, 6, 8, 9\}$,
 $\overline{B} = \{1, 2, 4, 5, 7, 8\}$,
 $\overline{A} \cap B = \{6, 9\}$,
 $A \cup \overline{B} = \{1, 2, 3, 4, 5, 7, 8\}$
注 ここで, $A \cup \overline{B} = \overline{\overline{A} \cap B}$ である.

22

(1) $200 \div 5 = 40$ より $n(A) = \mathbf{40}$
 B の要素は 4 でわり切れる数から 2 をひいたものだから,
 $200 \div 4 = 50$ より $n(B) = \mathbf{50}$
(2) $A \cap B$
 $= \{10, 30, 50, 70, \cdots\cdots, 190\}$
 より, $n(A \cap B) = \mathbf{10}$

23

(1) 逆: $x^2 < 1$ ならば $0 < x < 1$
 $x = -\dfrac{1}{2}$ のとき, 不成立だから, **偽**
 裏: $x \leqq 0$ または $1 \leqq x$ ならば $x^2 \geqq 1$
 $x = -\dfrac{1}{2}$ のとき, 不成立だから, **偽**
 対偶: $x^2 \geqq 1$ ならば $x \leqq 0$ または $1 \leqq x$
 もとの命題が真だから, 対偶も **真**
(2) 対偶: $x=1$ かつ $y=2$ ならば
 $xy = 2$

これは真だから, もとの命題も真である.
(3) $\sqrt{2}+1$ が有理数であると仮定すると, 2つの自然数 m, n を用いて
 $\sqrt{2}+1 = \dfrac{n}{m}$ と表せる. (ただし, m, n は互いに素)
 しかし, $\sqrt{2} = \dfrac{n}{m} - 1 = \dfrac{n-m}{m}$ となり
 $\sqrt{2}$ が無理数であることに矛盾する.
 よって, $\sqrt{2}+1$ は有理数でない.
 つまり, $\sqrt{2}+1$ は無理数である.

24

(1) $x < -1$ または $1 < x$ を数直線上に表すと下図の斜線部分になる.

したがって, $x > 1$ であることは, $x < -1$ または $1 < x$ であるための **十分条件**
(2) 「対角線が直交する」ならば「ひし形」は偽
 (反例は右図)
 「ひし形」ならば「対角線は直交する」は真
 よって, **必要条件**

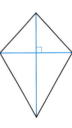

25

(1) $|x-2| = \begin{cases} x-2 & (x \geqq 2) \\ -x+2 & (x < 2) \end{cases}$ だから,
 $y = \begin{cases} -(x-2)+3 = -x+5 & (x \geqq 2) \\ -(-x+2)+3 = x+1 & (x < 2) \end{cases}$
 よって, グラフは次の図のようになる.

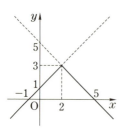

(2) グラフより，$0 \leqq y \leqq 3$

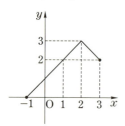

(3) $a<2<b$ より $x=2$ は定義域内なので，y の最大値は 3
よって，$b=3$
(ⅰ) $1 \leqq a < 2$ のとき
$a \leqq x \leqq b = 3$ における y の最小値は 2（$x=3$ のとき）
よって，$2-a=2$ から $a=0$．これは不適．
(ⅱ) $a<1$ のとき
$a \leqq x \leqq b=3$ における y の最小値は $a+1$（$x=a$ のとき）
よって，
$$2-a=a+1 \quad \therefore \quad a=\frac{1}{2}$$
以上より，
$$a=\frac{1}{2}, \ b=3$$

26

点 A(2, 4) を x 軸方向に p，y 軸方向に q 平行移動した点は，$(2+p, \ 4+q)$
この点を x 軸に関して対称移動した点は，
$(2+p, \ -4-q)$
一方，点 A(2, 4) を y 軸に関して対称移動した点は，$(-2, \ 4)$．
この 2 点が一致するので
$$2+p=-2 \quad \therefore \quad p=-4$$
$$-4-q=4 \quad \therefore \quad q=-8$$

27

(1) $y=-\dfrac{1}{3}x^2+x-1=-\dfrac{1}{3}(x^2-3x)-1$
$= -\dfrac{1}{3}\left\{\left(x-\dfrac{3}{2}\right)^2-\dfrac{9}{4}\right\}-1$
$= -\dfrac{1}{3}\left(x-\dfrac{3}{2}\right)^2-\dfrac{1}{4}$

(2) $y=(2x-1)(x+1)=2x^2+x-1$
$= 2\left(x^2+\dfrac{1}{2}x\right)-1$
$= 2\left\{\left(x+\dfrac{1}{4}\right)^2-\dfrac{1}{16}\right\}-1$
$= 2\left(x+\dfrac{1}{4}\right)^2-\dfrac{9}{8}$

28

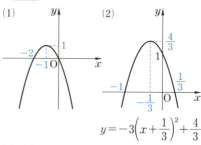

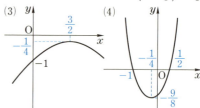

$y=-\dfrac{1}{3}\left(x-\dfrac{3}{2}\right)^2-\dfrac{1}{4}$ $\quad y=2\left(x+\dfrac{1}{4}\right)^2-\dfrac{9}{8}$

29

$y=-2x^2-14x-13$

$$= -2\left(x + \frac{7}{2}\right)^2 + \frac{23}{2}$$

より，頂点 $\left(-\dfrac{7}{2},\ \dfrac{23}{2}\right)$

$$y = -2x^2 + 8x + 7 = -2(x-2)^2 + 15$$

より，頂点 $(2,\ 15)$

よって，x 軸方向に $\dfrac{11}{2}$，y 軸方向に $\dfrac{7}{2}$

だけ平行移動すると重なる．

30

$$y = x^2 + 4x + 5 = (x+2)^2 + 1$$

よって，頂点は $(-2,\ 1)$

この点の x 軸，y 軸，原点に関する対称点はそれぞれ

$$(-2,\ -1),\ (2,\ 1),\ (2,\ -1)$$

だから $y = x^2 + 4x + 5$ を x 軸，y 軸，原点に関して対称移動してできる放物線は，それぞれ

$$y = -(x+2)^2 - 1,$$
$$y = (x-2)^2 + 1,$$
$$y = -(x-2)^2 - 1$$

31

$y = x^2 - 2x + 6 = (x-1)^2 + 5$ を x 軸方向に -2，y 軸方向に -3 だけ平行移動すると

$$y = (x+1)^2 + 2 = x^2 + 2x + 3$$

これが，$y = x^2 + cx + 3$ と一致するので，

$$c = 2$$

次に，$y = (x+1)^2 + 2$ を y 軸に関して対称移動すると

$$y = (x-1)^2 + 2 = x^2 - 2x + 3$$

これが，$y = x^2 + ax + b$ と一致するので

$$a = -2,\ b = 3$$

32

(1) 軸が $x = -2$ なので，求める2次関数は，$y = a(x+2)^2 + b$
とおける．
$(-1,\ -2)$，$(2,\ -47)$ を通るので，

$$a + b = -2 \qquad \cdots\cdots①$$
$$16a + b = -47 \qquad \cdots\cdots②$$

①，②より，$a = -3$，$b = 1$

$$\therefore\ y = -3x^2 - 12x - 11$$

(2) x 軸に接するので，求める2次関数は，$y = a(x-p)^2$
とおける．
$(1,\ 1)$，$(4,\ 4)$ を通るので，

$$a(p-1)^2 = 1 \qquad \cdots\cdots①$$
$$a(p-4)^2 = 4 \qquad \cdots\cdots②$$

ここで，$p = 1$ は①をみたさないので $p \neq 1$ とする．このとき，②÷①より

$$\frac{(p-4)^2}{(p-1)^2} = 4$$
$$\therefore\ 3p^2 = 12$$

したがって，$p = \pm 2$

$p = 2$ のとき，$a = 1$

$p = -2$ のとき，$a = \dfrac{1}{9}$

よって，$y = x^2 - 4x + 4$，

$$y = \frac{1}{9}x^2 + \frac{4}{9}x + \frac{4}{9}$$

(3) 求める2次関数を，
$y = ax^2 + bx + c$ とおくと，$(-1,\ -3)$，$(1,\ 5)$，$(2,\ 3)$ を通るので，

$$a - b + c = -3 \qquad \cdots\cdots①$$
$$a + b + c = 5 \qquad \cdots\cdots②$$
$$4a + 2b + c = 3 \qquad \cdots\cdots③$$

①，②，③の連立方程式を解くと，

$$a = -2,\ b = 4,\ c = 3$$

よって，$y = -2x^2 + 4x + 3$

33

(1) $x \leqq 0$，$4 \leqq x$ のとき

$$y = x^2 - 4x + 3 = (x-2)^2 - 1$$

$0 < x < 4$ のとき

$$y = -x^2 + 4x + 3 = -(x-2)^2 + 7$$

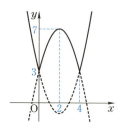

(2) $x \leq -1$ のとき
$y = -(x-1)+(x^2-1) = x^2-x$
$-1 < x < 1$ のとき
$y = -(x-1)-(x^2-1) = -x^2-x+2$
$1 \leq x$ のとき
$y = (x-1)+(x^2-1) = x^2+x-2$

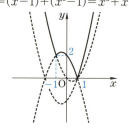

34

(1)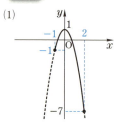

グラフより
$x=0$ のとき,
最大値 1
$x=2$ のとき,
最小値 -7

(2)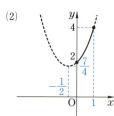

グラフより
$x=0$ のとき,
最小値 2
$x=1$ のとき,
最大値 4

(3)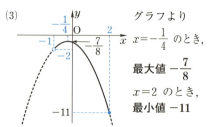

グラフより
$x=-\dfrac{1}{4}$ のとき,
最大値 $-\dfrac{7}{8}$
$x=2$ のとき,
最小値 -11

35

(1) (i) $f(x)=(x-a)^2-a^2+2a+1$
より
　(ア) 軸<1, つまり $a<1$ のとき,
　　　$g(a)=f(1)=2$
　(イ) 軸≧1, つまり $a \geq 1$ のとき,
　　　$g(a)=f(a)=-a^2+2a+1$
(ii) 下図のグラフを用いると,
　　$g(a)$ の**最大値は 2** である.

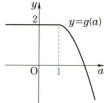

(2) (i) $y=x^2-2(a-1)x-a^2-a+1$
$= \{x-(a-1)\}^2-(a-1)^2$
$\qquad\qquad\qquad -a^2-a+1$
$= \{x-(a-1)\}^2-2a^2+a$
より, 軸は $x=a-1$
　(ア) $a-1 \leq 1$ すなわち $a \leq 2$ のとき
　　y は $x=1$ のとき最小だから,
　　$m = -a^2-3a+4$
　(イ) $a-1 > 1$ すなわち $a > 2$ のとき
　　y は $x=a-1$ のとき最小だから,
　　$m = -2a^2+a$
(ii) (ア) $a \leq 2$ のとき
　　$m = -\left(a+\dfrac{3}{2}\right)^2+\dfrac{25}{4}$
　(イ) $a > 2$ のとき
　　$m = -2\left(a-\dfrac{1}{4}\right)^2+\dfrac{1}{8}$

よって，m のグラフは下図のようになるので

m の最大値は $\dfrac{25}{4}$ $\left(a=-\dfrac{3}{2}\text{ のとき}\right)$

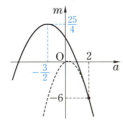

36

(1) $x+2y=1$ より，$x=1-2y$
よって，
$x^2+y^2=(1-2y)^2+y^2$
$=5y^2-4y+1=5\left(y-\dfrac{2}{5}\right)^2+\dfrac{1}{5}$

y はすべての値をとるので，**最小値 $\dfrac{1}{5}$**

(2) $x^2+2y^2=1$ より，$x^2=1-2y^2\geqq 0$
$\therefore\ -\dfrac{1}{\sqrt{2}}\leqq y\leqq \dfrac{1}{\sqrt{2}}$ ……①

よって，
$x^2+4y=(1-2y^2)+4y=-2(y-1)^2+3$
①の範囲において，最大値，最小値を考えると，

$y=\dfrac{1}{\sqrt{2}}$ のとき，**最大値 $2\sqrt{2}$**，

$y=-\dfrac{1}{\sqrt{2}}$ のとき，**最小値 $-2\sqrt{2}$**

(3) (i) $x^2-4x+1=(x-2)^2-3$ より，
$0\leqq x\leqq 3$ において，
$-3\leqq x^2-4x+1\leqq 1$

(ii) $t=x^2-4x+1$ とおくと，(i)より，
$-3\leqq t\leqq 1$
$\therefore\ f(x)$
$=-(x^2-4x+1)^2+2(x^2-4x+1)-3$
$=-t^2+2t-3=-(t-1)^2-2$
よって，$t=1$，すなわち，
$x=0$ のとき，**最大値 -2**，

$t=-3$，すなわち，
$x=2$ のとき，**最小値 -18**

37

$3x^2+2xy+y^2+4x-4y+3$
$=y^2+2(x-2)y+3x^2+4x+3$
$=(y+x-2)^2-(x-2)^2+3x^2+4x+3$
$=(y+x-2)^2+2x^2+8x-1$
$=(y+x-2)^2+2(x+2)^2-9$
$(y+x-2)^2\geqq 0$，$2(x+2)^2\geqq 0$ だから，最小となるのは
$y+x-2=x+2=0$
すなわち，$x=-2$，$y=4$ のとき，
　　最小値 -9

38

長方形の他の1辺の長さは $100-2x$ (m)
ここで，$x>0$，$100-2x>0$ より
　　$0<x<50$
このとき，$S=x(100-2x)=-2x^2+100x$
$\qquad\qquad\quad =-2(x-25)^2+1250$
$0<x<50$ だから，$x=25$ のとき
最大値 $1250\,(\text{m}^2)$

39

(1) (i) $x^2+x-2=0$
　　より $(x+2)(x-1)=0$
　　よって，$x=-2,\ 1$

(ii) 解の公式より，$x=1\pm\sqrt{5}$

(iii) $x^2=t\ (t\geqq 0)$ とおくと，解の公式より，$t=3\pm 2\sqrt{2}$
よって，$x=\pm\sqrt{3\pm 2\sqrt{2}}=\pm(\sqrt{2}\pm 1)$
　　　　　　　　　　　　　　　（複号任意）

(iv) $(x+1)(x+2)(x+3)(x+4)-24=0$
より $(x^2+5x)^2+10(x^2+5x)=0$
$\therefore\ x(x+5)(x^2+5x+10)=0$
$x^2+5x+10=\left(x+\dfrac{5}{2}\right)^2+\dfrac{15}{4}>0$
だから，$x=0,\ -5$

(2) 判別式を D' とおくと，$D'=1+k$

ⅰ) $D'>0$，すなわち，

$k>-1$ のとき，**異なる2つの解をもつ**

ⅱ) $D'=0$，すなわち，

$k=-1$ のとき，**重解をもつ**

ⅲ) $D'<0$，すなわち，

$k<-1$ のとき，**解なし**

40

$y=x^2-2ax+a=(x-a)^2-a^2+a$

より，頂点の y 座標は

$-a^2+a$　　∴　$-a(a-1)$

ⅰ) $-a(a-1)>0$ すなわち，

$0<a<1$ のとき，x 軸と共有点をもたない.

ⅱ) $-a(a-1)=0$ すなわち，

$a=0$，1 のとき，x 軸と接する.

ⅲ) $-a(a-1)<0$ すなわち，

$a<0$，$1<a$ のとき，x 軸と異なる2点で交わる.

41

$x^2-3x+1=2x+b$ を整理して，

$x^2-5x+1-b=0$

この2次方程式が異なる2つの解をもつことより，判別式>0

∴　$25-4(1-b)>0$　　∴　$b>-\dfrac{21}{4}$

42

$x^2-mx+1=mx+m-1$ を整理して

$x^2-2mx+2-m=0$

この2次方程式が重解をもつことより，

判別式$=0$

∴　$m^2-(2-m)=0$

$m^2+m-2=0$

$(m+2)(m-1)=0$

よって，**$m=-2$，1**

43

(1) $2x^2-3x-2\leqq0$ より

$(2x+1)(x-2)\leqq0$

よって，$-\dfrac{1}{2}\leqq x\leqq2$

(2) $x^2-4x-2=0$ を解くと，

$x=2\pm\sqrt{6}$

よって，**$x<2-\sqrt{6}$，$2+\sqrt{6}<x$**

(3) $x^2-4x+4>0$ より $(x-2)^2>0$

よって，**$x<2$，$2<x$**

(4) $x^2-3x<x-5$ より $x^2-4x+5<0$

ここで，$x^2-4x+5=(x-2)^2+1>0$

より，**解なし**

(5) $x^2-2x-3>0$ より

$(x-3)(x+1)>0$

よって，$x<-1$，$3<x$

$x^2-4\leqq0$ より

$(x-2)(x+2)\leqq0$

よって，$-2\leqq x\leqq2$

したがって，**$-2\leqq x<-1$**

44

(1) 上に凸より，**$a<0$**

(2) $y=a\left(x+\dfrac{b}{2a}\right)^2-\dfrac{b^2-4ac}{4a}$

より，軸 $x=-\dfrac{b}{2a}<0$，

$a<0$ より，**$b<0$**

(3) y 切片<0 より，**$c<0$**

(4) 頂点の y 座標>0，$a<0$

より，**$b^2-4ac>0$**

(5) $x=1$ のとき $y<0$ だから，

$a+b+c<0$

(6) 放物線の軸は $x=-1$ であることより，$x=0$ のときと $x=-2$ のときの y の値は等しい.

よって，概形から，

$4a-2b+c<0$

45

$f(x)=4x^2-2mx+n$ とおくと，

$f(x)=4\left(x-\dfrac{m}{4}\right)^2-\dfrac{m^2}{4}+n$

$f(x)=0$ の2解が，ともに $0<x<1$ に

含まれる条件は,

$$\begin{cases} f(0)=n>0, \ f(1)=4-2m+n>0 \\ \qquad\qquad\qquad\qquad\qquad \cdots\cdots① \\ 0<\dfrac{m}{4}<1 \ \text{すなわち,} \ 0<m<4 \ \cdots\cdots② \\ -\dfrac{m^2}{4}+n\leqq0 \ \text{すなわち,} \ 4n\leqq m^2 \\ \qquad\qquad\qquad\qquad\qquad \cdots\cdots③ \end{cases}$$

②より, $m=1, \ 2, \ 3$.
③より,
$(m, \ n)=(2, \ 1), \ (3, \ 1), \ (3, \ 2)$
このうち, ①をみたすのは,
$$(m, \ n)=(2, \ 1)$$

46

$f(x)=x^2+(m-1)x+1$ とおくと,
$f(x)=\left(x+\dfrac{m-1}{2}\right)^2-\dfrac{m^2}{4}+\dfrac{m}{2}+\dfrac{3}{4}$
すべての x に対して, $f(x)\geqq0$ だから,
$$-\dfrac{m^2}{4}+\dfrac{m}{2}+\dfrac{3}{4}\geqq0$$
$\therefore \ \ m^2-2m-3\leqq0$
$\therefore \ \ (m-3)(m+1)\leqq0$
よって, $-1\leqq m\leqq3$

47

(1) $x^2+3x-40<0$ より $(x+8)(x-5)<0$
$\quad \therefore \ \ -8<x<5$
$\quad x^2-5x-6>0$ より $(x-6)(x+1)>0$
$\quad \therefore \ \ x<-1, \ 6<x$
$\quad$ よって, $-8<x<-1$

(2) $x^2-ax-6a^2>0$ より
$\quad (x-3a)(x+2a)>0$
$\quad$ (i) $a<0$ より, $x<3a, \ -2a<x$
$\qquad$ これが(1)の範囲を含むためには,
$\qquad -2a>0$ より $-1\leqq3a$
$\qquad$ よって, $-\dfrac{1}{3}\leqq a<0$
$\quad$ (ii) $a=0$ のとき, $x^2>0$ となり,
$\qquad$ (1)の範囲で成立する.
$\quad$ (iii) $a>0$ より, $x<-2a, \ 3a<x$
$\qquad$ (i)と同様にして

$-1\leqq-2a$ よって, $0<a\leqq\dfrac{1}{2}$

48

$|x^2+2x-8|=|(x+4)(x-2)|$
$=\begin{cases} (x+4)(x-2) \quad (x\leqq-4, \ 2\leqq x) \\ -(x+4)(x-2) \quad (-4<x<2) \end{cases}$

i) $x\leqq-4, \ 2\leqq x$ のとき
$\quad (x+4)(x-2)=2(x-2)$
$\quad$ から $(x+2)(x-2)=0$
$\quad \therefore \ \ x=-2, \ 2$
$\quad x\leqq-4, \ 2\leqq x$ より, $x=2$

ii) $-4<x<2$ のとき
$\quad -(x+4)(x-2)=2(x-2)$
$\quad$ から $(x-2)(x+6)=0$
$\quad \therefore \ \ x=-6, \ 2$
$\quad -4<x<2$ より, ともに不適.

以上, i), ii)より, $x=2$

49

$|x^2-2x-8|=|(x-4)(x+2)|$
$=\begin{cases} (x-4)(x+2) \quad (x\leqq-2, \ 4\leqq x) \\ -(x-4)(x+2) \quad (-2<x<4) \end{cases}$

i) $x\leqq-2, \ 4\leqq x$ のとき
$\quad$ 与式より $(x-4)(x+2)>2(x+2)$
$\quad \therefore \ \ (x-6)(x+2)>0$
$\quad \therefore \ \ x<-2, \ 6<x$
$\quad x\leqq-2, \ 4\leqq x$ だから, $x<-2, \ 6<x$

ii) $-2<x<4$ のとき
$\quad$ 与式より $-(x-4)(x+2)>2(x+2)$
$\quad \therefore \ \ (x+2)(x-2)<0$
$\quad \therefore \ \ -2<x<2$
$\quad -2<x<4$ だから, $-2<x<2$

以上, i), ii)より,
$$x<-2, \ -2<x<2, \ 6<x$$

50

(1) $\angle\mathrm{BAC}=\angle\mathrm{BDC}$ だから, 四角形
$\quad$ ABCD は円に内接する.
$\quad$ よって, 円周角の性質より
$\qquad \angle\mathrm{DAC}=\angle\mathrm{DBC}=36°$

よって，∠BAD＝54°＋36°＝90°
三平方の定理より，BD＝$\sqrt{2^2+1^2}=\sqrt{5}$

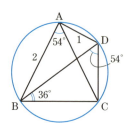

(2) ∠ADC＝θ とおくと
　　∠ABC＝θ，∠BCD＝3θ
（円弧の長さと円周角は比例する）
△PBC の内角の和を考えて
　　$\theta+3\theta+(180°-48°)=180°$
　　$4\theta=48°$，$\theta=12°$

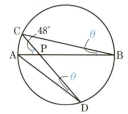

51

(1)(ⅰ) △AOM と △ABN において，
　　∠OAM＝∠BAN（共通の角）
　　∠OMA＝∠BNA＝90°
　　よって，△AOM∽△ABN
　　　　　　　　　（二角相等）

(ⅱ) O は AB，BC の垂直 2 等分線の交点なので△ABC の外心である．よって，OA は外接円の半径．△ABN において，三平方の定理より
　　AN＝$\sqrt{AB^2-BN^2}$
　　　＝$\sqrt{12^2-5^2}=\sqrt{119}$
よって，△AOM∽△ABN より
　　OA：BA＝AM：AN
　∴　$R:12=6:\sqrt{119}$
よって，$R=\dfrac{72\sqrt{119}}{119}$

(2)(ⅰ) △AFI と △AEI において，接線と半径は直交するので，この 2 つの三角形は直角三角形である．
　　AI は共通，
　　I は △ABC の内心なので，
　　∠IAF＝∠IAE
　　よって，△AFI≡△AEI
　　　　　　（斜辺と一鋭角相等）

(ⅱ) (ⅰ)と同様にして
　　△BFI≡△BDI，
　　△CDI≡△CEI
がいえるので
　　AE＝AF＝x，
　　BF＝BD＝y，
　　CD＝CE＝z
とすると，△ABC の 3 辺の長さについて，
　　$x+y=7$　　……①
　　$y+z=6$　　……②
　　$z+x=5$　　……③
（①＋②＋③）÷2 より
　　$x+y+z=9$　　……④
④－②より　　$x=3$
　∴　AF＝3

52

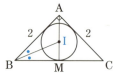

直線 AI と BC との交点をMとする．
AI は ∠BAC の 2 等分線なので
　　BM：MC＝AB：AC＝1：1
よって，BM＝$\dfrac{1}{2}$BC＝$\dfrac{1}{2}\cdot 2\sqrt{2}=\sqrt{2}$
△ABM において，BI は ∠ABM の 2 等分線なので
　　AI：IM＝BA：BM＝2：$\sqrt{2}$＝$\sqrt{2}$：1
よって，AI＝$\dfrac{\sqrt{2}}{\sqrt{2}+1}$AM＝$\dfrac{\sqrt{2}}{\sqrt{2}+1}\sqrt{2}$

$= 2\sqrt{2} - 2$

53

△PBD において，
BD：PD$=\sqrt{3}$：1　　∴　BD$=1$
よって，チェバの定理より
$\dfrac{FB}{AF} \times \dfrac{DC}{BD} \times \dfrac{EA}{CE} = 1$
∴　$\dfrac{4}{3} \times \dfrac{2}{1} \times \dfrac{AE}{EC} = 1$
∴　$\dfrac{AE}{EC} = \dfrac{3}{8}$
よって，AE：EC$=\mathbf{3：8}$

54

メネラウスの定理より
$\dfrac{AE}{BA} \times \dfrac{PC}{EP} \times \dfrac{DB}{CD} = 1$
∴　$\dfrac{2}{5} \times \dfrac{PC}{EP} \times \dfrac{1}{3} = 1$
∴　$\dfrac{EP}{PC} = \dfrac{2}{15}$
よって，EP：PC$=\mathbf{2：15}$

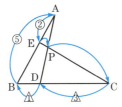

55

∠BAC$=a$ とおくと
$\overparen{BC}$：$\overparen{BD}=1$：2 より
　　∠BAD$=2a$
よって，接弦定理より
　　∠ECD$=3a$
△CDE が正三角形より，
$3a=60°$　∴　$a=\mathbf{20°}$

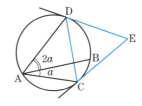

56

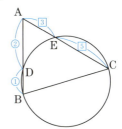

4点 B，C，E，D が同一円周上にあるので，方べきの定理より
　　$AB \cdot AD = AC \cdot AE$ ……①
ここで，$AD=\dfrac{2}{3}AB$，$AE=\dfrac{3}{8}AC$ より
①は $\dfrac{2}{3}AB^2 = \dfrac{3}{8}AC^2$ となる．
$\dfrac{AB^2}{AC^2} = \dfrac{3}{8} \cdot \dfrac{3}{2} = \dfrac{9}{16}$
$\dfrac{AB}{AC} = \dfrac{3}{4}$
よって，AB：AC$=\mathbf{3：4}$

57

(1)　AB$=r_1+O_1E+r_2$ より
$O_1E = AB - (r_1+r_2) = AB - O_1O_2$
　　　$= 9 - 5 = \mathbf{4}$
これより，△O_1O_2E において三平方の定理より
$EO_2 = \sqrt{O_1O_2{}^2 - O_1E^2}$
　　　$= \sqrt{5^2 - 4^2} = 3$
なので，
AD$= r_1 + EO_2 + r_2$
　　$= (r_1+r_2) + EO_2$
　　$= O_1O_2 + EO_2 = 5+3 = \mathbf{8}$

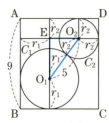

(2) $O_1O_2 = r_1 + r_2 = 5$ より $r_2 = 5 - r_1$
よって, $S = \pi r_1^2 + \pi r_2^2$
$= \pi r_1^2 + \pi(5-r_1)^2$
$= \pi(2r_1^2 - 10r_1 + 25)$

(3) 円 C_1, C_2 は長方形の中の円なので
$2r_1 \leq AD = 8$ よって, $r_1 \leq 4$ ……①
$2r_2 \leq AD = 8$ よって, $r_2 \leq 4$
∴ $5 - r_1 \leq 4$
∴ $1 \leq r_1$ ……②
①, ②より, $1 \leq r_1 \leq 4$

(4) (2)より $S = \pi\left\{2\left(r_1 - \dfrac{5}{2}\right)^2 + \dfrac{25}{2}\right\}$
$1 \leq r_1 \leq 4$ より
$r_1 = \dfrac{5}{2}$ のとき S は**最小値 $\dfrac{25}{2}\pi$** をとる.
$r_1 = 1, 4$ のとき S は**最大値 17π** をとる.

58

(1) 4点 A, B, D, F が同一円周上なので方べきの定理より

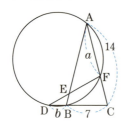

$CA \times CF = CD \times CB$
よって, $14CF = 7CD$
∴ $\dfrac{CF}{CD} = \dfrac{1}{2}$

∴ $CF : CD = 1 : 2$
$AF = a$, $BD = b$ とすると △ABC においてメネラウスの定理より
$\dfrac{FC}{AF} \times \dfrac{DB}{CD} \times \dfrac{EA}{BE} = 1$
よって, $\dfrac{14-a}{a} \times \dfrac{b}{b+7} \times \dfrac{12}{2} = 1$
∴ $ab + a - 12b = 0$ ……①
また,
$CF : CD = (14-a) : (b+7)$
$= 1 : 2$
よって, $b + 7 = 2(14-a)$
∴ $b = 21 - 2a$ ……②
①, ②から b を消去して,
$a^2 - 23a + 126 = 0$
∴ $(a-9)(a-14) = 0$
$a < 14$ より $a = 9$
②より $b = 3$
よって, $AF : DB = 3 : 1$

(2) (1)より $DB = b = 3$

59

(1) 直径に対する円周角だから
$\angle ACB = \angle ADB = 90°$
∴ $\angle EDF = \angle ECF = 90°$
よって, 四角形 CEDF は EF を直径とする円に内接する.

(2) 円周角の性質より
$\angle FAB = \angle FDC$, $\angle FBA = \angle DCF$
ここで,
$\angle FDC + \angle DCF + \angle CFD = 180°$
だから
$\angle FAB + \angle FBA = 180° - \angle CFD$
次に, 四角形 CEDF は円に内接するので
$\angle CFD + \angle DEC = 180°$,
すなわち
$\angle AEB = \angle DEC = 180° - \angle CFD$
よって,
$\angle AEB = \angle FAB + \angle FBA$

60

四角形 ABPC は円に内接する四角形なのでトレミーの定理より
$$AP \times BC = AB \times CP + AC \times BP$$
$$= AB \times (CP+BP)$$
$$(AB=AC \text{ より})$$
$$= AB \times AP$$
$$(AP=BP+CP \text{ より})$$
よって，BC=AB
∴ △ABC は正三角形である．

61

図より，$OB=R$, $OH=8-R$, $BH=6$
三平方の定理より
$$OB^2 = OH^2 + BH^2$$
よって，
$$R^2 = (8-R)^2 + 6^2$$
∴ $0 = -16R + 100$
したがって，
$$R = \frac{25}{4}$$

（別解）三平方の定理より，AB=10
R は △ABC の外接円の半径だから
$$\triangle ABC = \frac{1}{2} AB \cdot AC \cdot \sin \angle BAC$$
よって，
$$\frac{1}{2} BC \cdot AH = \frac{1}{2} AB \cdot AC \cdot \frac{BC}{2R}$$
∴ $R = \frac{AB \cdot AC}{2AH} = \frac{100}{16} = \frac{25}{4}$

62

(1) AB=AC より
∠AMC=90°
なので，三平方の定理より
$$AM = \sqrt{AC^2 - MC^2}$$
$$= \sqrt{4^2 - 1^2} = \sqrt{15}$$

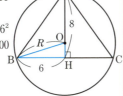

(2) △AMN において AM=$\sqrt{15}$, AN=1 だから三平方の定理より
$$MN = \sqrt{AM^2 - AN^2}$$
$$= \sqrt{15-1} = \sqrt{14}$$

(3) △AMD
$$= \frac{1}{2} AD \times MN$$
$$= \frac{1}{2} \times 2 \times \sqrt{14}$$
$$= \sqrt{14}$$

(4) BC⊥AM, BC⊥DM より
BC⊥△AMD
よって，△AMD を四面体 BAMD, 四面体 CAMD の底面とみると，BM, CM はそれぞれの高さとなるから，
　四面体 ABCD
= 四面体 BAMD + 四面体 CAMD
$$= \frac{1}{3} \times BM \times \triangle AMD$$
$$\quad + \frac{1}{3} \times CM \times \triangle AMD$$
$$= \frac{1}{3} \times BC \times \triangle AMD$$
$$= \frac{1}{3} \times 2 \times \sqrt{14}$$
$$= \frac{2}{3} \sqrt{14}$$

63

(1) △OAB と △OBC について展開図を考えると右図のようになる．
∠AOB =∠BOC=45°
なので，
∠AOC=90° であり，OA=OC より △OAC は直角二等辺三角形となる．点 P が OB 上を動くとき AP+PC が最小となるのは，P が AC と OB の

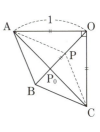

282　演習問題の解答（㉔～㊷）

交点 P_0 となるとき.

よって，最小値は，$AC = \sqrt{2}$

(2)　$OP : PB = OP_0 : P_0B$

$\qquad = \dfrac{1}{2}AC : \left(1 - \dfrac{1}{2}AC\right)$

$\qquad = \dfrac{\sqrt{2}}{2} : \left(1 - \dfrac{\sqrt{2}}{2}\right)$

$\qquad = \sqrt{2} : (2 - \sqrt{2})$

$\qquad = 1 : (\sqrt{2} - 1)$

64

三平方の定理より，

$AC = \sqrt{(1 + a^2)^2 - (2a)^2}$

$\quad = \sqrt{(1 - a^2)^2} = 1 - a^2 \ (0 < a < 1 \ \text{より})$

$\therefore \ \sin\theta = \dfrac{BC}{AB} = \dfrac{2a}{1 + a^2},$

$\qquad \cos\theta = \dfrac{AC}{AB} = \dfrac{1 - a^2}{1 + a^2},$

$\qquad \tan\theta = \dfrac{BC}{AC} = \dfrac{2a}{1 - a^2}$

65

(1)　$\cos^2 45° + \sin^2 45°$

$\quad = \left(\dfrac{1}{\sqrt{2}}\right)^2 + \left(\dfrac{1}{\sqrt{2}}\right)^2 = 1$

(2)　$\cos 45° \cos 30° + \sin 45° \sin 30°$

$\quad = \dfrac{1}{\sqrt{2}} \cdot \dfrac{\sqrt{3}}{2} + \dfrac{1}{\sqrt{2}} \cdot \dfrac{1}{2}$

$\quad = \dfrac{\sqrt{3} + 1}{2\sqrt{2}} = \dfrac{\sqrt{6} + \sqrt{2}}{4}$

(3)　$\dfrac{1}{\cos^2 30°} - \dfrac{1}{\tan^2 60°}$

$\quad = \dfrac{1}{\left(\dfrac{\sqrt{3}}{2}\right)^2} - \dfrac{1}{(\sqrt{3})^2} = \dfrac{4}{3} - \dfrac{1}{3} = 1$

66

(1), (2)　$P(0, 1)$ より

$\quad \sin 90° = 1, \ \cos 90° = 0$

(3), (4)　$P\left(-\dfrac{1}{2}, \dfrac{\sqrt{3}}{2}\right)$ より

$\cos 120° = -\dfrac{1}{2}, \ \tan 120° = -\sqrt{3}$

(5), (6)　$P\left(-\dfrac{1}{\sqrt{2}}, \dfrac{1}{\sqrt{2}}\right)$ より

$\quad \sin 135° = \dfrac{1}{\sqrt{2}}, \ \tan 135° = -1$

(7), (8)　$P\left(-\dfrac{\sqrt{3}}{2}, \dfrac{1}{2}\right)$ より

$\quad \sin 150° = \dfrac{1}{2}, \ \cos 150° = -\dfrac{\sqrt{3}}{2}$

(9), (10), (11)　$P(-1, 0)$ より

$\quad \sin 180° = 0, \ \cos 180° = -1,$

$\quad \tan 180° = 0$

67

$\dfrac{\sin(90° - \theta)}{1 + \cos(90° + \theta)} - \dfrac{\cos(180° - \theta)}{1 + \cos(90° - \theta)}$

$= \dfrac{\cos\theta}{1 - \sin\theta} - \dfrac{-\cos\theta}{1 + \sin\theta}$

$= \dfrac{2\cos\theta}{1 - \sin^2\theta} = \dfrac{2\cos\theta}{\cos^2\theta} = \dfrac{2}{\cos\theta}$

68

(1)　$\cos^2\theta = 1 - \sin^2\theta$

$\quad = 1 - \left(\dfrac{5}{13}\right)^2 = \dfrac{144}{169}$

よって，$\cos\theta = \pm\dfrac{12}{13}$

また，

$\quad \tan\theta = \dfrac{\sin\theta}{\cos\theta}$

$\quad = \dfrac{5}{13} \times \left(\pm\dfrac{13}{12}\right) = \pm\dfrac{5}{12}$ （複号同順）

(2)　$\cos^2\theta = \dfrac{1}{1 + \tan^2\theta}$

$\quad = \dfrac{1}{1 + \left(-\dfrac{1}{3}\right)^2} = \dfrac{9}{10}$

$\tan\theta < 0$ より，$\cos\theta < 0$

よって，$\cos\theta = -\dfrac{3}{\sqrt{10}}$

$\quad \sin\theta = \tan\theta \times \cos\theta$

$$=\left(-\frac{1}{3}\right)\times\left(-\frac{3}{\sqrt{10}}\right)=\frac{1}{\sqrt{10}}$$

69

(1) $\dfrac{\sin\theta}{1+\cos\theta}+\dfrac{\sin\theta}{1-\cos\theta}$

$=\dfrac{2\sin\theta}{1-\cos^2\theta}=\dfrac{2\sin\theta}{\sin^2\theta}=\dfrac{2}{\sin\theta}$

(2) $\cos\theta+\cos^2\theta=1$

より $\cos\theta+1-\sin^2\theta=1$

∴ $\sin^2\theta=\cos\theta$

よって，

与式 $=\cos\theta+\cos^3\theta+\cos^4\theta$

$=\cos\theta+\cos^2\theta(\cos\theta+\cos^2\theta)$

$=\cos\theta+\cos^2\theta=1$

70

(1) $(\sin\theta+\cos\theta)^2$

$=\sin^2\theta+\cos^2\theta+2\sin\theta\cos\theta$

$=1+2\sin\theta\cos\theta=\dfrac{1}{4}$

より，$\sin\theta\cos\theta=-\dfrac{3}{8}$

(2) $(\sin\theta-\cos\theta)^2$

$=(\sin\theta+\cos\theta)^2-4\sin\theta\cos\theta$

$=\dfrac{1}{4}+\dfrac{3}{2}=\dfrac{7}{4}$

ここで，$90°<\theta<180°$ より，

$\sin\theta-\cos\theta>0$

よって，$\sin\theta-\cos\theta=\dfrac{\sqrt{7}}{2}$

(3) (2)より $\sin\theta-\cos\theta=\dfrac{\sqrt{7}}{2}$

また，$\sin\theta+\cos\theta=\dfrac{1}{2}$

だから，これらを連立して

$\sin\theta=\dfrac{1+\sqrt{7}}{4}$，$\cos\theta=\dfrac{1-\sqrt{7}}{4}$

となる．

∴ $\tan\theta=\dfrac{\sin\theta}{\cos\theta}=\dfrac{1+\sqrt{7}}{1-\sqrt{7}}=-\dfrac{4+\sqrt{7}}{3}$

71

(1) $\cos^2\theta=\dfrac{3}{4}$ より，$\cos\theta=\pm\dfrac{\sqrt{3}}{2}$

よって，

$\theta=30°$，$150°$ $(0°\leqq\theta\leqq180°$ より$)$

(2) $\tan^2\theta=\dfrac{1}{3}$ より，$\tan\theta=\pm\dfrac{1}{\sqrt{3}}$

よって，

$\theta=30°$，$150°$ $(0°\leqq\theta\leqq180°$ より$)$

(3) $\sin3\theta=\dfrac{\sqrt{3}}{2}$，$0°\leqq3\theta\leqq180°$

より，$3\theta=60°$，$120°$

よって，

$\theta=20°$，$40°$

72

(1) $4\cos^2\theta-3\leqq0$ より

$(2\cos\theta+\sqrt{3})(2\cos\theta-\sqrt{3})\leqq0$

∴ $-\dfrac{\sqrt{3}}{2}\leqq\cos\theta\leqq\dfrac{\sqrt{3}}{2}$

よって，$30°\leqq\theta\leqq150°$

(2) $3\tan^2\theta-1>0$ より

$(\sqrt{3}\,\tan\theta-1)(\sqrt{3}\,\tan\theta+1)>0$

∴ $\tan\theta<-\dfrac{1}{\sqrt{3}}$，$\dfrac{1}{\sqrt{3}}<\tan\theta$

よって，$30°<\theta<90°$，$90°<\theta<150°$

(3) $\sin3\theta<\dfrac{\sqrt{3}}{2}$ より，

$0°\leqq3\theta<60°$，$120°<3\theta\leqq180°$

よって，$0°\leqq\theta<20°$，$40°<\theta\leqq60°$

73

$2\sin^2x+\cos x=1$ より

$2(1-\cos^2x)+\cos x=1$

∴ $2\cos^2x-\cos x-1=0$

∴ $(2\cos x+1)(\cos x-1)=0$

∴ $\cos x=-\dfrac{1}{2}$，1

よって，$x=120°$，$0°$ $(0°\leqq x\leqq180°$ より$)$

74

$2\sin^2 x - 5\cos x + 1 \leqq 0$ より
$\quad 2(1-\cos^2 x) - 5\cos x + 1 \leqq 0$
$\quad \therefore \quad 2\cos^2 x + 5\cos x - 3 \geqq 0$
$\quad \therefore \quad (2\cos x - 1)(\cos x + 3) \geqq 0$
$\quad \therefore \quad \cos x \leqq -3,\ \dfrac{1}{2} \leqq \cos x$

しかし, $0° \leqq x \leqq 180°$ において,
$\quad -1 \leqq \cos x \leqq 1$
よって, $\dfrac{1}{2} \leqq \cos x \leqq 1$
$\quad \therefore \quad \boldsymbol{0° \leqq x \leqq 60°}$

75

$y = -\cos^2 x - \sin x + 1$
$\quad = -(1 - \sin^2 x) - \sin x + 1$
$\quad = \sin^2 x - \sin x$
$t = \sin x$ とおくと,
$\quad y = t^2 - t = \left(t - \dfrac{1}{2}\right)^2 - \dfrac{1}{4}$

ここで, $0° \leqq x \leqq 180°$ において, $0 \leqq t \leqq 1$

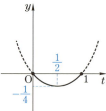

グラフより, $t = \dfrac{1}{2}$, すなわち $x = \boldsymbol{30°}$, $\boldsymbol{150°}$ のとき**最小値** $-\dfrac{1}{4}$, $t = 0,\ 1$, すなわち, $x = \boldsymbol{0°,\ 90°,\ 180°}$ のとき**最大値** $\boldsymbol{0}$.

76

(1) 正弦定理より,
$\quad \sin A : \sin B : \sin C = BC : CA : AB$
$\quad = 3 : 5 : 7$

(2) 三角形において,
$\quad$角が最大 $\Longleftrightarrow$ 対辺が最大

より, $\angle C$ が最大である.
$BC = 3k,\ CA = 5k,\ AB = 7k$ とおくと, 余弦定理より
$\quad \cos C = \dfrac{BC^2 + CA^2 - AB^2}{2BC \cdot CA}$
$\quad = \dfrac{9k^2 + 25k^2 - 49k^2}{2 \times 3k \times 5k} = \dfrac{-15k^2}{30k^2} = -\dfrac{1}{2}$
$\quad \therefore \quad C = \boldsymbol{120°}$

77

中線定理
$\quad AB^2 + AC^2 = 2(AM^2 + BM^2)$
より
$\quad 5^2 + 4^2 = 2(AM^2 + 3^2)$
$\quad \therefore \quad 2AM^2 = 23$
$\quad \therefore \quad AM = \sqrt{\dfrac{23}{2}} = \boldsymbol{\dfrac{\sqrt{46}}{2}}$

78

$GF = \dfrac{1}{3}OB + \dfrac{1}{3}OD = \dfrac{1}{3}BD$

また, $MN = \dfrac{1}{2}BD$

(中点連結定理より)
$\quad \therefore \quad GF : MN = 2 : 3$

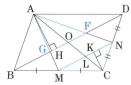

次に, $AH : CK = AO : CL = 2 : 1$
$\quad \therefore \quad \triangle AGF : \triangle CMN$
$\quad = \dfrac{1}{2} \cdot GF \cdot AH : \dfrac{1}{2} \cdot MN \cdot CK$
$\quad = 4 : 3$

79

$b \tan A = a \tan B$ より
$\quad b \dfrac{\sin A}{\cos A} = a \dfrac{\sin B}{\cos B}$
$\quad \therefore \quad \dfrac{b}{a} \cdot \dfrac{\sin A}{\sin B} = \dfrac{\cos A}{\cos B}$

$\therefore \quad \dfrac{\cos A}{\cos B}=1 \ \left(\dfrac{\sin A}{\sin B}=\dfrac{a}{b} \ より\right)$

$\therefore \quad \cos A=\cos B$

$0°<A<180°, \ 0°<B<180°$ だから

$\quad A=B$

ゆえに，$\angle \mathbf{A}=\angle \mathbf{B}$ をみたす二等辺三角形．

注 この問題のように角だけの関係式になおした方がよいこともあります．

80

(1) 3辺の長さは正なので $t>0$ である．

$5t<(t+2)+(2t+3)$ より $t<\dfrac{5}{2}$

$t+2<5t+(2t+3)$ より $-\dfrac{1}{6}<t$

$2t+3<5t+(t+2)$ より $\dfrac{1}{4}<t$

よって，三角形が存在するような t の値の範囲は $\dfrac{1}{4}<t<\dfrac{5}{2}$

(2) (1)の条件と $t>2$ より $2<t<\dfrac{5}{2}$ である．

このとき，$5t-(t+2)=4t-2>0$
$\qquad\qquad 5t-(2t+3)=3t-3>0$

なので最大辺の長さは $5t$ であるから

$(5t)^2>(t+2)^2+(2t+3)^2$ ……①

を示せばよい．

$f(t)=(5t)^2-(t+2)^2-(2t+3)^2$
$\quad =20t^2-16t-13$
$\quad =20\left(t-\dfrac{2}{5}\right)^2-\dfrac{81}{5}$ より

$y=f(t)$ は下に凸の放物線で，

軸が $t=\dfrac{2}{5}<2$

$f(2)=35>0$ なので，

$f(t)>0 \ \left(2<t<\dfrac{5}{2}\right)$

よって，①は成立し，三角形は鈍角三角形である．

81

$\angle A=180°-(\angle B+\angle C)=45°$，

正弦定理より，$\dfrac{BC}{\sin A}=\dfrac{CA}{\sin B}$

$\therefore \quad CA=\sin 60°\times \dfrac{12}{\sin 45°}$

$\qquad =\dfrac{\sqrt{3}}{2}\times 12\sqrt{2}=6\sqrt{6}$

第一余弦定理より，

$AB=AC\cos A+BC\cos B$

$\quad =6\sqrt{6}\cdot\dfrac{1}{\sqrt{2}}+12\cdot\dfrac{1}{2}=6(\sqrt{3}+1)$

よって，$\triangle ABC$ の面積を S とすると，

$S=\dfrac{1}{2}AB\cdot BC\sin B$

$\ =\dfrac{1}{2}\cdot 6(\sqrt{3}+1)\cdot 12\cdot\dfrac{\sqrt{3}}{2}$

$\ =\mathbf{18(3+\sqrt{3}\,)}$

注 （第一余弦定理）

$a=b\cos C+c\cos B$,
$b=a\cos C+c\cos A$,
$c=a\cos B+b\cos A$

82

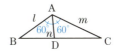

$\triangle ABC$ の面積を S とすると，

$S=\dfrac{1}{2}AB\cdot AC\sin A=\dfrac{\sqrt{3}}{4}lm$

ここで，$\triangle ABC=\triangle ABD+\triangle ADC$ より，

$S=\dfrac{1}{2}AB\cdot AD\sin\angle BAD$

$\quad +\dfrac{1}{2}AD\cdot AC\sin\angle DAC$

$\ =\dfrac{\sqrt{3}}{4}ln+\dfrac{\sqrt{3}}{4}nm=\dfrac{\sqrt{3}}{4}n(l+m)$

よって，$lm=n(l+m)$

両辺を lmn でわると，$\dfrac{1}{l}+\dfrac{1}{m}=\dfrac{1}{n}$

83

余弦定理より，
$BC^2 = AB^2 + CA^2 - 2AB \cdot CA \cos A$
$= 9 + 4 - 2 \cdot 3 \cdot 2 \cdot \dfrac{1}{2} = 7$
$\therefore BC = \sqrt{7}$

△ABC の面積を S とすると，
$S = \dfrac{1}{2} AB \cdot CA \sin A = \dfrac{3\sqrt{3}}{2}$

ここで，
$r = \dfrac{2S}{AB + BC + CA}$
$= \dfrac{3\sqrt{3}}{5 + \sqrt{7}} = \dfrac{5\sqrt{3} - \sqrt{21}}{6}$

84

$3^2 + 4^2 = 5^2$
より，この三角形は直角三角形である．
よって，
$5 = (3-r) + (4-r)$
より
$r = 1$

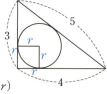

85

(1)

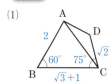

余弦定理より，
$AC^2 = AB^2 + BC^2 - 2AB \cdot BC \cos \angle ABC$
$= 4 + (\sqrt{3}+1)^2 - 2 \cdot 2 \cdot (\sqrt{3}+1) \cdot \dfrac{1}{2}$
$= 6$
$\therefore AC = \sqrt{6}$

(2) 正弦定理より，
$\dfrac{AC}{\sin \angle ABC} = \dfrac{AB}{\sin \angle ACB}$

$\therefore \sin \angle ACB = \sin \angle ABC \cdot \dfrac{AB}{AC}$
$= \dfrac{\sqrt{3}}{2} \cdot \dfrac{2}{\sqrt{6}} = \dfrac{1}{\sqrt{2}}$
よって，$\angle ACB = \mathbf{45°}$

(3) $\angle ACD = \angle BCD - \angle ACB = 30°$
よって，
$S = \triangle ABC + \triangle ACD$
$= \dfrac{1}{2} AB \cdot BC \cdot \sin \angle ABC$
$\quad + \dfrac{1}{2} AC \cdot CD \cdot \sin \angle ACD$
$= \dfrac{1}{2} \cdot 2 \cdot (\sqrt{3}+1) \cdot \dfrac{\sqrt{3}}{2} + \dfrac{1}{2} \cdot \sqrt{6} \cdot \sqrt{2} \cdot \dfrac{1}{2}$
$= \dfrac{3}{2} + \sqrt{3}$

86

(1) $12 = 2^2 \times 3$, $36 = 2^2 \times 3^2$, $60 = 2^2 \times 3 \times 5$
よって，
最大公約数は $2^2 \times 3 = \mathbf{12}$
また，
最小公倍数は $2^2 \times 3^2 \times 5 = \mathbf{180}$

(2) 最大公約数が 12 だから，
$a = 12a'$, $b = 12b'$ (a', b' は互いに素で $a' > b'$ をみたす正の整数)と表せる．
このとき，最小公倍数が 144 だから
$12a'b' = 144$
$\therefore a'b' = 12$
a', b' は互いに素だから
$(a', b') = (12, 1), (4, 3)$
よって，
$(a, b) = \mathbf{(144, 12), (48, 36)}$

(3) 最大公約数が 4 だから，
$m = 4m'$, $n = 4n'$ (m', n' は互いに素で，$m' > n'$ をみたす正の整数) と表せる．
このとき，$mn = 16m'n' = 160$
$\therefore m'n' = 10$
$\therefore (m', n') = (10, 1), (5, 2)$
よって，
$(m, n) = \mathbf{(40, 4), (20, 8)}$

287

87

$$n^3+3n^2-4n=n(n-1)(n+4)$$
$$=n(n-1)(n+1+3)$$
$$=(n-1)n(n+1)+3(n-1)n$$
$(n-1)n(n+1)$ は 6 の倍数.
$(n-1)n$ は 2 の倍数だから,
n^3+3n^2-4n は 6 の倍数.

88

(1) $a=2n+i$ $(i=0, 1)$ とおくと,
$$a^2=4n^2+4ni+i^2=4(n^2+ni)+i^2$$
$i^2=0, 1$ だから, 整数 a の平方は 4 でわると, わりきれるか, 1 余るかのどちらかである.

(2) $a^2-4a-2m=0$ より $2m=a(a-4)$
ここで, 左辺は偶数だから, a も偶数.
ゆえに, a^2 は 4 でわりきれ, $4a$ も 4 でわりきれる.
よって, $2m=a^2-4a$ も 4 でわりきれる.
ゆえに, m は偶数.

89

$$4387\div3103=1\cdots1284$$
$$3103\div1284=2\cdots535$$
$$1284\div535=2\ \cdots214$$
$$535\div214=2\ \cdots107$$
$$214\div107=2\ \cdots0$$
よって, 最大公約数は **107**

90

$(x, y)=(3, 1)$ は①をみたす.
$$3x-4y=5\ \ \cdots\cdots①$$
$$3\cdot3-4\cdot1=5\ \ \cdots\cdots②$$
①$-$②より $3(x-3)=4(y-1)$
右辺は 4 の倍数だから, $3(x-3)$ も 4 の倍数.
3 と 4 は互いに素なので 4 は $x-3$ の因数. よって, $x-3$ は 4 の倍数.
同様にして, $y-1$ は 3 の倍数.
よって,

$x-3=4n$, $y-1=3n$ $(n：整数)$
と表せるので
$(x, y)=(4n+3, 3n+1)$ $(n：整数)$
これより
$$|x-y|=|(4n+3)-(3n+1)|$$
$$=|n+2|$$
なので, $|x-y|$ は, $n=-2$ のとき**最小値 0 をとる.**

91

(1) $1201_{(3)}=3^3\times1+3^2\times2+3^1\times0+3^0\times1$
$$=27+18+1=\textbf{46}$$
$1.23_{(4)}=4^0\times1+\dfrac{1}{4}\times2+\dfrac{1}{4^2}\times3$
$$=\frac{16+8+3}{16}=\frac{27}{16}=\textbf{1.6875}$$

(2)
$$
\begin{array}{r}
3\,)\,5\ 3 \\
\hline
3\,)\,1\ 7\cdots2 \\
\hline
3\,)\quad5\cdots2 \\
\hline
1\cdots2
\end{array}
$$
上のわり算より $\textbf{1222}_{(3)}$
$$
\begin{array}{r}
4\,)\,5\ 3 \\
\hline
4\,)\,1\ 3\cdots1 \\
\hline
3\cdots1
\end{array}
$$
上のわり算より $\textbf{311}_{(4)}$

92

(1)
$$
\begin{array}{r}
1\ 1\ 1\ 1\ 1_{(2)} \\
+\quad1\ 0\ 1\ 1_{(2)} \\
\hline
\textbf{1 0 1 0 1 0}_{(2)}
\end{array}
$$

$$
\begin{array}{r}
1\ 1\ 1\ 1\ 1_{(2)} \\
-\quad1\ 0\ 1\ 1_{(2)} \\
\hline
\textbf{1 0 1 0 0}_{(2)}
\end{array}
$$

(2)
$$
\begin{array}{r}
1\ 1\ 1_{(2)} \\
\times\quad1\ 1\ 1_{(2)} \\
\hline
1\ 1\ 1_{(2)} \\
1\ 1\ 1_{(2)} \\
1\ 1\ 1_{(2)} \\
\hline
\textbf{1 1 0 0 0 1}_{(2)}
\end{array}
$$

288 演習問題の解答 (㉝～㉟)

93

(1) 与式$=4x^2+10x-(y+3)(y-2)$
$$=(2x-y+2)(2x+y+3)$$

(2) (1)より,
$$4x^2+10x-y^2-y$$
$$=(4x^2+10x-y^2-y+6)-6$$
$$=(2x-y+2)(2x+y+3)-6$$
したがって, 方程式は
$$(2x-y+2)(2x+y+3)=6$$
となる.

$2x-y+2$	-6	-3	-2	-1	1	2	3	6
$2x+y+3$	-1	-2	-3	-6	6	3	2	1

よって,

$2x-y$	-8	-5	-4	-3	-1	0	1	4
$2x+y$	-4	-5	-6	-9	3	0	-1	-2

このうち, (x, y) が整数であるものは,
$$\begin{cases} 2x-y=-8 \\ 2x+y=-4 \end{cases} \quad \therefore \quad \begin{cases} x=-3 \\ y=2 \end{cases}$$
$$\begin{cases} 2x-y=-3 \\ 2x+y=-9 \end{cases} \quad \therefore \quad \begin{cases} x=-3 \\ y=-3 \end{cases}$$
$$\begin{cases} 2x-y=0 \\ 2x+y=0 \end{cases} \quad \therefore \quad \begin{cases} x=0 \\ y=0 \end{cases}$$
$$\begin{cases} 2x-y=1 \\ 2x+y=-1 \end{cases} \quad \therefore \quad \begin{cases} x=0 \\ y=-1 \end{cases}$$
よって,
$$(x, y)=(-3, 2), (-3, -3),$$
$$(0, 0), (0, -1)$$

94

$x \leqq y \leqq z$ より $\dfrac{1}{x} \geqq \dfrac{1}{y} \geqq \dfrac{1}{z}$ だから
$$1=\frac{1}{x}+\frac{1}{y}+\frac{1}{z} \leqq \frac{1}{x}+\frac{1}{x}+\frac{1}{x}=\frac{3}{x}$$
$$\therefore \quad 1 \leqq \frac{3}{x}$$
よって, $x \leqq 3$ より $x=1, 2, 3$
$x=1$ のとき,
与式は $\dfrac{1}{y}+\dfrac{1}{z}=0$

これをみたす自然数 y, z はない.
$x=2$ のとき,
与式は $\dfrac{1}{y}+\dfrac{1}{z}=\dfrac{1}{2}$ ……①

$\dfrac{1}{y} \geqq \dfrac{1}{z}$ だから, $\dfrac{1}{2}=\dfrac{1}{y}+\dfrac{1}{z} \leqq \dfrac{1}{y}+\dfrac{1}{y}=\dfrac{2}{y}$
$$\therefore \quad y \leqq 4$$
よって, $2=x \leqq y \leqq 4$ より $y=2, 3, 4$
$y=2$ のとき, ①より $\dfrac{1}{z}=0$

これをみたす z はない.

$y=3$ のとき, ①より $\dfrac{1}{z}=\dfrac{1}{6}$ $\quad \therefore \quad z=6$

$y=4$ のとき, ①より $\dfrac{1}{z}=\dfrac{1}{4}$ $\quad \therefore \quad z=4$

$x=3$ のとき,
与式は $\dfrac{1}{y}+\dfrac{1}{z}=\dfrac{2}{3}$ ……②

$\dfrac{1}{y} \geqq \dfrac{1}{z}$ だから $\dfrac{2}{3}=\dfrac{1}{y}+\dfrac{1}{z} \leqq \dfrac{1}{y}+\dfrac{1}{y}=\dfrac{2}{y}$
$$\therefore \quad y \leqq 3$$
よって, $3=x \leqq y \leqq 3$ より $y=3$
このとき,
②は $\dfrac{1}{z}=\dfrac{1}{3}$ $\quad \therefore \quad z=3$
以上より,
$$(x, y, z)=(2, 3, 6), (2, 4, 4),$$
$$(3, 3, 3)$$

95

$x^2-2mx+2m+7=0$ の解を α, β とすると
$x=m \pm \sqrt{m^2-2m-7}$ より
$$\alpha+\beta=2m, \quad \alpha\beta=2m+7$$
m を消去すると
$$\alpha\beta=\alpha+\beta+7$$
$$\therefore \quad \alpha\beta-\alpha-\beta-7=0$$
$$\therefore \quad (\alpha-1)(\beta-1)=8$$
α, β が整数で, $\alpha \leqq \beta$ とすると
$$(\alpha-1, \beta-1)=(1, 8), (2, 4),$$
$$(-8, -1), (-4, -2)$$
$$\therefore \quad (\alpha, \beta)=(2, 9), (3, 5),$$

289

$(-7, 0), (-3, -1)$
このうち m が整数になるものは
$(\alpha, \beta) = (3, 5), (-3, -1)$ のときで，
$m = 4, -2$

96

(1) $n \leqq 2x < n+1$（n：整数）のとき，
すなわち，$\dfrac{n}{2} \leqq x < \dfrac{n+1}{2}$ ……①
のとき，$y = [2x] = n$ ……②
であるから，$-2 \leqq 2x \leqq 4$ の n を考えて，①，② に $n = -2, -1, \cdots, 2, 3$ を代入して（$x = 2$ のときは別に考える）

$y = [2x] = \begin{cases} -2 & \left(-1 \leqq x < -\dfrac{1}{2}\right) \\ -1 & \left(-\dfrac{1}{2} \leqq x < 0\right) \\ 0 & \left(0 \leqq x < \dfrac{1}{2}\right) \\ 1 & \left(\dfrac{1}{2} \leqq x < 1\right) \\ 2 & \left(1 \leqq x < \dfrac{3}{2}\right) \\ 3 & \left(\dfrac{3}{2} \leqq x < 2\right) \\ 4 & (x = 2) \end{cases}$

よって，グラフは次の図のようになる．

(2) $y = 2x + k$ は
傾き 2，y 切片
k の直線を表す
ので，この直線
が(1)のグラフと
共有点をもつの
は，図より
$-1 < k \leqq 0$

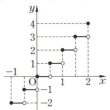

97

(1) $x^2 \geqq 0$ だから，左辺 $\geqq 18$
よって，$9[x] \geqq 18$
$\therefore \ [x] \geqq 2$

(2) $n \leqq x < n+1$（n は 2 以上の自然数）のとき
$[x] = n$ だから，①は $x^2 = 9n - 18$
ここで，$n^2 \leqq x^2 < (n+1)^2$ だから
$n^2 \leqq 9n - 18 < (n+1)^2$
$\therefore \begin{cases} n^2 - 9n + 18 \leqq 0 & \cdots\cdots ② \\ n^2 - 7n + 19 > 0 & \cdots\cdots ③ \end{cases}$
②より，$(n-3)(n-6) \leqq 0$ から，
$3 \leqq n \leqq 6$
③は，$n^2 - 7n + 19 = \left(n - \dfrac{7}{2}\right)^2 + \dfrac{27}{4} > 0$
より，すべての n で成りたつ．
$\therefore \ x = 3\sqrt{n-2} \quad (3 \leqq n \leqq 6)$

(3) (2)より，n に $3, 4, 5, 6$ を代入して
$x = 3, \ 3\sqrt{2}, \ 3\sqrt{3}, \ 6$

98

100 円玉，50 円玉，10 円玉の枚数を
（100 円玉，50 円玉，10 円玉）
で表すと 540 円になるのは，使用する硬貨がそれぞれ 1 枚以上合計 25 枚以下であることに気をつけて
$(4, 2, 4), (4, 1, 9),$
$(3, 4, 4), (3, 3, 9), (3, 2, 14),$
$(3, 1, 19),$
$(2, 6, 4), (2, 5, 9), (2, 4, 14),$
$(2, 3, 19),$
$(1, 8, 4), (1, 7, 9), (1, 6, 14),$
$(1, 5, 19)$ の **14 通り**

99

(1) ①，②，③，④各 2 枚から 3 枚を選ぶ方法は，
$(1, 1, 2), (1, 1, 3), (1, 1, 4),$
$(1, 2, 2), (1, 2, 3), (1, 2, 4),$
$(1, 3, 3), (1, 3, 4), (1, 4, 4),$

$(2,\ 2,\ 3),\ (2,\ 2,\ 4),\ (2,\ 3,\ 3),$
$(2,\ 3,\ 4),\ (2,\ 4,\ 4),\ (3,\ 3,\ 4),$
$(3,\ 4,\ 4)$ だけあり，
すべて異なる数字のとき6個の整数が，
2つ同じ数字のとき3個の整数がつくれるので

$$6\times4+3\times12=24+36=\textbf{60 (個)}$$

(2) $\boxed{0}$を1個使うので，(1)と同様に考えると

$(0,\ 1,\ 1),\ (0,\ 1,\ 2),\ (0,\ 1,\ 3),$
$(0,\ 1,\ 4),\ (0,\ 2,\ 2),\ (0,\ 2,\ 3),$
$(0,\ 2,\ 4),\ (0,\ 3,\ 3),\ (0,\ 3,\ 4),$
$(0,\ 4,\ 4)$
だけ数字の組合せがあり，
0以外が異なる数字のとき，

$$3!-2=4\,(個)$$

の整数が，
0以外が同じ数字のとき，

$$3-1=2\,(個)$$

の整数ができるので

$$4\times6+2\times4=24+8=\textbf{32 (個)}$$

(3) (1)，(2)より，$60+32=\textbf{92 (個)}$

100

Aの要素1～9のおのおのについて，それが部分集合の要素であるか，そうでないかで，2通り考えられるので，求める個数は

$$2\times2\times\cdots\times2=2^9=\textbf{512 (個)}$$

101

72の正の約数の逆数の和は

$$\left\{\left(\frac12\right)^0,\ \left(\frac12\right)^1,\ \left(\frac12\right)^2,\ \left(\frac12\right)^3\right\}\ \text{と}$$

$$\left\{\left(\frac13\right)^0,\ \left(\frac13\right)^1,\ \left(\frac13\right)^2\right\}\ \text{からそれぞれ}$$

1つずつ選んでつくった積の和だから，

$$\left\{\left(\frac12\right)^0+\left(\frac12\right)^1+\left(\frac12\right)^2+\left(\frac12\right)^3\right\}\times$$

$$\left\{\left(\frac13\right)^0+\left(\frac13\right)^1+\left(\frac13\right)^2\right\}$$

$$=\frac{15}{8}\times\frac{13}{9}=\frac{\textbf{65}}{\textbf{24}}$$

102

$$r_nC_r=r\cdot\frac{n!}{(n-r)!\,r!}$$

$$=n\cdot\frac{(n-1)!}{(n-r)!\,(r-1)!}$$

$$=n\cdot\frac{(n-1)!}{\{(n-1)-(r-1)\}!\,(r-1)!}$$

$$=n_{n-1}C_{r-1}$$

103

(1) 両端の文字の入り方は$_3P_2$通りあり，他の4文字の並べ方は4!通りあるので，

$$6\times4!=\textbf{144 (個)}$$

(2) P，E，Iをひとまとめと考えると，全体は4文字と考えられるので，並べ方は4!通りあり，P，E，Iの入れかえが3!通りあるので，

$$4!\times3!=\textbf{144 (個)}$$

(3) まず，P，E，Iを並べ，その間と両端4か所から3か所を選んで，J，U，Nを入れると考えれば，

$$3!\times{}_4P_3=\textbf{144 (個)}$$

注 $\boxed{\text{全体}-\text{となりあう}}$ と考えると
$6!-144=576\,(個)$ とまちがえてしまう。

(4) U，E，Iが入る場所の選び方は，$_6C_3$通りあり，並べ方は1通りである。
また，残りの3文字の並べ方は，3!通りあるので

$$_6C_3\times3!=\textbf{120 (個)}$$

104

下2桁が25の倍数のとき25の倍数となる。

6個の数でつくられる25の倍数は25，50の2個。

(i) 下2桁が25のとき
千の位，百の位の2数の並べ方は，0，

1，3，4 から 2 数をとって並べたもので，0 が入るものは 3 個，0 が入らないものは $_3P_2=3\times 2=6$（個）．
よって 3+6=9（個）
(ii) 下 2 桁が 50 のとき
千の位，百の位の 2 数の並べ方は 1，2，3，4 から 2 数をとって並べたもので，$_4P_2=4\times 3=12$（個）．
(i)，(ii) より 9+12=**21**（個）

105

s，i，n を○とした，
○，c，○，e，○，c，e
の並べ方は $\dfrac{7!}{3!2!2!}=210$（通り）．
この並びの 1 つ 1 つについて，○に s，i，n をこの順番で入れる方法は 1 通り．
よって，**210 通り**．

106

(1) 3 人の男子が円卓にすわるすわり方は $(3-1)!=2$（通り）
男子の間 3 か所に女子がすわればよいので $2\times 3!=$**12**（通り）

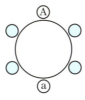

(2) A と a を固定して，他の 4 人のすわり方を考えると **8 通り**のすわり方がある．

107

(1) 男子 7 人の中から 2 人，女子 4 人の中から 1 人選ぶと考えると
$_7C_2\times {_4C_1}=\dfrac{7\cdot 6}{2}\times 4=$**84**（通り）
(2) 男子 7 人の中から 1 人，女子 4 人の中から 2 人選ぶ方法は
$_7C_1\times {_4C_2}=42$
(1)もあわせて 84+42=**126**（通り）

108

となりあった 3 点によりできる三角形 6 個と，正三角形となる 2 個であるから，
6+2=**8**（個）

109

(1) 最大の目 ≤ 4 となるのは
それぞれのサイコロの目が 1 から 4 の目であるとき．
よって， $4^3=$**64**（通り）
(2) 最大の目 $=4$ となるのは
「最大の目 ≤ 4」－「最大の目 ≤ 3」のとき．
よって， $4^3-3^3=$**37**（通り）

110

(1) 使われる 2 つのスタンプの選び方は
$_4C_2=6$（通り）
この 2 つが A と B のスタンプとすると，A のみ，B のみの押し方 2 通りに注意して
$2^5-2=30$（通り）
よって，$6\times 30=$**180**（通り）
(2) 使われる 3 つのスタンプの選び方は
$_4C_3=4$（通り）
この 3 つが A，B，C のスタンプとすると，どのカードにもスタンプの押し方が 3 通りずつあるが，この中には，1 つのスタンプのみ，2 つのスタンプのみ使われているものが含まれる．
　(i) 1 つのスタンプのみ使われているものは，3 通り
　(ii) 2 つのスタンプのみ使われているものは，
2 つのスタンプの選び方が
$_3C_2=3$（通り）
2 つのスタンプの使われ方が
$2^5-2=30$（通り）
より，$3\times 30=90$（通り）
よって，A，B，C のスタンプが使われ

ているのは，
$3^5-3-90=150$（通り）
これより，使わないスタンプが1つになる押し方は
$150×4=\mathbf{600}$（通り）

111

8人の生徒を2人，2人，2人，2人に分けると考えると
(1) 組に区別があると考えればよいので
$_8C_2 × _6C_2 × _4C_2 × _2C_2$
$=\dfrac{8\cdot 7}{2}×\dfrac{6\cdot 5}{2}×\dfrac{4\cdot 3}{2}×1=\mathbf{2520}$（通り）
(2) 組に区別がないと考えればよいので
$\dfrac{_8C_2 × _6C_2 × _4C_2 × _2C_2}{4!}=\mathbf{105}$（通り）

112

(1) 「｜」を3本，「―」を5本並べると考えて，
$\dfrac{8!}{5!3!}=\mathbf{56}$（通り）

(2)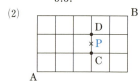

Pを通るものを考えると
A→C→D→B が考えられる．
ここで，A→C では $\dfrac{4!}{3!1!}=4$（通り）
D→B では $\dfrac{3!}{2!1!}=3$（通り）
あるので求めるものは，
$56-4×3=\mathbf{44}$（通り）

113

赤，青，黄のカードの枚数をそれぞれ x, y, z とすると，$x+y+z=5$（$x≧0$, $y≧0$, $z≧0$）をみたす (x, y, z) の組の個数を求めればよい．よって，$\dfrac{7!}{5!2!}=\mathbf{21}$（通り）

114

1枚のコインの面は2通りあるので，3枚では $2^3=8$（通り）ある．
求めるものの組合せは，
(表, 表, 表), (裏, 裏, 裏) より
$\dfrac{2}{8}=\mathbf{\dfrac{1}{4}}$

115

2つの数が互いに素となる組合せは
(1, 2), (1, 3), (1, 4), (1, 5), (1, 6),
(1, 7), (1, 8), (1, 9), (1, 10),
(2, 3), (2, 5), (2, 7), (2, 9),
(3, 4), (3, 5), (3, 7), (3, 8),
(3, 10), (4, 5), (4, 7), (4, 9),
(5, 6), (5, 7), (5, 8), (5, 9),
(6, 7), (7, 8), (7, 9), (7, 10),
(8, 9), (9, 10)
の31通りである．
よって，$\dfrac{31}{_{10}C_2}=\mathbf{\dfrac{31}{45}}$

116

3の倍数となるためには，4つの数の和が3の倍数になればよい．その数の組合せは
(ⅰ) {0, 1, 2, 3}　(ⅱ) {0, 2, 3, 4}
である．(ⅰ), (ⅱ)の並べ方は，それぞれ
$3×3×2×1=18$（通り）
4桁の整数になる並べ方は，
$4×4×3×2=96$（通り）
よって，求める確率は $\dfrac{2×18}{96}=\dfrac{36}{96}=\mathbf{\dfrac{3}{8}}$

117

ⅰ) 2個とも赤玉である確率は
$\dfrac{_2C_2}{_9C_2}=\mathbf{\dfrac{1}{36}}$

ⅱ) 2個とも白玉である確率は
$\dfrac{_3C_2}{_9C_2}=\dfrac{_3C_1}{_9C_2}=\mathbf{\dfrac{3}{36}}$

iii) 2個とも青玉である確率は

$$\frac{{}_4C_2}{{}_9C_2}=\frac{6}{36}$$

i)，ii)，iii)は排反だから求める確率は

$$\frac{1}{36}+\frac{3}{36}+\frac{6}{36}=\frac{10}{36}=\frac{5}{18}$$

118

積 abc が偶数であるためには，a，b，c のうち少なくとも1つは偶数であればよいから，余事象であるすべて奇数となるときを考え

$$1-\frac{3}{6}\times\frac{3}{6}\times\frac{3}{6}=\frac{7}{8}$$

119

(1) 1回の試行で黒石のでる確率は $\frac{1}{3}$，

白石のでる確率は $\frac{2}{3}$．

よって，4回目にはじめて黒石がでる確率は

$$\frac{2}{3}\times\frac{2}{3}\times\frac{2}{3}\times\frac{1}{3}=\frac{8}{81}$$

(2) 白黒白黒とでる確率は

$$\frac{2}{3}\times\frac{1}{3}\times\frac{2}{3}\times\frac{1}{3}=\frac{4}{81}$$

黒白黒白とでる確率は

$$\frac{1}{3}\times\frac{2}{3}\times\frac{1}{3}\times\frac{2}{3}=\frac{4}{81}$$

2つの事象は排反だから，求める確率は

$$\frac{4}{81}+\frac{4}{81}=\frac{8}{81}$$

120

(1) 8題中6題正解であり，どの2題が不正解かを考えて

$${}_8C_2\times\left(\frac{1}{2}\right)^6\cdot\left(\frac{1}{2}\right)^2=\frac{7}{2^6}=\frac{7}{64}$$

(2) 8題中 (i)6題 (ii)7題 (iii)8題正解するときであるから

(i) (1)より $\dfrac{7}{64}$

(ii) どの1題が不正解かを考えて

$${}_8C_1\times\left(\frac{1}{2}\right)^7\cdot\left(\frac{1}{2}\right)^1=\frac{1}{2^5}=\frac{1}{32}$$

(iii) すべて正解だから，

$$\left(\frac{1}{2}\right)^8=\frac{1}{256}$$

(i)，(ii)，(iii)より，$\dfrac{7}{64}+\dfrac{1}{32}+\dfrac{1}{256}=\dfrac{37}{256}$

121

(**解 I**) 根元事象は

$${}_{10}P_3=10\cdot9\cdot8\,(\text{通り})$$

当たりを○，はずれを×で表すとCが当たるのは×× ○，×○○，○× ○の3通りがあり，それぞれ ${}_8P_2\cdot{}_2P_1$，${}_8P_1\cdot{}_2P_2$，${}_8P_1\cdot{}_2P_2$ 通りあるので，

求める確率は $\dfrac{8\cdot7\cdot2+8\cdot2+8\cdot2}{10\cdot9\cdot8}=\dfrac{1}{5}$

(**解 II**) 根元事象は $\dfrac{10!}{8!2!}=5\cdot9\,(\text{通り})$

Cが当たるのは10本のくじを1列に並べたとき，左から3番目に当たりくじがあるときで，その並べ方は

$$\frac{9!}{8!1!}=9\,(\text{通り})$$

$$\therefore\quad \frac{9}{5\cdot9}=\frac{1}{5}$$

122

$Y\geqq3$ となるとき，でる目は4回とも3から6のどれかだから，

$$P(Y\geqq3)=\left(\frac{4}{6}\right)^4=\left(\frac{2}{3}\right)^4=\frac{16}{81}$$

同様に，

$$P(Y\geqq4)=\left(\frac{3}{6}\right)^4=\left(\frac{1}{2}\right)^4=\frac{1}{16}$$

よって，

$$P(Y=3)=P(Y\geqq3)-P(Y\geqq4)$$

$$=\frac{16}{81}-\frac{1}{16}=\frac{175}{1296}$$

294 演習問題の解答 (㉓～㉚)

123

(1) 裏は $(10-k)$ 回でるので,
$$(k,\ 10-k)$$

(2) (1)より $(6,\ 4)$ となるのは, $k=6$ のときだから
$$_{10}C_6 \times \left(\frac{1}{2}\right)^6 \cdot \left(\frac{1}{2}\right)^4 = \frac{210}{2^{10}} = \frac{\mathbf{105}}{\mathbf{512}}$$

(3) 表が6回以上でる確率を考えるので
$$\frac{105}{512} + {}_{10}C_7 \times \left(\frac{1}{2}\right)^7 \cdot \left(\frac{1}{2}\right)^3$$
$$+ {}_{10}C_8 \times \left(\frac{1}{2}\right)^8 \cdot \left(\frac{1}{2}\right)^2$$
$$+ {}_{10}C_9 \times \left(\frac{1}{2}\right)^9 \cdot \left(\frac{1}{2}\right)^1 + \left(\frac{1}{2}\right)^{10}$$
$$= (210 + 120 + 45 + 10 + 1) \times \left(\frac{1}{2}\right)^{10}$$
$$= \frac{193}{2^9} = \frac{\mathbf{193}}{\mathbf{512}}$$

124

(1) とりだし方の総数は $_{10}C_2 = 45$ (通り)
このうち, 2枚とも偶数になるのは,
$_5C_2 = 10$ (通り)
$$\therefore \quad \frac{10}{45} = \frac{\mathbf{2}}{\mathbf{9}}$$

(2) 素数は②, ③, ⑤, ⑦の4枚だから
$$\frac{{}_4C_2}{45} = \frac{6}{45} = \frac{\mathbf{2}}{\mathbf{15}}$$

(3) 奇数は①, ③, ⑤, ⑦, ⑨の5枚だから
$$\frac{{}_5C_1 \cdot {}_5C_1}{45} = \frac{\mathbf{5}}{\mathbf{9}}$$

125

$(\ B\ )$

	1	2	3	4	5	6
1		●			●	
2	●			●		
3				●		
4		●			●	
5	●			●		
6			●		●	

$(A \cap B)$

	1	2	3	4	5	6
1		●				
2	●			●		
3						
4		●			●	
5				●		
6			●		●	

$(A \cup B)$

	1	2	3	4	5	6
1		●		●	●	
2	●	●	●	●		●
3		●		●		
4	●	●	●		●	●
5	●			●		
6	●	●	●		●	

$\overline{A}$：両方とも奇数とすると
$$P(A) = 1 - P(\overline{A}) = 1 - \frac{3}{6} \times \frac{3}{6} = \frac{3}{4}$$

上表より,
$$P(B) = \frac{12}{36} = \frac{1}{3}, \quad P(A \cap B) = \frac{9}{36} = \frac{1}{4},$$
$$P(A \cup B) = \frac{30}{36} = \frac{5}{6}$$

注 ここで,
$$P(A \cup B) = P(A) + P(B) - P(A \cap B)$$
です.

126

(1) PからQまで行く最短経路は
$$_7C_3 = \frac{7!}{4!3!} = 35 \text{(通り)} \text{ である.}$$
PからRまで行く最短経路は
$$_5C_2 = \frac{5!}{3!2!} = 10 \text{(通り)} \text{ あり}$$
RからQまでの最短経路は2通りだから,
$$\frac{10 \times 2}{35} = \frac{\mathbf{4}}{\mathbf{7}}$$

(2) それぞれの交差点における確率を下図により表現する.

$$\left(\frac{1}{2}\right)^5 \times 10 = \frac{\mathbf{5}}{\mathbf{16}}$$

求める確率は
$$\left(\frac{1}{2}\right)^5 \times 10 = \frac{\mathbf{5}}{\mathbf{16}}$$

127

(1) p_n は，$n-5$ 個の無印の白玉と，5 個の赤印の白玉の入った袋の中から5 個とりだし，赤印が2個含まれている確率であるから

$$\therefore \quad p_n = \frac{{}_5C_2 \cdot {}_{n-5}C_3}{{}_nC_5}$$

$$= \frac{200(n-5)(n-6)(n-7)}{n(n-1)(n-2)(n-3)(n-4)}$$

(2) $\dfrac{p_{n+1}}{p_n} = \dfrac{\dfrac{200(n-4)(n-5)(n-6)}{(n+1)n(n-1)(n-2)(n-3)}}{\dfrac{200(n-5)(n-6)(n-7)}{n(n-1)(n-2)(n-3)(n-4)}}$

$$= \frac{(n-4)^2}{(n+1)(n-7)} = 1 + \frac{23-2n}{(n+1)(n-7)}$$

$$\therefore \quad \frac{p_{n+1}}{p_n} - 1 = \frac{23-2n}{(n+1)(n-7)}$$

よって，$n \leqq 11$ のとき，$\dfrac{p_{n+1}}{p_n} > 1$，

$n \geqq 12$ のとき，$\dfrac{p_{n+1}}{p_n} < 1$

$\therefore \quad p_8 < p_9 < \cdots < p_{11} < p_{12} > p_{13} > \cdots$

よって，p_n を最大にする n は，**12**

128

3数の和が3の倍数になる組は

$$(1, \ 2, \ 3), \ (2, \ 3, \ 4)$$

の2通りなので和が3の倍数になるとり出し方の総数は

$$3! \times 2 = 12 \ (通り).$$

このうち，1枚目のカードが $\boxed{1}$ であるのは2通り.

よって求める確率は

$$\frac{2}{12} = \frac{1}{6}$$

129

(1) 箱Cに赤玉が含まれない，つまり箱Cが白玉のみであるという余事象を考えて，求める確率は，

$$1 - \frac{2}{5} \times \frac{4}{7} = \frac{27}{35}$$

(2) 箱Cの中の玉の組合せは，

(i) 赤・赤　(ii) 赤・白

のみであり(i)のとき，箱Cから赤玉をとりだす確率は1だから

$$\frac{3}{5} \times \frac{3}{7} \times 1 = \frac{9}{35}$$

(ii)のとき，箱Cから赤玉をとりだす確率は $\dfrac{1}{2}$ だから

$$\frac{3}{5} \times \frac{4}{7} \times \frac{1}{2} + \frac{2}{5} \times \frac{3}{7} \times \frac{1}{2} = \frac{9}{35}$$

(i)，(ii)より，求める確率は，

$$\frac{9}{35} + \frac{9}{35} = \frac{18}{35}$$

(3) $P(R)$：箱Cから赤玉をとりだす確率，$P(A)$：箱Aの赤玉をえらぶ確率とすると，

$$P(R \cap A) = \frac{1}{2} \times \frac{3}{5} \times \frac{3}{7}$$
$$+ \frac{1}{2} \times \frac{3}{5} \times \frac{4}{7} = \frac{3}{10}$$

$$\therefore \quad P_R(A) = \frac{P(R \cap A)}{P(R)} = \frac{\dfrac{3}{10}}{\dfrac{18}{35}} = \frac{7}{12}$$

注　$P(R \cap A) = \dfrac{3}{5} \times \dfrac{1}{2}$ と求めてもよい.

130

(1)

階　　級（個）		度数
以上 110 ～ 未満 120		2
120 ～ 130		5
130 ～ 140		3
140 ～ 150		5
150 ～ 160		5
160 ～ 170		3
170 ～ 180		3
180 ～ 190		3
190 ～ 200		1
計		30

(2)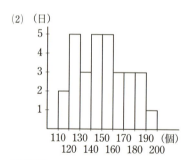

131

(1) データの最も多い階級は，7.5秒以上8.0秒未満だから最頻値は
$$\frac{7.5+8.0}{2}=7.75 \text{(秒)}$$

(2) (平均値)
$$=\left(\frac{6.0+6.5}{2}\times 2+\frac{6.5+7.0}{2}\times 2\right.$$
$$+\frac{7.0+7.5}{2}\times 6+\frac{7.5+8.0}{2}\times 8$$
$$\left.+\frac{8.0+8.5}{2}\times 2\right)\times\frac{1}{20}=\frac{148}{20}=7.4 \text{(秒)}$$

(3) データの平均値が最小となるのは各階級の最小値を使って平均を計算したときなので，
(平均値の最小値)
$$=(6.0\times 2+6.5\times 2+7.0\times 6+7.5\times 8$$
$$+8.0\times 2)\times\frac{1}{20}=\frac{143}{20}=7.15$$

この値と階級の幅が0.5秒であることから平均値のとりうる値の範囲は，
7.15秒以上7.65秒未満

132

(1) A君について第2四分位数は
$$\frac{2+5}{2}=3.5 \text{(点)}$$
第1四分位数は **2点**，
第3四分位数は **6点**
四分位範囲は，6−2＝**4（点）**
B君について第2四分位数は
$$\frac{7+8}{2}=7.5 \text{(点)}$$
第1四分位数は **5点**，
第3四分位数は **9点**
四分位範囲は，9−5＝**4（点）**

(2) 2人の四分位範囲が等しいことからデータの散らばり度合いは同程度と考えられる．

133

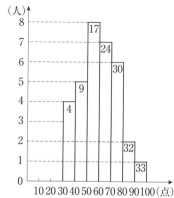

33人に対する第2四分位数は，点数の低い方から17人目．
第1四分位数は，点数の低い方から，8人目と9人目の平均．
第3四分位数は，点数の高い方から，8人目と9人目の平均．
よって，第1四分位数が存在する階級値は **45点**
第2四分位数が存在する階級値は **55点**
第3四分位数が存在する階級値は **75点**

134

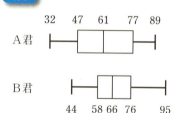

135

棒グラフより，データを小さい順に並べると，

0, 1, 2, 2, 2, 3, 4, 5, 5, 5, 5, 6, 6, 6, 6, 6, 8, 8, 9, 9

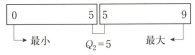

(1) 最大値は9だから，⓪，①，②は不適．
第1四分位数は2.5だから，④は不適．
第2四分位数は5だから，③は不適．
よって，⑤が適する．

(2) ⓪ 修正前の平均値は棒グラフから求められるが修正後については箱ひげ図しかなく，平均点はわからないので，必ずしも正しくない．

① 0点の生徒が10点になって，他の生徒が全く得点が変化しなかったとすると，新しい第2四分位数は，5.5となり正しくない．
よって，残り19人の中に得点が変化した生徒がいることになり，これは正しい．

② データの範囲で考えると，修正前，修正後ともに9で同じ．四分位範囲で考えても，修正前，修正後ともに3.5で同じ．
よって，正しいとはいえない．

③ ①が正しいので，正しくない．

136

Aクラスの身長の平均値，分散，標準偏差をそれぞれ $\overline{x}_A$, $s_A{}^2$, s_A とすると

$\overline{x}_A = \dfrac{1}{20}(150\times5+160\times6+170\times4$
$+180\times4+190\times1)=\mathbf{165}$ **(cm)**

$s_A{}^2 = \dfrac{1}{20}\{(150-165)^2\times5+(160-165)^2$
$\times6+(170-165)^2\times4+(180-165)^2\times4$
$+(190-165)^2\times1\}=\mathbf{145}$

$s_A = \sqrt{145}$ **(cm)**

Bクラスの身長の平均値，分散，標準偏差をそれぞれ $\overline{x}_B$, $s_B{}^2$, s_B とすると

$\overline{x}_B = \dfrac{1}{20}(150\times1+160\times4+170\times12+180$
$\times2+190\times1)=\mathbf{169}$ **(cm)**

$s_B{}^2 = \dfrac{1}{20}\{(150-169)^2\times1+(160-169)^2$
$\times4+(170-169)^2\times12+(180-169)^2$
$\times2+(190-169)^2\times1\}=\mathbf{69}$

$s_B = \sqrt{69}$ **(cm)**

以上より，$s_A > s_B$ なので，Aクラスの方が身長の散らばり度合いが大きい．

137

それぞれのデータから62を引いた数を新しいデータとして考える．

$a' = a-62$, $b' = b-62$, $c' = c-62$ とおくと

(ア)は $-5 < a' < b' < 2 < c'$ だから，

(イ)より，$c'-(-5)=10$ ∴ $c'=5$

(ウ)より，$\dfrac{57+a+b+64+c}{5}=62$

∴ $\dfrac{(62-5)+(a'+62)+(b'+62)+(62+2)+(c'+62)}{5}$
$=62$

∴ $-5+a'+b'+2+c'=0$
∴ $a'+b'=-2$ ……①

(エ)より

$\dfrac{(57-62)^2+(a-62)^2+(b-62)^2+(64-62)^2+(c-62)^2}{5}$
$=11.6$

∴ $25+a'^2+b'^2+4+c'^2=58$
∴ $a'^2+b'^2=4$ ……②

①，②と $a'<b'$ より，$a'=-2$, $b'=0$

よって，$a=\mathbf{60}$, $b=\mathbf{62}$, $c=\mathbf{67}$

298 演習問題の解答 (⑬〜⑭)

138

正方形 C_1, C_2, $\cdots$, C_8 の 1 辺の長さをそれぞれ, a_1, a_2, $\cdots$, a_8 とすると, 面積の平均は

$$\frac{a_1{}^2+a_2{}^2+\cdots+a_8{}^2}{8}$$

である. ここで, 1 辺の長さの平均は 3, 分散は 4 であるから, 分散の公式より

$$\frac{a_1{}^2+a_2{}^2+\cdots+a_8{}^2}{8}-3^2=4$$

よって $\dfrac{a_1{}^2+a_2{}^2+\cdots+a_8{}^2}{8}=9+4=\mathbf{13}$

139

A グループの得点を a_1, a_2, a_3, a_4
B グループの得点を b_1, b_2, b_3, b_4, b_5, b_6 とおくと
$\overline{a}=8.0$ より, $a_1+a_2+a_3+a_4=32$
$\overline{b}=7.0$ より,
$b_1+b_2+b_3+b_4+b_5+b_6=42$
よって,
$$\overline{x}=\frac{(a_1+a_2+a_3+a_4)+(b_1+b_2+b_3+b_4+b_5+b_6)}{10}$$
$$=\frac{74}{10}=\mathbf{7.4}$$

次に, $s_a{}^2=4.0$ より
$$\frac{1}{4}(a_1{}^2+a_2{}^2+a_3{}^2+a_4{}^2)-8^2=4$$
$$\therefore\quad a_1{}^2+a_2{}^2+a_3{}^2+a_4{}^2=272$$
また, $s_b{}^2=5.0$ より
$$\frac{1}{6}(b_1{}^2+b_2{}^2+b_3{}^2+b_4{}^2+b_5{}^2+b_6{}^2)-7^2=5$$
$$\therefore\quad b_1{}^2+b_2{}^2+b_3{}^2+b_4{}^2+b_5{}^2+b_6{}^2=324$$
$$s_x{}^2=\frac{a_1{}^2+a_2{}^2+a_3{}^2+a_4{}^2+b_1{}^2+b_2{}^2+b_3{}^2+b_4{}^2+b_5{}^2+b_6{}^2}{10}$$
$$-(\overline{x})^2=\frac{272+324}{10}-(7.4)^2$$
$$=59.6-54.76=\mathbf{4.84}$$

140

$\overline{x}=6$ より, $x_1+x_2+\cdots+x_9=54$

$s_x{}^2=4$ より
$$\frac{x_1{}^2+x_2{}^2+\cdots+x_9{}^2}{9}-(\overline{x})^2=4$$
$$\therefore\quad x_1{}^2+x_2{}^2+\cdots+x_9{}^2=9\times(36+4)$$
$$x_1{}^2+x_2{}^2+\cdots+x_9{}^2=360$$
よって,
$$\overline{y}=\frac{x_1+x_2+\cdots+x_9+9}{10}=\frac{54+9}{10}$$
$$=\mathbf{6.3}$$
$$s_y{}^2=\frac{x_1{}^2+x_2{}^2+\cdots+x_9{}^2+9^2}{10}-(\overline{y})^2$$
$$=\frac{360+81}{10}-(6.3)^2$$
$$=44.1-39.69=\mathbf{4.41}$$

141

$y=x-167$ で変換すると

x	166	158	177	187	162
y	-1	-9	10	20	-5

y の値は表のようになる.
$$\overline{y}=\frac{(-1)+(-9)+10+20+(-5)}{5}$$
$$=\frac{15}{5}=3$$
$\overline{y}=\overline{x}-167$ より, $\overline{x}=\overline{y}+167=\mathbf{170}$
次に
$$s_y{}^2=\frac{1}{5}(1+81+100+400+25)-3^2$$
$$=\frac{607}{5}-9=\frac{562}{5}=112.4$$
$s_y{}^2=1^2\cdot s_x{}^2$ だから, $s_x{}^2=\mathbf{112.4}$

142

(A の偏差値の合計)
科目 X の偏差値は
$$\frac{96-\overline{x}}{s_x}\times10+50=\frac{96-72}{16}\times10+50$$
$$=65$$
科目 Y の偏差値は
$$\frac{90-\overline{y}}{s_y}\times10+50=\frac{90-84}{24}\times10+50$$
$$=52.5$$

299

よって，Aの偏差値の合計は
65＋52.5＝117.5
(Bの偏差値の合計)
科目Xの偏差値は
$\dfrac{88-\bar{x}}{s_x}\times 10+50 = \dfrac{88-72}{16}\times 10+50 = 60$
科目Yの偏差値は
$\dfrac{99-\bar{y}}{s_y}\times 10+50 = \dfrac{99-84}{24}\times 10+50$
$=56.25$
よって，Bの偏差値の合計は，
60＋56.25＝116.25
以上のことより，**A**の方が上位の成績といえる．

143

(1)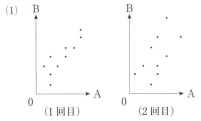

(2) **1回目**の方が相関が強い．

144

⓪ 散布図によると最小値は25円より小さいので，正しくない．

① 散布図によると，秋では，20℃以下ではすべて15円を下回っている．
よって，正しくない．

② 箱ひげ図によると夏の購入額の範囲は20円より大きく，秋の購入額の範囲は20円より小さいので，正しくない．

③ 箱ひげ図より，春の購入額の最大値は25円より小さく，秋の購入額の最大値は25円より大きい．
よって，正しくない．

④ 箱ひげ図によると，秋の第3四分位数の方が春の第3四分位数より大きいので，正しい．

⑤ 箱ひげ図によると，秋の中央値は春の中央値より小さい．
よって，正しくない．

⑥ 散布図によると，秋にも最高気温が25℃を上回っている日がある．
よって，正しくない．

⑦ 箱ひげ図によると，四分位範囲が最小なのは冬である．
よって，正しくない．

⑧ 散布図より，春，夏，秋，冬すべて正しい．よって，正しい．

ア は④，イ は⑧（順不同）

145

(1) $\bar{x} = \dfrac{50+52+46+42+43+35+48+47+50+37}{10}$
$=45\ (\text{kg})$
$\bar{y} = \dfrac{31+33+48+42+51+49+39+45+45+47}{10}$
$=43\ (\text{kg})$
$s_x{}^2 = \dfrac{1}{10}\{5^2+7^2+1^2+(-3)^2+(-2)^2+(-10)^2$
$+3^2+2^2+5^2+(-8)^2\} = \mathbf{29}$
$s_y{}^2 = \dfrac{1}{10}\{(-12)^2+(-10)^2+5^2+(-1)^2+8^2$
$+6^2+(-4)^2+2^2+2^2+4^2\} = \mathbf{41}$

(2) $s_{xy} = \dfrac{1}{10}\{5(-12)+7(-10)+1\cdot 5$
$+(-3)(-1)+(-2)\cdot 8$
$+(-10)\cdot 6+3\cdot(-4)+2\cdot 2+5\cdot 2$
$+(-8)\cdot 4\} = \mathbf{-22.8}$

よって，$r = \dfrac{s_{xy}}{s_x s_y} = \dfrac{-22.8}{\sqrt{29}\sqrt{41}} \fallingdotseq \mathbf{-0.66}$

参考 注 にある仮平均の考え（＝ **145** の変量変換）を使うと…

x	50	52	46	42	43	35	48	47	50	37
x'	3	5	-1	-5	-4	-12	1	0	3	-10

(仮平均は47)

$\overline{x'} = -2$ だから，$\bar{x} = 47-2 = 45\ (\text{kg})$

〔数学Ⅰ・Ａ基礎問題精講　五訂版〕上園信武　　　　　　　　S0h058